单片微型计算机原理与应用

（第三版）

胡乾斌　　李光斌　　喻　红

华中科技大学出版社

中国·武汉

内 容 简 介

　　本书以 MCS-51 单片微型计算机为例,讲述了微型计算机的原理与应用。全书共分 11 章,内容分别是:概述,MCS-51 的内部结构,MCS-51 的指令系统,汇编语言程序设计,存储器,中断系统,输入和输出,定时器/计数器,串行通信及其接口,数/模(D/A)和模/数(A/D)转换接口,以及显示器、键盘、打印机接口。附录中给出 MCS-51 单片微型计算机的指令表和指令编码表,便于读者查阅;还给出了部分习题与自测题参考答案,供读者参考。

　　为了方便教学,本书还配有电子教案,如有需要,可以向华中科技大学出版社索取(联系电话:027-87544529;电子邮箱:171447782@qq.com)。

　　本书可作为高等学校非计算机专业(如机电工程、机械类专业和近机类专业等)的本科生、夜大生和函大生的"微机原理"课程教材,也可供有关工程技术人员参考。

图书在版编目(CIP)数据

单片微型计算机原理与应用/胡乾斌,李光斌,喻红. —3 版. —武汉:华中科技大学出版社,2014.12
(2024.2 重印)
ISBN 978-7-5609-9885-5

Ⅰ.①单… Ⅱ.①胡… ②李… ③喻… Ⅲ.①单片微型计算机 Ⅳ.①TP368.1

中国版本图书馆 CIP 数据核字(2014)第 301253 号

单片微型计算机原理与应用(第三版)	胡乾斌　李光斌　喻　红

策划编辑:姚　幸
责任编辑:姚　幸
封面设计:潘　群
责任校对:李　琴
责任监印:周治超
出版发行:华中科技大学出版社(中国·武汉)　　　电话:(027)81321913
　　　　　武汉市东湖新技术开发区华工科技园　　　邮编:430223
录　　排:武汉市洪山区佳年华文印部
印　　刷:武汉市籍缘印刷厂
开　　本:787 mm×1092 mm　1/16
印　　张:19.75
字　　数:500 千字
版　　次:2024 年 2 月第 3 版第 6 次印刷
定　　价:58.00 元

21 世纪高等学校
机械设计制造及其自动化专业系列教材
编审委员会

21 世纪高等学校
机械设计制造及其自动化专业系列教材

总　　序

　　"中心藏之,何日忘之",在新中国成立 60 周年之际,时隔"21 世纪高等学校机械设计制造及其自动化专业系列教材"出版 9 年之后,再次为此系列教材写序时,《诗经》中的这两句诗又一次涌上心头,衷心感谢作者们的辛勤写作,感谢多年来读者对这套系列教材的支持与信任,感谢为这套系列教材出版与完善作过努力的所有朋友们。

　　追思世纪交替之际,华中科技大学出版社在众多院士和专家的支持与指导下,根据 1998 年教育部颁布的新的普通高等学校专业目录,紧密结合"机械类专业人才培养方案体系改革的研究与实践"和"工程制图与机械基础系列课程教学内容和课程体系改革研究与实践"两个重大教学改革成果,约请全国 20 多所院校数十位长期从事教学和教学改革工作的教师,经多年辛勤劳动编写了"21 世纪高等学校机械设计制造及其自动化专业系列教材"。这套系列教材共出版了 20 多本,涵盖了"机械设计制造及其自动化"专业的所有主要专业基础课程和部分专业方向选修课程,是一套改革力度比较大的教材,集中反映了华中科技大学和国内众多兄弟院校在改革机械工程类人才培养模式和课程内容体系方面所取得的成果。

　　这套系列教材出版发行 9 年来,已被全国数百所院校采用,受到了教师和学生的广泛欢迎。目前,已有 13 本列入普通高等教育"十一五"国家级规划教材,多本获国家级、省部级奖励。其中的一些教材(如《机械工程控制基础》《机电传动控制》《机械制造技术基础》等)已成为同类教材的佼佼者。更难得的是,"21 世纪高等学校机械设计制造及其自动化专业系列教材"也已成为一个著名的丛书品牌。9 年前为这套教材作序的时候,我希望这套教材能加强各兄弟院校在教学改革方面的交流与合作,对机械工程类专业人才培养质量的提高起到积极的促进作用,现在看来,这一目标很好地达到了,让人倍感欣慰。

　　李白讲得十分正确:"人非尧舜,谁能尽善?"我始终认为,金无足赤,人无完人,文无完文,书无完书。尽管这套系列教材取得了可喜的成绩,但毫无疑问,这套书中,某本书中,这样或那样的错误、不妥、疏漏与不足,必然会存在。何况形势总在不断地发展,更需要进一步来完善,与时俱进,奋发前进。较之9年前,机械工程学科有了很大的变化和发展,为了满足当前机械工程类专业人才培养的需要,华中科技大学出版社在教育部高等学校机械学科教学指导委员会的指导下,对这套系列教材进行了全面修订,并在原基础上进一步拓展,在全国范围内约请了一大批知名专家,力争组织最好的作者队伍,有计划地更新和丰富"21世纪机械设计制造及其自动化专业系列教材"。此次修订可谓非常必要,十分及时,修订工作也极为认真。

"得时后代超前代,识路前贤励后贤。"这套系列教材能取得今天的成绩,是几代机械工程教育工作者和出版工作者共同努力的结果。我深信,对于这次计划进行修订的教材,编写者一定能在继承已出版教材优点的基础上,结合高等教育的深入推进与本门课程的教学发展形势,广泛听取使用者的意见与建议,将教材凝练为精品;对于这次新拓展的教材,编写者也一定能吸收和发展原教材的优点,结合自身的特色,写成高质量的教材,以适应"提高教育质量"这一要求。是的,我一贯认为我们的事业是集体的,我们深信由前贤、后贤一起一定能将我们的事业推向新的高度!

尽管这套系列教材正开始全面的修订,但真理不会穷尽,认识不是终结,进步没有止境。"嘤其鸣矣,求其友声",我们衷心希望同行专家和读者继续不吝赐教,及时批评指正。

是为之序。

中国科学院院士　　　　　　

2009. 9. 9

第三版前言

　　本书自第二版以来,不断得到读者的关注和支持,同时提出宝贵的意见和建议。基于加强基础、减少学时的考虑,编者再次对原书进行仔细地审阅和认真修订:尽可能修订原书中的疏误之处;删除 MCS-196 系列 16 位单片机的内容;增加部分习题与自测题参考答案,为自学者提供一种解题思路,有助于读者深入地学习和掌握单片机基础知识。

　　本书由胡乾斌、李光斌、喻红参加编写,胡乾斌、李光斌负责全书的修改和最后定稿。

　　限于编者水平,书中错误和不妥之处在所难免,恳请读者批评指正。

编　　者

2015 年 1 月

第二版前言

本书自 1997 年出版以来,受到广大读者的关注和支持,同时提出了很多宝贵的建议。为此,作者对原书进行仔细地审阅和修订,改正了错误,充实了许多新的知识和应用实例,删去已停止生产的 8098 单片机内容,增加目前应用较广的 16 位单片机 8XC196X 的内容,对 16 位单片机中最新技术内容也做了较深入的讲解。

此外,对习题做了较大修改,增加了习题分量,增加了自我测试题,有助于读者深入地学习和掌握单片机知识。

本书第 1 章至第 8 章由胡乾斌编写,第 9 章至第 12 章由李光斌编写,李玲参加第 8 章和第 9 章的部分编写工作,喻红参加第 4 章及全书习题部分的编写工作。胡乾斌、李光斌负责全书的修改和最后定稿。

限于作者水平和时间仓促,书中错误和不妥之处在所难免,敬请读者批评指正。

编　者
2005 年 8 月

第一版前言

本书是参照国家教委颁布的"关于机械电子工程专业业务培养要求"以及"微机原理"课程教学基本要求的精神,根据作者多年来从事机电一体化和机械制造专业本科生"微机原理"课程的教学实践而编写的。

"微机原理"课程是学习和掌握计算机硬件知识和汇编语言程序设计的入门课程,其任务是使学生从理论和实践上掌握微型机的基本组成、工作原理、接口技术和汇编语言程序设计方法,使学生初步具有应用微机开发的能力。

作为微型计算机的一个重要分支,单片机的发展迅速,应用领域日趋扩大,特别是在工业测控、智能仪器仪表、机电一体化产品、家电等领域中得到了广泛应用。因此,本书以性能优异、应用广泛的 MCS-51 和 8098 单片机代替 Z80 微处理器,以利于教学内容与国民经济和科学技术的发展相适应。

为了便于初学者学习和理解,本书在内容安排上采用"化整为零"的论述方式,将单片机的结构按微型机的体系分别介绍;在介绍指令系统之后,接着安排汇编语言程序设计,为后面章节的学习打下良好的软件基础。

在编写中,力求注重先进性、系统性和实用性,以有利于帮助学生掌握基本概念,培养学生分析问题和解决问题的能力。

"微机原理"课程是一门实践性很强的课程,因此,在学习本课程时,还应注意加强实践环节,通过上机实验,培养学生的实际动手能力。

本书第 1 章至第 7 章由胡乾斌编写,第 8 章至第 10 章由李玲编写,第 11 章由甘锡英编写,第 12 章由李光斌编写。胡乾斌、李光斌负责全书的修改和最后定稿。

本书由林奕鸿教授主审,在本书的编写过程中得到邓星钟教授、张福润教授、朱志红副教授等的支持和帮助。他们提出了许多宝贵的意见,在此表示深切的谢意。

本书可作为机电一体化专业、机械类专业和近机类专业的本科生、夜大生和函大生的"微机原理"课程教材,也可供从事单片机应用的工程技术人员参考。

由于编者水平有限,书中错误或不妥之处在所难免,敬请读者批评指正。

编　者
1996 年 10 月

目　　录

第1章 概　　述

1.1　微型计算机的发展和特点

1.1.1　微型计算机的发展概况

电子计算机是一种不需要人工的直接干预,能够对各种数字信息进行算术和逻辑运算的快速电子设备。它的出现和发展是 20 世纪最重要的科学技术成就之一。20 世纪 70 年代以来,微型计算机的问世和发展把计算机技术推向了整个社会。目前,计算机已广泛地应用到国民经济和国防建设的各个领域,并且在人们的日常生活中也发挥了不可缺少的作用。

自从 1946 年第一台电子数字计算机(ENIAC)诞生以来,经历了电子管计算机(1945—1955 年)、晶体管计算机(1955—1965 年)、集成电路计算机(1965—1975 年)、大规模和超大规模集成电路计算机(1975 年至今)的四个发展时期,当前正在向新一代的非冯·诺依曼计算机、智能计算机方向发展。

电子计算机按其规模、性能和价格可分为巨型机、大型机、中型机、小型机和微型机五类。从系统结构和基本工作原理上说,微型机与其他几类计算机并没有本质上的区别。

微型计算机是第四代计算机向微型化方向发展的结果,它的发展是以微处理器的发展为标志的。

1971 年,美国 Intel 公司研制了第一个微处理器 4004,从此,计算机技术进入了一个崭新的发展时代——微型计算机时代。1972 年,Intel 公司又生产了 8 位微处理器 8008。通常,人们将 4004、4040、8008 称为第一代微处理器。这些微处理器的字长为 4 位或 8 位,集成度约为 2 000 管/片,时钟频率为 1 MHz,平均指令执行时间为 20 μs。

1973—1977 年期间,以 Intel 公司的 8080/8085、Zilog 公司的 Z80、Motorola 公司的 M6800、Rockwell 公司的 6502 为典型产品,称为第二代微处理器。这些微处理器的字长为 8 位,集成度达到 9 000 管/片,时钟频率为 2～4 MHz,平均指令执行时间为 1～2 μs。

20 世纪 70 年代后期,超大规模集成电路的工艺已经成熟,进一步推动了微型计算机向更高层次发展,1977—1978 年出现了第三代微处理器,其代表产品是 Intel 公司的 8086/8088、Zilog 公司的 Z8000 和 Motorola 公司的 M68000 等 16 位微处理器。它们的集成度为 20 000～60 000 管/片,时钟频率为 4～8 MHz,平均指令执行时间为 0.5 μs。

1980 年以后,微处理器进入第四代产品,相继出现了性能更高、功能更强的 Intel 80186、80286 和 Motorola 68010 16 位微处理器。它们的集成度高达 100000 管/片,时钟频率为 10 MHz 左右,平均指令执行时间约为 0.2 μs。1985 年,Intel 公司率先推出了 32 位微处理器 80386,它与 8086、80186、80286 向上兼容,从而构成了完整的 80 系列微处理器。与此同时,Motorola 公司也推出了 32 位微处理器 68020、68030。它们的集成度高达 150 000～200 000 管/片,时钟频率为 16～20 MHz,平均指令执行时间约为 0.1 μs。

1990 年,Intel 公司又推出了性能更强的 80486,其时钟频率达 50 MHz;1993 年,Intel 公司开发了 32 位的 Pentium，这是第五代微处理器，其时钟频率达 66 MHz，集成度可达 3 100 000管/片。1997 年，Intel 公司推出了 PentiumⅡ，1999 年推出了 PentiumⅢ，2001 年推出了 PentiumⅣ，主频高达 3.06 GHz。

从 20 世纪 70 年代中期开始，作为微型计算机的一个重要方面军，单片机也得到了很大的发展。1976 年，Intel 公司推出了 8 位单片机 MCS-48；1978 年，该公司推出了高性能的 8 位单片机 MCS-51；Motorola 公司的 6805 和 Zilog 公司的 Z8 等都是这一类单片机的典型产品。1983 年，Intel 公司推出了 16 位单片机 MCS-96；1988 年，该公司推出了 8 位机价格、16 位机性能的准 16 位单片机 8098，以后又相继推出 8XCl96KC、8XCl96MC 等高性能的 16 位单片机。90 年代初，Intel 公司推出了 32 位单片机 80960，成为单片机发展史上的一个重要里程碑。单片机的发展趋势将是向着大容量、高性能化，小容量、低价格化和外围电路内装化等方面发展。

1.1.2　微型计算机的特点

由于微型计算机广泛采用高速度、高集成度的器件和部件，因此它除具有计算机的快速性、通用性、准确性和逻辑性这样一些特性外，还具有以下特点。

(1) 体积小、重量轻、价格低廉。由于采用大规模集成电路和超大规模集成电路，使微型机所含的器件数目大为减少，体积大为缩小。

(2) 结构灵活，易于构成各种微型机应用系统。

(3) 应用面广。由于微型计算机体积小，性能/价格比高，耗电少，可靠性高，又易于掌握和使用，所以现在微型机不仅占领了原来小型机的各个应用领域，而且广泛用于过程控制等场合。此外，还可用于过去计算机无法深入的方面，如测量仪器、教学装置、医疗设备、家用电器等。总之，微型计算机的应用正向普及化和社会化方向发展。

1.1.3　微型计算机的分类

微处理器是微型计算机的核心，它的性能直接影响微型机的功能。而微处理器的性能与其字长紧密相关，字长是指 CPU 能同时处理的数据位数，也称为数据宽度。字长是微处理器的最重要的性能指标之一。字长越长，计算机能力越强，速度越快，但集成度要求也越高，工艺越复杂。因此，通常把微处理器的字长作为微型计算机的分类标准。

1. 4 位微处理器

目前常见的 4 位微处理器是单片机结构，这种单片机速度低，运算能力弱，存储容量很小，存储器中只存放固定程序，因而主要用于家用电器和娱乐等(进行简单的控制)，或用于袖珍计算器、电子售货机(进行简单的运算)等。

2. 8 位微处理器

8 位微处理器寻址能力可以达到 64 K 字节，有功能灵活的指令系统和较强的中断能力。此外，硬件配套电路比较齐全。因此，由 8 位微处理器构成的 8 位微型计算机系统通用性较强，应用范围很宽，广泛用于事务管理、工业控制、智能终端、仪器仪表及数据处理等方面。

常见的 8 位微处理器有 Zilog 公司的 Z80、Intel 公司的 8080/8085、Motorola 公司的 M6800、Rockwell 公司的 6502 等。

3. 16 位微处理器

16 位微处理器不仅在集成度和速度、数据总线宽度等方面有很大提高，而且在功能和处

理方法上也作了改进。因此,由它构成的 16 位微型计算机系统在性能方面已经和 20 世纪 70
年代的中档小型计算机相当。

16 位微处理器的代表产品有:Intel 公司的 8086/8088、80186、80286,Motorola 公司的
68000、68010,Zilog 公司的 Z8000 等。

4. 32 位微处理器

32 位微处理器是高档的微处理器,典型产品有:Intel 公司的 80386、80486,Motorola 公司
的 68020、68030 等。目前市场上最高档的 32 位微处理器是 Pentium Ⅳ,现在以 Pentium 为
CPU 的 32 位微型计算机已走向各个领域和千家万户。

5. 64 位微处理器

64 位微处理器是当前性能最高的微处理器,典型产品有 Intel 公司推出的 Itanium,AMD
公司推出的 Opteron 和 Athlon。主要面向高档服务器和工作站。

1.2　微处理器、微型计算机和微型计算机系统

1.2.1　微处理器

微处理器(microprocessor,或 μP)就是微型化的中央处理器,通常是由一片或少数几片大
规模集成电路组成的中央处理部件,简称 CPU 或 MPU。它是微型计算机的核心。一般来
说,CPU 具有如下功能:

(1) 实现算术运算和逻辑运算,并具有逻辑判断能力;

(2) 能对指令进行译码,并执行指令所规定的操作;

(3) 具有访问存储器和外设的能力;

(4) 提供整个系统所需的定时和控制信号;

(5) 可响应中断请求。

CPU 在内部结构上包含下列部分:

(1) 算术逻辑部件;

(2) 累加器和通用寄存器组;

(3) 程序计数器、指令寄存器和指令译码器;

(4) 时序和控制部件。

算术逻辑部件专门用来处理各种数据信息,它可以进行加、减、乘、除算术运算和与、或、
非、异或等逻辑运算。比较低档的 CPU 不能进行乘、除运算,但可以用程序来实现。

累加器和通用寄存器组用来保存参加运算的数据以及运算的中间结果,也可用来存放
地址。

程序计数器用于指向下一条要执行的指令的地址。由于程序一般在内存中是连续存放
的,所以顺序执行程序时,每取 1 个指令字节,程序计数器便自动加 1。指令寄存器用于存放
从存储器中取出的指令操作码,指令译码器对其进行译码,从而确定指令的操作,并确定操作
数的地址,得到操作数,以完成指定的操作。

指令译码器对指令进行译码时,产生相应的控制信号并送到了控制逻辑电路中,从而形成
外部电路所需要的控制信号,以控制整个系统协调工作。

1.2.2　微型计算机

微型计算机(microcomputer,或 μC)是指以微处理器为核心,配上存储器、输入/输出接口电路和系统总线所组成的计算机。当把 CPU、存储器和输入/输出接口电路集成在单片的芯片上,或者组装在一块或多块电路板上,则分别称为单片机或单板机。

微型计算机的基本结构如图 1.2.1 所示。CPU 执行程序实现对数据信息进行处理和对整个系统进行控制,它的性能决定了整个微型机的各项关键指标。

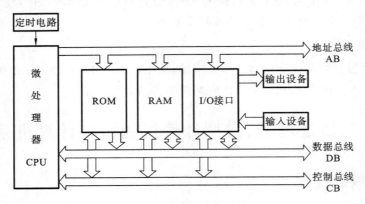

图 1.2.1　典型的微型机硬件结构

存储器包括随机存取存储器(RAM)和只读存储器(ROM)。存储器用来存放程序和数据。

输入/输出(I/O)接口电路实现微处理器与外部设备的连接,沟通微型机与外界之间的信息联系。

总线是用来传送信息的一组导线,它为 CPU 和其他部件之间提供数据、地址和控制信息的传输通道。微型计算机一般包含三种不同功能的总线:地址总线 AB(address bus)、数据总线 DB(data bus)和控制总线 CB(control bus)。

地址总线专门用来传送地址信息。地址总线是由 CPU 发出的,因而是单向的。地址总线的位数决定了 CPU 可直接寻址的内存范围。比如,8 位微型机地址总线一般是 16 根,即 $A_0 \sim A_{15}$,因此它可以寻址的存储空间为 $2^{16} = 64$ K 字节。输入/输出接口也可以通过地址总线寻址。显然,地址总线输出的地址是 CPU 用于确定与哪个内存单元或外部设备进行信息交换的重要条件。

数据总线用于传送数据信息。数据既可以从 CPU 传送到存储器或输入/输出接口,也可以从存储器或输入/输出接口传送到 CPU,因而与地址总线不同,数据总线是双向的。CPU 的数据总线的位数决定了微型机的数据总线的宽度(又称字长),两者是对应一致的,数据总线的宽度是微型机的一个极重要的指标。

控制总线用来传送控制信号:一种是由 CPU 发出到存储器和输入/输出接口电路的控制信号,如读信号、写信号、中断响应信号等;另一种则是由输入/输出接口电路送往 CPU 的控制信号,如时钟、中断请求、准备就绪信号等。

正是由于微型机采用总线结构,从而使得微型机在系统结构上简单,整个系统各功能部件之间的相互关系变为各自面向总线的单一关系,于是可以方便地在总线上接入不同的功能部件,而使系统得到扩展。

1.2.3　微型计算机系统

微型计算机系统(microcomputer system,或 μCS)包括硬件和软件两大部分,它是以微型计算机为主体,配上系统软件和外部设备组成的。

系统软件包括操作系统和系统应用程序,如编辑程序、汇编程序、编译程序、调试程序等。有了系统软件,才能发挥微型机系统中的硬件功能,并为用户使用计算机提供了方便手段。外部设备用来使微型机实现数据的输入和输出。最通用的外部设备有键盘、显示器、磁盘控制器和打印机等。当计算机用于生产过程的控制时,硬件还应包括过程控制 I/O 通道,通常将它与外部设备统称为外围设备,简称外设。

微处理器、微型计算机和微型计算机系统之间的关系如图 1.2.2 所示。

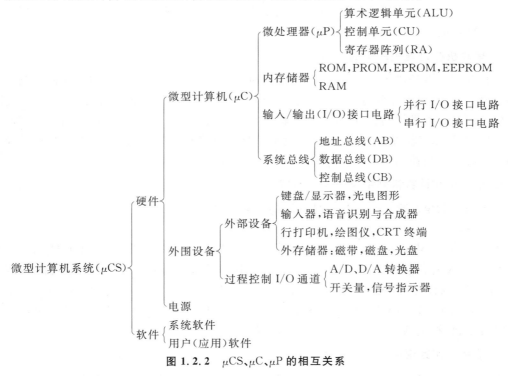

图 1.2.2　μCS、μC、μP 的相互关系

1.3　微型计算机的应用

由于微型计算机具有体积小、性能/价格比高、耗电少、可靠性高和容易掌握等优点,所以它的应用范围十分广阔。微型计算机在科学计算、信息处理、事务管理和控制等方面显示出了旺盛的生命力。40 多年来,微型计算机的发展很快,更新换代尤为迅速,作为微型计算机的一个重要方面的单片机的发展也极为迅速。

单片机实际上是把 CPU、RAM、ROM、定时器/计数器、I/O 接口电路等微型机的主要部件集成在一块芯片上,因此称之为单片微型机,简称单片机。单片机的英文为 microcontroller,即微型控制器。顾名思义,单片机有别于通用微型计算机,它是专门为控制和智能仪器设计的一种集成度很高的微型计算机。在应用中,单片机通常处于被控系统的核心地位,并融入其中,即以嵌入的方式进行使用,所以有时将单片机称为嵌入式微控制器。单片机的控制功能强,有优异的性价比,有很高的可靠性。因而,单片机的应用范围在不断地扩大,它已经成了生产和人类生活中不可缺少的有力工具。下面介绍单片机在几个方面的典型应用。

1. 单片机在智能仪表中的应用

单片机广泛地用于各种仪器仪表中,使仪器仪表数字化、微型化和智能化,提高它们的测量速度、测量精度和自动化程度,简化仪器仪表的硬件结构,便于使用、维修和改进,提高其性能/价格比。

2. 单片机在机电一体化产品中的应用

机电一体化是机械工业发展的方向。机电一体化产品是指,集机械技术、微电子技术、计算机技术和控制技术于一体,具有智能化特征的机电产品。例如,微机控制的数控机床、机器人等。单片机作为机电产品中的控制器,能充分发挥它的体积小、可靠性高、功能强等优点,大大提高了机器的自动化、智能化程度。

3. 单片机在过程控制中的应用

过程控制是微型机应用最多、最有效的方面之一,单片机广泛地用于过程控制。它既可以作为主机控制,也可以作为分布式控制系统的前端机,对现场的信息进行实时的测量和控制。单片机可用于开关量控制、顺序控制及逻辑控制等。如锅炉控制、电机控制、机器人控制、交通信号灯控制、造纸纸浆浓度控制、纸张定量水分及厚薄控制、雷达与导弹控制以及航天导航系统和鱼雷制导系统控制等。

4. 单片机在计算机网络及通信中的应用

由于高性能单片机中集成有 SDLC 通信接口,因而使其在计算机网络及通信设备中得到了广泛的应用。

例如,Intel 公司的 8044,由 8051 单片机及 SDLC 通信接口组合而成,用高性能的串行接口单元 SIU 代替传统的 UART,采用双绞线、半双工通信形式,特别适合远距离通信。以 8044 为基础组成的位总线是一种高性能、低价格的分布式控制系统,传送距离可达 1200 m,传送速率为 2.4 Mb/s,网络节点为 28 个。此外,单片机在自动拨号无线电话网、串行自动呼叫应答设备、程控电话、无线电遥控等方面都有广泛的应用。

5. 单片机在家用电器中的应用

单片机广泛地应用于家用电器中,例如,洗衣机、电冰箱、微波炉、电饭煲、高级智能玩具、收录机等配上单片机后大大提高了产品的性能,备受人们的喜爱。可以说,单片机在人们日常生活中的应用所受到的限制主要不是技术问题,而是创造力和技巧上的问题。

1.4 微型计算机的工作过程

微型机在进入运行之前,应将事先编好的程序装入存储器中。所谓程序,就是为完成某项工作,将一系列指令有序地组合。而指令,则是计算机执行某种操作的命令。通常指令由操作码和操作数两部分组成。操作码表示计算机执行什么具体操作,操作数则表示参加操作的数或操作数所在地址。程序在存储器中是连续存放的。一般指令的执行包括两个阶段:第一阶段为取指令,并在取得指令操作码后进行译码;第二阶段为执行指令,即取出操作数,然后按操作码的性质对操作数进行操作。因此,微型机的工作过程就是执行程序的过程,即不断地取指令、译码和执行指令的过程,直至遇到停机指令才暂停工作。

　　为了便于理解微型机的工作过程,下面用一个简单例子来说明模型机是怎样执行程序的。

　　例如,用模型机计算 2＋6＝?

　　首先编写程序,以计算机能够理解的语言告诉它一步一步地去做。程序如下:

LD A,2	;把数 2 送入累加器 A 中
ADD A,6	;累加器 A 中的内容 2 与数 6 相加,结果存入 A 中
HALT	;暂停

　　为了便于机器直接理解和执行,将上面程序写成机器语言形式:

　　　　二进制码

0011 1110	;LD A,2 的操作码
0000 0010	;LD A,2 的操作数 2
1100 0110	;ADD A,6 的操作码
0000 0110	;ADD A,6 的操作数 6
0111 0110	;HALT 的操作码

　　将上述程序顺次装入起始地址为 00H 的连续 5 个存储单元中,如图 1.4.1 所示。为了区分不同的存储单元,必须编上不同的编号,即地址,这样每个存储单元都分配一个地址。地址是顺序递增的,一般程序在存储器中连续顺序存放。

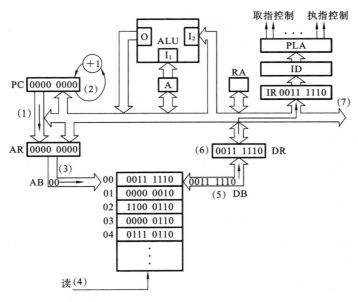

图 1.4.1　取第一条指令的操作示意图

　　开始执行程序前,首先应把要执行程序的第一条指令的地址送给 CPU 中的程序计数器 PC,然后执行程序,先进入取指阶段,其具体操作过程如图 1.4.1 所示。

　　(1) 将 PC 的内容 00H 送到地址寄存器 AR。

　　(2) PC 的内容自动加 1,即 00H 变为 01H,为指向下一个单元作准备。

　　(3) 将 AR 中的地址号 00H 放到地址总线 AB 上,并送到存储器,经存储器中的地址译码器选中相应的 00H 存储单元。

　　(4) CPU 发读的命令。

（5）将被选中的存储单元 00H 中的内容（0011 1110），即指令的操作码读到数据总线 DB 上。

（6）指令操作码（0011 1110）通过 DB 送到数据寄存器 DR。

（7）因是取指令阶段，所以指令操作码经 DR 送到指令寄存器 IR，然后再送到指令译码器 ID，经过译码，CPU 就识别出该指令是要将下一个存储单元中的数送到累加器 A 中。于是，控制器发出执行这条指令的各种节拍脉冲。

至此，取指令阶段完成，然后进入执行第一条指令的阶段。

执行指令阶段的具体操作如图 1.4.2 所示。

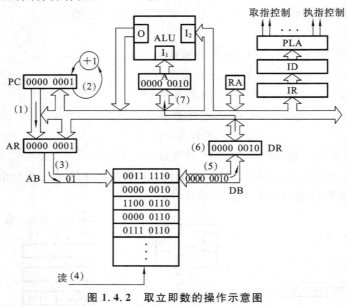

图 1.4.2　取立即数的操作示意图

（1）将 PC 的内容（01H）送到地址寄存器 AR。

（2）PC 自动加 1，其内容变为 02H。

（3）AR 通过地址总线 AB 把地址 01H 送到存储器，经地址译码后选中相应的 01H 单元。

（4）CPU 发读的命令。

（5）在该命令的控制下，把选中的 01H 单元的内容（02）读到数据总线 DB 上。

（6）数据 02 通过 DB 送到数据寄存器 DR。

（7）因是执行指令阶段，所以 DR 中的内容 02 通过内部数据总线送到累加器 A 中。

至此，第一条指令的执行阶段结束，CPU 又进入下一条指令的取指阶段，这样的过程一直重复下去，直到执行暂停指令后才暂停。CPU 就是这样一条一条地执行指令，完成程序所规定的功能。

1.5　计算机中的数和编码

1.5.1　数制及其转换

1.5.1.1　数制

按进位方式实现计数的一种规则，简称为进位制或数制。数制有两个基本要素：一是基数,它表示某种进位制所具有的数字符的个数以及进位的规则;二是位权(简称权),它表示一个进位计数制的数中不同数位上数字的单位数值,第 i 位的权即为基数的 i 次幂。只要正确理解数制中的基数和位权这两个基本要素,就可以掌握进位计数制的特点和计数方法。

1. 十进制

十进制数的基数为 10,有 0～9 十个数字符,逢十进一。小数点左边第一位的权为 10^0,第二位的权为 10^1,往左依次为 $10^2\cdots$;小数点右边第一位的权为 10^{-1},往右依次为 $10^{-2}\cdots$。

任何一个十进制数 N 可以表示为

$$(N)_{10} = K_{n-1} \times 10^{n-1} + K_{n-2} \times 10^{n-2} + \cdots + K_1 \times 10^1 + K_0 \times 10^0$$
$$+ K_{-1} \times 10^{-1} + \cdots + K_{-m} \times 10^{-m}$$
$$= \sum_{i=-m}^{n-1} K_i \times 10^i$$

其中,m 表示小数位的位数,n 表示整数位的位数,K_i 为 0～9。

2. 二进制

基数为 2 的数制为二进制,有 0、1 两个数字符,逢二进一。

任何一个二进制数 N 可以表示为

$$(N)_2 = K_{n-1} \times 2^{n-1} + K_{n-2} \times 2^{n-2} + \cdots + K_1 \times 2^1 + K_0 \times 2^0 + K_{-1} \times 2^{-1} + \cdots + K_{-m} \times 2^{-m}$$
$$= \sum_{i=-m}^{n-1} K_i \times 2^i$$

其中,m、n 的含义与上述相同,K_i 为 0～1。

日常工作和生活中,人们习惯于用十进制数,但在计算机中,通常采用二进制数。这是因为二进制数只有 0 和 1 两个数字符,容易用电子器件的两种不同状态表示。例如,用高电平表示 1,用低电平表示 0。所以,二进制数的物理实现容易,节省元器件,其运算规则也很简单。

3. 十六进制

基数为 16 的数制为十六进制,有 0～9、A、B、C、D、E、F 十六个数字符(其中 A～F 分别表示 10～15),逢十六进一。

一个十六进制数 N 可以表示为

$$(N)_{16} = K_{n-1} \times 16^{n-1} + K_{n-2} \times 16^{n-2} + \cdots$$
$$+ K_1 \times 16^1 + K_0 \times 16^0$$
$$+ K_{-1} \times 16^{-1} + \cdots + K_{-m} \times 16^{-m}$$
$$= \sum_{i=-m}^{n-1} K_i \times 16^i$$

其中,m、n 的含义与上述相同,K_i 为 0～F。

表 1.5.1 为十进制数、二进制数和十六进制数的对照表。

表 1.5.1 十进制数、二进制数、十六进制数对照表

十进制数	二进制数	十六进制数
0	0000	0
1	0001	1
2	0010	2
3	0011	3
4	0100	4
5	0101	5
6	0110	6
7	0111	7
8	1000	8
9	1001	9
10	1010	A
11	1011	B
12	1100	C
13	1101	D
14	1110	E
15	1111	F

二进制数的位数多,书写和阅读很不方便,容易出错。微机中通常采用十六进制数作为二进制数的缩写形式,书写简单,一目了然。

1.5.1.2　数制转换

由上述可知,不同数制只是描述数的不同方式,同一个数可以用不同的进位制来表示,它们可以相互转换。值得注意的是:应该保证转换前、后所表示的数值是相等的,或者在满足规定的误差范围内近似相等。

1. 十进制数转换为二进制数

十进制数转换为二进制数分成整数部分和小数部分的转换,两部分的转换方法不同,下面分别说明。

(1) 十进制整数转换为二进制整数

转换方法:除基取余。即不断地用 2 去除待转换的十进制数,将每次所得的余数(0 或 1)依次记为 K_0、K_1、$\cdots$,直到商等于 0 为止,最后一次余数记为 K_{n-1},则 $K_{n-1}K_{n-2}\cdots K_1K_0$ 为转换后的二进制数。

例 1.5.1　将 $(11)_{10}$ 转换为二进制数。

解

$$
\begin{array}{r|l}
2 & 11 \\
\hline
2 & 5 \qquad\qquad 余\ 1(K_0) \\
\hline
2 & 2 \qquad\qquad 余\ 1(K_1) \\
\hline
2 & 1 \qquad\qquad 余\ 0(K_2) \\
\hline
 & 0 \qquad\qquad 余\ 1(K_3)
\end{array}
$$

结果: $(11)_{10} = (1011)_2$

(2) 十进制小数转换为二进制小数

转换方法:乘基取整。就是不断地用 2 去乘以要转换的十进制小数,将每次所得的整数(0 或 1),依次记为 K_{-1}、K_{-2}、$\cdots$。若乘积的小数部分最后为 0,那么最后一次乘积的整数部分记为 K_{-m};若乘积的小数部分最后不可能为 0,则只要换算到满足所需要的精度为止。

例 1.5.2　将 $(0.75)_{10}$ 转换为二进制数。

解　　　　　　　　　　　$0.75 \times 2 = 1.50$　整 1　(K_{-1})

　　　　　　　　　　　　　　$0.50 \times 2 = 1.00$　整 1　(K_{-2})

结果: $(0.75)_{10} = (0.11)_2$

(3) 带小数的十进制数转换为二进制数

一个带小数的十进制数转换为二进制数时,先分别将其整数部分和小数部分转换为相对应的二进制数,然后用小数点将两部分连接起来,即可得转换的结果。

例 1.5.3　将 $(11.75)_{10}$ 转换为二进制数。

解　　　　　　　　　　　　$(11)_{10} = (1011)_2$

　　　　　　　　　　　　　　$(0.75)_{10} = (0.11)_2$

因此, $(11.75)_{10} = (1011.11)_2$

十进制数转换成十六进制数方法与上述类似,读者可自行练习。

2. 二进制数、十六进制数转换为十进制数

转换方法:把二进制(或十六进制)数按权展开,利用十进制数运算法则求和,即可得相应的十进制数。

例 1.5.4　将二进制数 11101110.01 转换为十进制数。

解　$(11101110.01)_2 = 1\times2^7+1\times2^6+1\times2^5+1\times2^3+1\times2^2+1\times2^1+1\times2^{-2}$
$= (238.25)_{10}$

例 1.5.5　将十六进制数 FA 转换为十进制数。

解　$(FA)_{16} = F\times16^1 + A\times16^0 = (250)_{10}$

3. 二进制数、十六进制数之间的相互转换

由表 1.5.1 可以看出,1 位十六进制数需要 4 位二进制数表示,或者说 1 位十六进制数可以表示成 4 位二进制数。因此,利用这种对应关系可直接实现二进制数和十六进制数之间的相互转换。

例 1.5.6　将十六进制数 8E 转换为二进制数。

解　$(8E)_{16} = (10001110)_2$

例 1.5.7　将二进制数 10110101 转换为十六进制数。

解　$(10110101)_2 = (B5)_{16}$

顺便指出,为了区别不同的数制,通常在数字后面加一个后缀(B 或 H):B 表示二进制,H 表示十六进制。例如,10101010B 为二进制数,8FH 为十六进制数。

1.5.2　计算机中数的表示方法

1.5.2.1　原码、反码和补码

1. 机器数和真值

在上述讨论的二进制数中未涉及符号问题,故是一种无符号数。对于带符号的二进制数,其正、负号如何表示呢? 在计算机中,由于采用二进制,只有 0 和 1 两个数字,因此为了区别正数或负数,将"+""-"符号数字化,通常用二进制数的最高位表示数的符号:用"0"表示"+"号,用"1"表示"-"号。把一个数及其符号在机器中的表示加以数值化,这样的数称为机器数,而把机器数所代表的数的实际值称为机器数的真值。

例如,真值　　　　　　$x_1 = +1001001$　　$x_2 = -1001001$
　　机器数　　　　　　$x_1 = 01001001$　　$x_2 = 11001001$

2. 带符号数的表示

计算机中带符号数有三种表示方法:原码、反码和补码。在这三种机器数的表示形式中,符号位的规定相同,仅是数值部分的表示形式不同。

1) 原码

正数的符号位用"0"表示,负数的符号位用"1"表示,其余数字位表示数值本身。

例如,　　　　　　　　$x_1 = +1101101$　　$[x_1]_原 = 01101101$
　　　　　　　　　　　$x_2 = -1101101$　　$[x_2]_原 = 11101101$

对于数 0,可以认为它是 +0,也可以认为它是 -0。因此,0 在原码表示中有下列两种形式:

$$[+0]_原 = 0000\ 0000 \quad [-0]_原 = 1000\ 0000$$

由此可见,数 0 的原码表示不是唯一的。对于 8 位二进制数(称为一个字节)来说,原码可表示的数的范围是$-127 \sim +127$。

2) 反码

正数的反码和正数的原码相同。负数的反码其符号位为 1,其余各位数逐位取反,即 0 变为 1,1 变为 0。

例如,　　　　　　　　　$x_1 = +1101101 \quad [x_1]_反 = 01101101$

　　　　　　　　　　　　$x_2 = -1101101 \quad [x_2]_反 = 10010010$

当 $x = \pm 0000000$ 时,$[x]_反$ 也有两种表示形式,即

$$[+0000000]_反 = 00000000$$

$$[-0000000]_反 = 11111111$$

所以,在反码表示中,"0"的表示也不是唯一的。8 位二进制数反码所能表示的数的范围是$-127 \sim +127$。

3) 补码

正数的补码与正数的原码相同,负数的补码等于负数的反码加 1。

例如,　　　　　　　　　$x_1 = +1101101 \quad [x_1]_补 = 01101101$

　　　　　　　　　　　　$x_2 = -1101101 \quad [x_2]_补 = 10010011$

读者可以自己推出,在补码表示中,数 0 的表示是唯一的。即为$[\pm 0]_补 = 00000000$。

采用补码表示,可以把减法运算变成加法运算。但要注意,在求和的计算中,需要将运算结果产生的进位丢掉,才能得到正确的结果,其结果也用补码表示。

例如,$21 - 15 = 21 + [-15]_补$

用二进制运算如下:

$$\begin{array}{r} 00010101 \\ +)\ 11110001 \\ \hline \end{array}$$
$$自然舍弃 \rightarrow ①\ 00000110 = +6$$

在 8 位机中,最高位 D_7 的进位已超出机器字长的范围,所以是自然丢失的。因此,作减法运算与补码相加的结果完全相同。

由上例可见,当数用补码表示时,无论是加法还是减法运算都可采用加法运算,而且数 0 的表示是唯一的。因此,在微机中普遍用补码来表示带符号的数。

8 位二进制数补码所能表示的数的范围是$-128 \sim +127$。

1.5.2.2　定点数和浮点数

在计算机中,一个数的小数点是怎样表示的呢?通常有两种表示方法:定点表示法和浮点表示法。下面分别予以说明。

1. 定点表示法

在定点表示法中,小数点的位置是固定不变的,它是事先约定好的,不必用符号表示。通常,将小数点固定在数值部分的最高位之前或最低位之后,前者将数表示为纯小数,后者将数表示为纯整数。

例如,定点纯小数　　　$N = 01011101$,　即　$N = 0.1011101$

　　　　定点纯整数　　　$N = 01011101$,　即　$N = 1011101$

2. 浮点表示法

在浮点表示法中,小数点的位置不是固定不变的,而是浮动的。一般地说,任何一个二进制数 N 可以表示为

$$N = \pm 2^E \times M$$

式中:E 为数 N 的阶码,取值为二进制整数,常用补码形式;M 为数 N 的尾数,一般均为纯小数;2 为底,在微型机中它是约定的,不用表示出来。因此,浮点数分为阶码和尾数两部分。阶码 E 指出小数点的位置,尾数 M 表示数 N 的全部有效数字。由此可见,浮点数的精度取决于尾数,尾数越长,精度就越高。

在微型机及单片机系统中,常用的浮点数有四字节和三字节两种表示方式。

四字节浮点数由一个字节指数(EXP)、三个字节尾数构成,每个数据需要占用四个存储单元,如图 1.5.1 所示。

	D_7	D_6	D_5	D_4	D_3	D_2	D_1	D_0	
第一字节	S_E								阶符(S_E),阶码
第二字节	S_M								尾符(S_M),尾数高字节
第三字节									尾数中字节
第四字节									尾数低字节

图 1.5.1　四字节浮点数的格式

阶码的最高位是阶符 S_E,S_E 为"0"表示阶码为正,S_E 为"1"表示阶码为负;尾数的最高位是数符 S_M,S_M 为"0"表示正数,S_M 为"1"表示负数,尾数符号位 S_M 的右侧为小数点位置。阶码和尾数均为补码形式。因此,阶码的取值范围是 $-128 \sim +127$。所以,四字节浮点数的最大表示范围是 $\pm 1.47 \times 10^{-39} \sim 1.70 \times 10^{38}$。

在单片机系统中,通常采用三字节浮点数表示,如图 1.5.2 所示。由图可见,三字节浮点数与四字节浮点数不同,其尾数的符号位不是在尾数部分,而是由阶码的最高位表示。阶码的符号位在 D_6 位。因此,阶码只有 $D_5 \sim D_0$ 共 6 位,用补码表示,三字节浮点数阶码的取值范围为 $-64 \sim +63$。三字节浮点数的尾数用原码表示,第二字节为尾数的高 8 位,第三字节为尾数的低 8 位。所以,这种三字节浮点数所能表示的数的范围是 $\pm (2.7 \times 10^{-20} \sim 9.2 \times 10^{18})$。

	D_7	D_6	D_5	D_4	D_3	D_2	D_1	D_0	
第一字节	S_M	S_E							尾符(S_M)、阶符(S_E)、阶码
第二字节									尾数高字节
第三字节									尾数低字节

图 1.5.2　三字节浮点数的格式

浮点数与定点数比较,其主要优点是:在相同字长时,浮点数所能表示的数的范围比定点数所能表示的数的范围要大,因而数据处理的精度高。但是,浮点数的运算规则比定点数的运算规则复杂,需要考虑阶码和尾数两部分的运算。当两个浮点数相加时,首先要使两个数的阶码相等(称对阶),然后尾数才能相加;两个浮点数相乘,则阶码相加,尾数相乘;两个浮点数相除,则阶码相减,尾数相除。

1.5.3　编码

在计算机中,数、字母和符号往往用二进制编码来表示。所谓编码,是指按一定规则组合成的若干位二进制代码。

1.5.3.1 二-十进制编码

计算机只能识别二进制数,但人们习惯用十进制数。因此,在计算机输入和输出数据时,通常采用十进制数表示。不过,这样的十进制数是用二进制编码表示的。1 位十进制数用 4 位二进制编码来表示的方法很多,最常用的是 8421BCD 码,简称 BCD 码。它是用 4 位二进制数来表示 1 位十进制数的,4 位二进制数从左至右各位的权分别为 8、4、2、1,4 位权之和即为所表示的 1 位十进制数。所以,用二进制数的 0000～1001 来分别表示十进制数的 0～9,如表 1.5.2 所示。这种编码既具有二进制数的形式和特点,又具有十进制数的"逢十进一"的特点,便于传输和处理。BCD 码有两种形式:压缩 BCD 码和非压缩 BCD 码。

表 1.5.2　BCD 编码表

十进制数	8421BCD 码
0	0000
1	0001
2	0010
3	0011
4	0100
5	0101
6	0110
7	0111
8	1000
9	1001
10	0001 0000

1. 压缩 BCD 码

压缩 BCD 码用 4 位二进制数表示 1 位十进制数,一个字节表示 2 位十进制数。例如,10010111 表示十进制数 97。

2. 非压缩 BCD 码

非压缩 BCD 码用 8 位二进制数表示 1 位十进制数,高 4 位总是 0000,低 4 位的 0000～1001 表示 0～9。例如,00001001 表示十进制数 9。

1.5.3.2 字母和符号的编码

在计算机中,字母和符号也是按特定的二进制编码表示的,微型机里普遍采用 ASCII 码(美国标准信息交换码,American Standard Code for Information Interchange),如表 1.5.3 所示。

表 1.5.3　ASCII 表

	列	0	1	2	3	4	5	6	7
行	位 6,5,4 / 位 3,2,1,0	000	001	010	011	100	101	110	111
0	0000	NUL	DLE	SP	0	@	P	、	p
1	0001	SOH	DC1	!	1	A	Q	a	q
2	0010	STX	DC2	"	2	B	R	b	r
3	0011	ETX	DC3	#	3	C	S	c	s
4	0100	EOT	DC4	$	4	D	T	d	t
5	0101	ENQ	NAK	%	5	E	U	e	u
6	0110	ACK	SYN	&	6	F	V	f	v
7	0111	BEL	ETB	,	7	G	W	g	w
8	1000	BS	CAN	(	8	H	X	h	x
9	1001	HT	EM	)	9	I	Y	i	y
A	1010	LF	SUB	*	:	J	Z	j	z
B	1011	VT	ESC	+	;	K	[	k	{
C	1100	FF	FS	,	<	L	\	l		
D	1101	CR	GS	—	=	M	]	m	}
E	1110	SO	RS	·	>	N	↑	n	~
F	1111	SI	US	/	?	O	←	o	DEL

ASCII 码用 8 位二进制数对字符进行编码,其中低 7 位($b_6 \sim b_0$)是字符的 ACSII 码值,最高 1 位(b_7)一般作奇偶校验位。

1.5.4　几个术语

1. 位(bit)

位(bit)是计算机所能表示的最小数据单位,即 1 位二进制数。

2. 字节(byte)

8 位二进制数称为一个字节。

3. 字(word)

16 位二进制数称为一个字。因此,1 个字有 2 个字节,视 CPU 不同,字在内存中有两种不同的存放方式:其一,顺序存放,即字的高 8 位(高字节)存放在低地址单元,低 8 位(低字节)存放在高地址单元;其二,逆序存放,即字的低字节存放在低地址单元,高字节存放在高地址单元。

4. K、KB、MB、GB 和 TB

这些都是用来表示存储器容量的。

1 K＝2^{10}＝1024

1 KB＝1024×8(bit)＝1024B(byte)

1 MB＝2^{20}B＝1024 KB

1 GB＝2^{30}B＝1024 MB

1 TB＝2^{40}B＝1024 GB

习　　题

1.1 简要说明微处理器、微型计算机和微型计算机系统的联系和区别。

1.2 典型微型计算机的硬件包括哪些主要组成部分? 各有何用途?

1.3 什么是单片微型计算机? 它在结构上与典型的微型计算机有什么区别?

1.4 单片机具有哪些突出优点? 试举例说明单片机的应用领域。

1.5 将下列十进制数转换为二进制、十六进制数。
129,253,21.125,18.6

1.6 将下列二进制、十六进制数转换为十进制数。
$(10101101)_2$,$(10110110)_2$,$(11100111.101)_2$,$(3E8)_{16}$,$(5D.8)_{16}$

1.7 完成下列数制转换。
$(11011110.01)_2＝($　　$)_{16}$
$(6A8.4)_{16}＝($　　$)_2$

1.8 什么是无符号数? 什么是有符号数? 试举例说明。

1.9 什么叫机器数和真值? 试举例说明。

1.10 什么叫原码、反码、补码?

1.11 写出下列二进制数的原码、反码和补码。
＋1011011,－1011011,＋1111111,－1111111

1.12 已知机器数$[x_1]_原=[x_2]_反=[x_3]_补=1010111B$,试求$x_1$、$x_2$和$x_3$的真值(用十进制数表示)。

1.13 已知:$[x_1]_原=10110101$,$[x_2]_反=10110101$,$[x_3]_补=10110101$,试求:$[x_1]_反$,$[x_2]_补$,$[x_3]_原$各为何值?

1.14 将下列十进制数分别用压缩 BCD 码和非压缩 BCD 码表示。

123,1997.7

1.15 写出下列字符的 ASCII 码。

数字 0~9,数字 A~F,字符串 MICROCOMPUTER

自 测 题

1.1 填空题

1. 2753 用压缩 BCD 码表示为_____。

2. 16 位无符号二进制整数,能表示的十进制数范围是_____。

3. 8 位二进制补码能表示的十六进制数的范围是_____。

4. 已知$[x]_补=81H$,其 x 的真值(用十进制数表示)为_____。

5. 微型计算机是以 CPU 为核心,配上_____、_____和系统总线组成的计算机。

1.2 选择题(在各题的 A、B、C、D 四个选项中,选择一个正确的答案)

1. 在计算机内部,一切信息的存取、处理和传送的形式是(   )。

   A. ASCII 码   B. BCD 码   C. 二进制   D. 十六进制

2. 补码 10110110B 代表的十进制负数是(   )。

   A. −54   B. −68   C. −74   D. −48

3. 0~9 的 ASCII 码是(   )。

   A. 0~9H   B. 30~39   C. 30H~39H   D. 40H~49H

4. 下列四种不同进制的无符号数中,第二大的数是(   )。

   A. (11011001)二进制数

   B. (37)八进制数

   C. (75)十进制数

   D. (2A)十六进制数

第2章 MCS-51 的内部结构

MCS-51 单片机是在 MCS-48 系列的基础上发展的高性能 8 位单片机,其代表是 8051。该系列其他新的单片机产品都是以 8051 为核心,再增加一定的功能部件后构成的。本章以 MCS-51 系列的 8051 为典型例子,介绍单片机的内部结构、性能和工作原理。

2.1 MCS-51 的结构

2.1.1 MCS-51 总体结构

MCS-51 系列产品中有 8051、8031、8751。其中,8031 内部没有程序存储器 ROM,因此必须外接 EPROM 作为程序存储器才能构成一个完整的微型机。8051 是 ROM 型单片机,内含 4 K 字节 ROM,而 8751 片内含有 4K 字节 EPROM。除此之外,三者的内部结构和引脚完全相同。

图 2.1.1 是 MCS-51 单片机的总体结构框图。由图可见,在一块硅片上集成了 CPU、存储器、I/O 接口等,从而构成为单片微型计算机。它的基本特性如下。

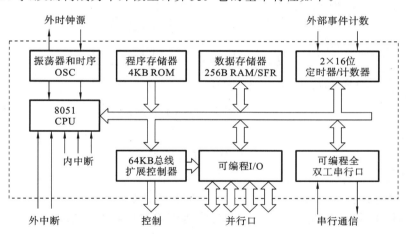

图 2.1.1 MCS-51 单片机结构框图

(1) 面向控制的 8 位 CPU 和指令系统。

(2) 4 K 字节的程序存储器(ROM 或 EPROM)。

(3) 128 字节的数据存储器。

(4) 可编程的并行 I/O 口 P0~P3,有 32 位双向输入/输出线。

(5) 一个全双工串行口。

(6) 两个 16 位定时器/计数器。

(7) 五个中断源,两个中断优先级的中断结构。

(8) 一个片内时钟振荡器和时钟电路。

(9) 可以寻址 64 K 字节的程序存储器和 64 K 字节的外部数据存储器。

由此可见,MCS-51 单片机是一种功能相当强的 8 位微型机。

2.1.2　MCS-51 内部结构

MCS-51 单片机内部结构如图 2.1.2 所示。其中主要有 CPU、存储器、可编程 I/O 口、定时器/计数器、串行口等,各部分通过内部总线相连。为了便于理解,对其各功能部件将在后续章节中分别介绍。

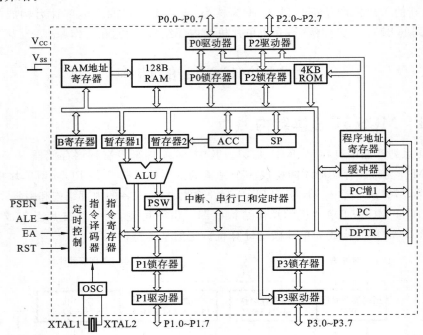

图 2.1.2　MCS-51 单片机内部结构框图

2.2　CPU

MCS-51 内部有一个功能很强的 8 位 CPU,它是单片机的核心部分,即单片机的指挥和执行机构。从功能上看,CPU 包括两个基本部分:运算器和控制器。图 2.1.2 中去掉存储器电路和 I/O 部件后,其余的便是 CPU。

2.2.1　运算器

运算器包括算术逻辑运算部件 ALU(arithmetic logic unit)、累加器 ACC(accumulator)、B 寄存器、暂存寄存器 TMP1 和 TMP2、程序状态字寄存器 PSW(program status word)、BCD 码运算调整电路等。为了提高数据处理和位操作能力,片内设有一些专用寄存器,而且还增强了位处理逻辑电路的功能。在进行位操作时,进位位 C_Y 作为位操作累加器,整个位操作系统构成一台布尔处理机。

2.2.1.1　算术逻辑运算部件 ALU

ALU 由加法器和其他逻辑电路等组成。它的功能是完成各种算术运算和逻辑运算,其典型操作包括对 8 位数据进行算术加、减、乘、除及逻辑与、或、异或、取反等运算,以及循环移位、位操作等。

2.2.1.2　寄存器

CPU 内部没有单独的存储器,而是设置了一些工作寄存器,用来暂存数据和状态等,以便数据的传送和运算。

1. 累加器 ACC

累加器 ACC,简称累加器 A,它是一个 8 位寄存器,通过暂存器与 ALU 相连。在 CPU 中,累加器 A 是工作最频繁的寄存器。在算术运算和逻辑运算时,通常用累加器 A 存放一个参加操作的数,作为 ALU 的一个输入,而 ALU 的运算结果又存入累加器 A 中。此外,在变址寻址方式中,把 A 作为变址寄存器使用。

2. 寄存器 B

寄存器 B 一般用于乘、除法指令,它与累加器 A 配合使用。运算前,寄存器 B 中存放乘数或除数;运算后,B 中保存了乘积的高位字节或商的余数部分。此外,寄存器 B 可作为存放中间结果的暂存寄存器使用。

3. 程序状态字寄存器 PSW

PSW 是一个 8 位寄存器,用于寄存当前指令执行的某些状态,反映指令执行结果的一些特征,比如,进位和溢出等。不同的特征用相应的状态标志位来表示。

按功能来分,PSW 的标志可以分为两类。一类是状态标志,它表示当前指令执行后,运算结果的一些特征,这类标志为后面的操作提供条件判断的依据。另一类是用户设定的标志位,用来选择 CPU 当前使用的工作寄存器组,或用户在程序设计中作为某种特定的标志位。

PSW 寄存器的字节地址是 D0H,也可位寻址,它的格式为

	D_7	D_6	D_5	D_4	D_3	D_2	D_1	D_0
PSW	C	AC	F0	RS1	RS0	OV	—	P
位地址（H）	D7	D6	D5	D4	D3	D2	D1	D0

1) 四个状态标志位定义

C:进位标志位。有时表示为 C_Y。在进行加法(或减法)运算时,如果操作结果的最高位 D_7 有进位(或借位)时,C_Y 置 1;否则,C_Y 置 0。在进行位操作时,C_Y 作为位累加器 C,也称为布尔累加器。此外,循环移位指令和比较转移指令也会影响 C_Y 标志。

AC:半进位标志位。在进行加法(或减法)运算时,如果低半字节向高半字节有进位(或借位),则 AC 标志置 1;否则 AC 标志置 0。AC 标志用于校正 BCD 码加法或减法运算的结果,作为 BCD 码运算调整指令 DA A 判断的依据之一。

P:奇偶标志位。该标志位始终跟踪累加器 A 中含 1 的个数的奇偶性,如果结果中 A 内有奇数个 1,则标志 P 置 1;否则,置 0。

OV:溢出标志位。带符号数加减运算时,如果结果发生溢出,则 OV 标志置 1;否则,置 0。

计算机中,带符号数通常是用补码表示的,对于单字节二进制补码,其所能表示数的范围是 $-128 \sim +127$,如果运算结果超出了这个数值范围,就称为溢出。一般两个同号数相加或两个异号数相减,有可能发生溢出;而两个同号数相减或两个异号数相加,则不会发生溢出。

例如:

$$
\begin{array}{ll}
\ \ 00011001 & (+25) \\
+)\,01111101 & (+125) \\
\hline
C_Y=0 \quad 10010110 & (结果为负数) \\
\end{array}
$$

$$
\begin{array}{ll}
\ \ 10000111 & (-121\,的补码) \\
+)\,10001000 & (-120\,的补码) \\
\hline
C_Y=1 \quad 00001111 & (结果为正数) \\
\end{array}
$$

由上面例子可以看出,当两个正数相加,若和超过+127 时,其结果的符号由正变负,即得出负数,显然,这个结果是错误的。原因是两正数相加,和数为+150>+127,即超出了 8 位正数所能表示的最大值,使数值部分占据了符号位的位置,产生了溢出错误,这时 OV=1。同理,两负数相加,结果应为负,但因和数为-241<-128,有溢出而使结果为正数,显然,这个结果是错误的,此时 OV=1。

通常可由符号位相加的进位 D_{7C} 和数值部分的最高位相加的进位 D_{6C} 的状态来判断是否有溢出,即利用

$$OV=D_{7C}\oplus D_{6C}$$

判别式来判断。当 D_{7C} 和 D_{6C} 异或结果为 1,即 OV=1 时,表示有溢出;当异或结果为 0,即 OV=0 时,表示无溢出。如上述两例分别为:OV=0⊕1=1,OV=1⊕0=1,故两例运算都产生溢出。

初学者应该注意:进位和溢出是两个不同性质的概念,不要混淆。

在乘法运算时,OV=1,表示结果超过 255,即乘积分别在 B 和 A 中;反之,OV=0,表示乘积在 A 中。

在除法运算时,OV=1,表示除数为 0,不能进行除法;反之,OV=0,除数不为 0,除法可以进行。

2) 其他标志位定义

PSW.1 位未定义,但用户可用伪指令 BIT 将 PSW.1 位定义为 F1,如同 F0 一样,作为用户设定的软件标志位。

PSW 的 F0、RS1、RS0 与上述标志位不同,是由用户用软件自行设定置位和复位的。

F0:用户标志位。可由用户设定作为软件标志。

表 2.2.1　工作寄存器组地址编码

RS1	RS0	寄存器组	片内 RAM 地址
0	0	组 0	00H~07H
0	1	组 1	08H~0FH
1	0	组 2	10H~17H
1	1	组 3	18H~1FH

RS1、RS0:工作寄存器组指针,用以选择指令当前工作的寄存器组。用户用软件改变 RS1 和 RS0 的组合,从而指定当前选用的工作寄存器组。各组地址编码如表 2.2.1 所示。

MCS-51 单片机在复位后,RS1=RS0=0,所以 CPU 自动选中组 0 作为当前工作寄存器组。根据需要,用户可以通过传送指令或位操作指令来改变 RS1 和 RS0 的状态,任选一组工作寄存器区。这个特点提高了程序中保护现场和恢复现场的速度。

需要说明的是,尽管 PSW 中未设定"0"标志位和"符号"标志位,但 MCS-51 指令系统中有两条指令(JZ、JNZ)可直接对累加器 A 的内容是否为"0"进行判断。此外,由于 MCS-51 可以进行位寻址,直接对 8 位二进制数的符号位进行位操作(如 JB、JNB、JBC 指令),所以,使用相应的条件转移指令对上述特征状态进行判断也是很方便的。

2.2.2　控制器

控制器是用来控制计算机工作的部件,它包括程序计数器、指令寄存器、指令译码器、堆栈指针、数据指针、时钟发生器和定时控制逻辑等。控制器的功能是,接收来自存储器的指令,进行译码,并通过定时和控制电路,在规定时刻发出指令操作所需的各种控制信息和 CPU 外部所需的各种控制信号,使各部分协调工作,完成指令所规定的操作。

1.　程序计数器 PC

程序计数器 PC(program counter)是 16 位专用寄存器,其内容表示下一条要执行的指令的 16 位地址。CPU 总是把 PC 的内容送往地址总线,作为选择存储单元的地址,以便从指定的存储单元中取出指令、译码和执行。

PC 具有自动加 1 的功能。当 CPU 顺序地执行指令时,PC 的内容以增量的规律变化着,于是当一条指令取出后,PC 就指向下一条指令的地址。如果不按顺序执行指令,转移到某地址再继续执行指令,这时在跳转之前必须将转向的程序的入口地址送往程序计数器,以便从该入口地址开始执行程序。由此可见,PC 实际上是一个地址指示器,改变 PC 中的内容就可以改变指令执行的次序,即改变程序执行的路线。当系统复位后,PC＝0000H,CPU 便从这一固定的入口地址开始执行程序。

2.　堆栈指针 SP

在微型机中,堆栈主要是为子程序调用和中断操作而设立的。一般,堆栈是在内存 RAM 中开辟的一个特定的存储区,专门用来暂时存放数据或存放返回地址,并按照“后进先出”(LIFO)的原则进行操作。

MCS-51 单片机的堆栈,是在片内 RAM 中开辟的一个专用区,通常指定内部数据存储器地址 07H～7FH 中的一部分连续存储区作为堆栈。堆栈示意图如图 2.2.1 所示。堆栈的一端是固定的,称为栈底;另一端是浮动的,称为栈顶。与通用的 CPU 不同,MCS-51 单片机的堆栈是由低地址向高地址方向延伸的,栈底对应堆栈的最低地址,栈顶向高地址方向浮动。当堆栈中没有数据时,栈顶与栈底重合。当数据进栈时,栈顶会自动地向地址增 1 的方向浮动;而当数据出栈时,栈顶又会自动地向地址减 1 的方向变化。一般把堆栈中的数据称为元素,最后进栈的那个元素所在地址就是栈顶。由于堆

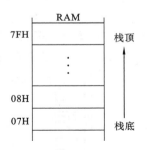

图 2.2.1　堆栈示意图

栈元素的存入和取出必须遵循 LIFO 的原则,因此堆栈的操作总是对栈顶进行的。

堆栈指针 SP(stack pointer)是一个 8 位寄存器,用它存放栈顶的地址。进栈时,SP 自动加 1,将数据压入 SP 所指定的地址单元;出栈时,将 SP 所指示的地址单元中的数据弹出,然后 SP 自动减 1。因此,SP 总是指向栈顶。

系统复位后,SP 初始化为 07H,所以第一个压入堆栈的数据存放到 08H 单元,即堆栈区为从 07H 单元开始的一部分连续存储单元。由于 08H～1FH 单元为工作寄存器区 1～3,在程序设计中很可能要用到这些区,所以用户在编程时最好把 SP 的值改为 1FH 或更大值,以免堆栈区与要使用的工作寄存器区互相冲突。SP 的内容是可编程的,因而可将堆栈区定位到内部数据存储器的任意位置。堆栈的大小可用“深度”表示,用户在设定堆栈区时应该考虑到堆栈的深度,以便能满足子程序嵌套时的需要。

堆栈操作的主要优点是操作速度快,特别是在中断或调用子程序时,断点地址(返回地址)自动进栈,而程序返回时,断点地址则自动弹回 PC。

3. 数据指针 DPTR

数据指针 DPTR(data pointer)是一个 16 位的地址寄存器,专门用来存放 16 位地址指针,作间接寄存器使用。在变址寻址方式中,DPTR 作基址寄存器,用于对程序存储器的访问。它可指向 64 K 字节范围内的任一存储单元,也可以分成高字节 DPH 和低字节 DPL 两个独立的8 位寄存器,这为修改 DPTR 的内容提供了方便。

4. 指令寄存器、指令译码器和 CPU 定时控制

CPU 从程序存储器内取出的指令首先要送到指令寄存器,然后送入指令译码器,由指令译码器对指令进行译码,即把指令转变成执行该指令所需要的电信号,再通过 CPU 的定时和控制电路,发出特定的时序信号,使计算机正确地执行程序所要求的各种操作。

2.3　MCS-51 的引脚及片外总线结构

2.3.1　MCS-51 的引脚功能

引脚表现出的是单片机的外特性或硬件特性,在硬件方面,用户只能使用引脚,即通过引脚组建系统。因此,熟悉引脚功能是学习单片机的重要内容。

MCS-51 单片机采用 40 条引脚双列直插封装(DIP)形式。对于 CHMOS 单片机除采用DIP 形式外,还采用方形封装工艺。由于受到引脚数目的限制,所以有一些引脚具有第二功能。图 2.3.1 是 MCS-51 的引脚图和逻辑符号。在单片机的 40 条引脚中,有 2 条专用于主电源的引脚,2 条外接晶体的引脚,4 条控制和其他电源复用的引脚,32 条输入/输出引脚。下面分别说明这些引脚的名称和功能。

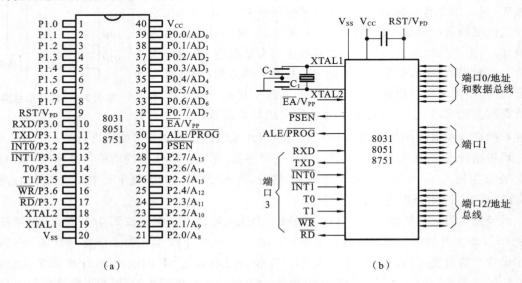

(a)　　　　　　　　　　　　(b)

图 2.3.1　MCS-51 的引脚及逻辑符号

(a) 引脚图;(b) 逻辑符号图

1) 主电源引脚 V_{CC} 和 V_{SS}

V_{CC}：接 +5 V 电源。

V_{SS}：接电源地。

2) 时钟电路引脚 XTAL1 和 XTAL2

XTAL1：接外部晶体的一端。在单片机内部，它是反相放大器的输入端，该放大器构成了片内振荡器。在采用外部时钟电路时，对于 HMOS 单片机，此引脚必须接地；对 CHMOS 单片机，此引脚作为驱动端。

XTAL2：接外部晶体的另一端。在单片机内部，接至上述振荡器的反相放大器的输出端，振荡器的频率是晶体振荡频率。若采用外部时钟电路时，对于 HMOS 单片机，该引脚输入外部时钟脉冲；对于 CHMOS 单片机，此引脚应悬空。

3) 控制信号引脚 RST/V_{PD}、$ALE/\overline{PROG}$、$\overline{PSEN}$ 和 $\overline{EA}/V_{PP}$

RST/V_{PD}：复位/备用电源输入端。单片机上电后，只要在该引脚上输入 24 个振荡周期（2 个机器周期）宽度以上的高电平就会使单片机复位；若在 RST 与 V_{CC} 之间接一个 10 μF 的电容，而在 RST 与 V_{SS} 之间接一个 8.2 kΩ 的下拉电阻，则可实现单片机上电自动复位。

RST/V_{PD} 具有复用功能，在主电源 V_{CC} 掉电期间，该引脚可接上 +5 V 备用电源。当 V_{CC} 下掉到低于规定的电平，而 V_{PD} 在其规定的电压范围内时，V_{PD} 就向片内 RAM 提供备用电源，以保持片内 RAM 中的信息不丢失，复电后能继续正常运行。

$ALE/\overline{PROG}$：地址锁存使能输出/编程脉冲输入端。当 CPU 访问外部存储器时，ALE 的输出作为外部锁存地址的低位字节的控制信号；当不访问外部存储器时，ALE 端仍以 1/6 的时钟振荡频率固定地输出正脉冲。因此，它可用作对外输出的时钟或用于定时。但要注意的是：每当访问外部数据存储器时就会丢失一个脉冲。ALE 端可以驱动 8 个 LSTTL 负载。另外，在对 8751 片内 EPROM 编程（固化）时，此引脚用于输入编程脉冲（$\overline{PROG}$）。

$\overline{PSEN}$：外部程序存储器读选通信号。CPU 在访问外部程序存储器期间，每个机器周期中，$\overline{PSEN}$ 信号两次有效。但在此期间，每当访问外部数据存储器时，这两次有效的 $\overline{PSEN}$ 信号不出现。$\overline{PSEN}$ 端可以驱动 8 个 LSTTL 负载。

$\overline{EA}/V_{PP}$：外部访问允许/编程电源输入端。当 $\overline{EA}$ 输入高电平时，CPU 执行程序，在低 4 KB（0000H～0FFFH）地址范围内，访问片内程序存储器；在程序计数器 PC 的值超过 4 KB 地址时，将自动转向执行片外程序存储器的程序。当 $\overline{EA}$ 输入低电平时，CPU 仅访问片外程序存储器。因此，对于 8031 来说，由于片内无程序存储器，所以 $\overline{EA}$ 端必须接低电平。

在对 8751EPROM 编程时，此引脚接 +21 V 的编程电压 V_{PP}。

4) 输入/输出（I/O）引脚 P0、P1、P2 和 P3

P0.0～P0.7：P0 口是一个 8 位双向 I/O 端口。在访问片外存储器时，它分时提供低 8 位地址和作 8 位双向数据总线。在 EPROM 编程时，从 P0 口输入指令字节；在验证程序时，则输出指令字节（验证时，要外接上拉电阻）。P0 口能以吸收电流的方式驱动 8 个 LSTTL 负载。

P1.0～P1.7：P1 口是 8 位准双向 I/O 端口。在 EPROM 编程和程序验证时，它输入低 8 位地址。P1 口能驱动 4 个 LSTTL 负载。

P2.0～P2.7：P2 口是一个 8 位准双向 I/O 端口。在 CPU 访问外部存储器时，它输出高 8 位地址。在对 EPROM 编程和程序验证时，它输入高 8 位地址。P2 口可驱动 4 个 LSTTL 负载。

P3.0～P3.7:P3 口是 8 位准双向 I/O 端口。它是一个复用功能口。作为第一功能使用时,为普通 I/O 口,其功能和操作方法与 P1 口相同。作为第二功能使用时,各引脚的定义如表 2.3.1 所示。P3 口的每一条引脚均可独立定义为第一功能的输入输出或第二功能。实际在使用时,总是先按需要优先选用它的第二功能,剩下不用的才作为第一功能口线使用。P3 口能驱动 4 个 LSTTL 负载。

表 2.3.1　P3 各口线的第二功能表

口　　线	第　二　功　能
P3.0	RXD(串行口输入)
P3.1	TXD(串行口输出)
P3.2	$\overline{INT0}$(外部中断 0 输入)
P3.3	$\overline{INT1}$(外部中断 1 输入)
P3.4	T0(定时器 0 的外部输入)
P3.5	T1(定时器 1 的外部输入)
P3.6	$\overline{WR}$(外部数据存储器"写"信号输出)
P3.7	$\overline{RD}$(外部数据存储器"读"信号输出)

2.3.2　MCS-51 的外部总线结构

从上面叙述中可以知道,如果 8051/8751 不外接存储器,这时 P0～P3 口都可当做用户 I/O 口使用。如果要外部扩展存储器,或者对 8031 来说,真正为用户使用的 I/O 口线只有 P1 口,以及部分作为第一功能使用时的 P3 口。图 2.3.2 是 MCS-51 单片机按引脚功能分类的片外总线结构图。

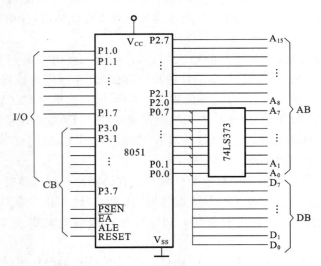

图 2.3.2　MCS-51 的片外总线结构图

由图 2.3.2 可见,MCS-51 单片机的片外三总线结构便于实现系统的扩展。

(1) 地址总线 AB:地址总线宽度为 16 位,因此,外部存储器直接寻址为 64 K 字节。16 位地址总线中,由 P0 口经地址锁存器提供低 8 位地址 A_0～A_7;P2 口直接提供高 8 位地址

$A_8 \sim A_{15}$。

（2）数据总线 DB：数据总线宽度为 8 位，由 P0 口提供 $D_0 \sim D_7$。

（3）控制总线 CB：由 P3 口的第二功能状态和 4 根独立控制线 RESET、$\overline{EA}$、ALE 和 $\overline{PSEN}$ 组成。

2.4　CPU 的时序及辅助电路

计算机的工作是在时序脉冲的控制下有条不紊地进行的，这个脉冲可由单片机内部的时钟电路产生。本节将介绍单片机的有关辅助电路和 CPU 的时序。

2.4.1　振荡器和时钟电路

MCS-51 单片机内部有一个用于构成振荡器的高增益反相放大器，引脚 XTAL1 和 XTAL2 分别是该放大器的输入端和输出端。在 XTAL1 和 XTAL2 两端跨接一个片外石英晶体或陶瓷谐振器就构成了稳定的自激振荡器。这种方式称之为内部时钟方式，其外部元件连接如图 2.4.1 所示。外接石英晶体时，电容 C_1 和 C_2 的值常选择为 30 pF 左右；外接陶瓷谐振器时，C_1 和 C_2 的值均为 47 pF。接入电容 C_1 和 C_2 有利于振荡器起振，对频率有微调作用。振荡频率由石英晶体的谐振频率确定。一般，振荡频率范围是 1.2～12 MHz。为了减少寄生电容，更好地保证振荡器稳定可靠地工作，石英晶体或陶瓷谐振器和电容应尽可能安装得与单片机芯片靠近。

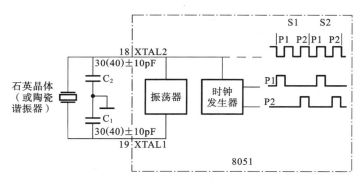

图 2.4.1　8051 的内部时钟电路

时钟电路是一个二分频触发电路，它将振荡器的信号频率进行二分频，向芯片内提供一个 2 节拍信号，见图 2.4.1。在每个时钟周期的前半周期内，节拍 1 信号 P1 有效；在每个时钟周期的后半周期内，节拍 2 信号 P2 有效。

MCS-51 单片机也可以采用外部时钟方式，这时使用外部振荡器，由它产生的外部时钟脉冲信号接至 XTAL2 端直接送至内部时钟电路，XTAL1 端接地，如图 2.4.2（a）所示。通常接的外部信号频率为低于 12 MHz 的方波信号。这种方式适合于多块芯片同时工作，便于同步。此外，由于 XTAL2 端的逻辑电平不是 TTL 的，故需外接一个上拉电阻，以便电平匹配。

对于 CHMOS 型的 80C51 单片机，因内部时钟发生器的信号取自反相放大器的输入端，故采用外部时钟脉冲信号时，外部时钟信号应接至 XTAL1，而 XTAL2 悬空。外部时钟信号的连接方式如图 2.4.2（b）所示。

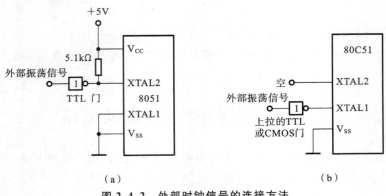

图 2.4.2　外部时钟信号的连接方法
(a) HMOS 器件;(b) CHMOS 器件

2.4.2　复位和复位电路

2.4.2.1　复位状态

计算机在启动运行时都需要复位,使 CPU 和系统中的其他部件都处于一个确定的初始状态,并从这个状态开始工作。

从上面的介绍中可知,只要在 MCS-51 的 RST 端输入 24 个振荡周期(两个机器周期)以上的高电平,单片机便进入复位状态。在复位时,输出信号 ALE、$\overline{PSEN}$ 为高电平,复位以后单片机内部寄存器的初始状态如表 2.4.1 所示。

表 2.4.1　复位后的内部寄存器状态

寄 存 器	内　容	寄 存 器	内　容
PC	0000H	TMOD	00H
A	00H	TCON	00H
B	00H	TH0	00H
PSW	00H	TL0	00H
SP	07H	TH1	00H
DPTR	0000H	TL1	00H
P0～P3	FFH	SCON	00H
IP	×××0 0000B	SBUF	××××××××B
IE	0××0 0000B	PCON	0×××0000B(CHMOS)
			0×××××××B(HMOS)

注:"×"表示不确定。

复位不影响片内 RAM。复位后,P0～P3 口输出高电平,且使准双向口皆处于输入状态,并且将 07H 写入堆栈指针 SP。同时,PC 指向 0000H,使单片机从起始地址 0000H 开始重新执行程序。所以,如果单片机运行出错或进入死循环,则可通过复位使 CPU 重新启动。

2.4.2.2　复位电路

MCS-51 的内部复位结构如图 2.4.3 所示。复位引脚 RST/V_{PD} 通过一个施密特触发器(用来抑制噪声)与内部复位电路相连。施密特触发器的输出在每个机器周期内的 S5P2 由复位电路采样一次,当 RST 引脚上出现 10 ms 以上稳定的高电平时,MCS-51 就能可靠地进入复位状态。

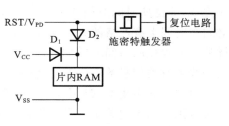

图 2.4.3　MCS-51 的内部复位结构

MCS-51 通常采用上电自动复位和开关手动复位两种方式。

1. 上电复位

所谓上电复位，是指单片机只要一上电，便自动地进入复位状态。图 2.4.4（a）是上电复位电路。在通电瞬间，+5 V 加到 RST 端，然后，电源通过电阻 R 对电容 C 充电，RST 端出现正脉冲，用以复位。关于参数的选定，应保证复位高电平持续时间（即正脉冲宽度）大于 2 个机器周期。当采用的晶体频率为 6 MHz 时，可取 C＝22 μF，R＝1 kΩ；当采用的晶体频率为12 MHz时，可取 C＝10 μF，R＝8.2 kΩ。

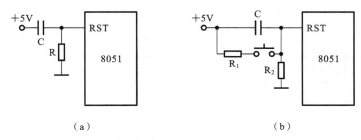

（a）　　　　　　　　　　　（b）

图 2.4.4　复位电路

（a）上电复位；（b）手动复位

2. 手动复位

所谓手动复位，是指通过接通一按钮开关，使单片机进入复位状态。系统上电运行后，若需要复位，一般都是通过手动复位来实现的。通常手动复位和上电复位组合，其电路如图 2.4.4（b）所示。

在实际应用系统中，为了保证复位电路可靠地工作，常将 RC 电路产生的复位信号再经施密特触发电路整形，然后接入单片机的复位端和外围电路的复位端，如图 2.4.5 所示。其中，图（a）是上电自动复位电路，图（b）是上电复位与手动复位组合电路。

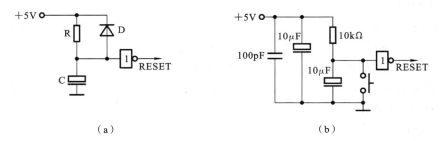

（a）　　　　　　　　　　　　　（b）

图 2.4.5　系统复位电路

（a）上电自动复位电路；（b）上电复位与手动复位组合电路

2.4.3　CPU 时序基本概念

计算机的工作过程就是不断地执行指令的过程。CPU 每执行一条指令，都要进行取指、译码、执行指令。它们又可分为若干个基本的微操作，这些微操作必须按时间节拍一步步地顺序完成,而这些时间节拍就是由 CPU 的定时信号控制的。因此,对应这些微操作的脉冲信号必须在时间上有严格的先后次序。通常,人们把 CPU 执行一条指令的各个微操作所对应的脉冲信号遵循的时间顺序称为时序。为了直观地展现 CPU 的时序,把执行一条指令时相应信号线上有关信息的变化按时间序列以特定的波形表示出来,这就是时序图,或简称为时序。

时序是非常重要的概念,因为它严格地规定了单片机内部以及与外部各功能部件相互配合协调工作的时空关系。学习时序,对深入理解指令的执行过程,合理选用指令,并使 CPU 与外部存储器及其他功能部件在时序上相互配合等方面都是有益的。

由于指令的字节数不同,执行的操作也不同,因而执行不同的指令所需要的时间差别较大。为了便于说明,人们按指令的执行过程定义了几种周期,即振荡周期、时钟周期、机器周期、指令周期,它们的相互关系如图 2.4.6 所示,下面分别予以说明。

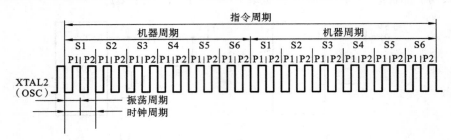

图 2.4.6　MCS-51 单片机各种周期的相互关系

1. 振荡周期

振荡周期是指为单片机提供定时信号的振荡源的周期。

2. 时钟周期

时钟周期又称为状态周期 S。由于单片机提供定时信号的振荡源的振荡脉冲经 2 分频后作为时钟脉冲,所以时钟周期是振荡周期的 2 倍。时钟周期被分成为 P1 节拍和 P2 节拍。在每个时钟周期的前半周期内,P1 信号有效,这时通常完成算术逻辑操作;而在后半周期内,P2 信号有效,内部寄存器之间的传送操作一般在此时发生。

3. 机器周期

CPU 执行一条指令的过程可以划分为若干个阶段,每一阶段完成某一项基本操作,如取指令、存储器读、存储器写等。通常把完成一个基本操作所需要的时间称为机器周期。

8051 的一个机器周期由 6 个状态(12 个振荡脉冲)组成,即 6 个时钟周期,包含 12 个振荡周期,依次表示为 S1P1、S1P2、S2P1、S2P2、…、S6P1、S6P2,每个节拍持续一个振荡周期,每个状态持续两个振荡周期。

4. 指令周期

CPU 执行一条指令所需要的时间称为指令周期。一个指令周期一般由若干个机器周期组成。不同的指令,所需要的机器周期数不同。通常,一个指令周期含有 1~4 个机器周期。

例如,MCS-51 单片机外接石英晶体的频率为 12 MHz 时,则振荡周期为 $1/12\ \mu s$,时钟周期为 $1/6\ \mu s$,机器周期为 $1\ \mu s$,指令周期为 $1\sim4\ \mu s$。

在 MCS-51 指令系统中,指令长度为 1~3 个字节,除 MUL(乘法)和 DIV(除法)指令外,单字节和双字节指令都可能是单周期和双周期的,三字节指令都是双周期的,只有乘法和除法指令占用四个机器周期。所以,若外接石英晶体频率为 12 MHz 的,则指令执行的时间分别为 1 μs、2 μs 和 4 μs。

2.5　MCS-51 的存储器结构

存储器是微型计算机的一个重要组成部分。一般,微型机的存储器都是在 CPU 外部,作为主存储器与 CPU 相连。存储器在物理结构上只有一个存储空间,可以随意安排 ROM 或 RAM。存储单元的地址都是唯一的,不同的地址对应不同的存储单元,可以是 ROM 或 RAM,而且用相同的指令访问 ROM 或 RAM。但是单片机的存储器结构与典型的微型机的存储器结构不同。这是因为单片机把部分存储器(至少有一定量的 RAM,有的含 ROM 或 EPROM)集成在单片机内部的缘故。

8051 在物理结构上有四个存储空间:片内程序存储器、片外程序存储器、片内数据存储器和片外数据存储器。但在逻辑上,即从用户角度上,8051 有三个存储空间:片内外统一编址的 64 K 字节的程序存储器地址空间(用 16 位地址)、片内 256 字节的数据存储器地址空间(用 8 位地址,其中 128 个字节的专用寄存器的地址空间中仅有 21 个字节有实际意义)、片外 64 K 字节的数据存储器地址空间。在访问这三个不同的逻辑空间时,应采用不同的指令。

MCS-51 单片机的存储器空间结构如图 2.5.1 所示。下面分别介绍程序存储器和数据存储器的配置特点。

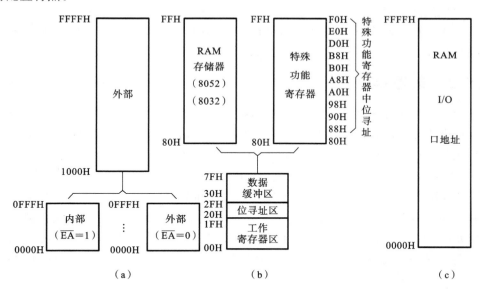

图 2.5.1　MCS-51 单片机的存储器结构
(a) 程序存储器;(b) 内部数据存储器;(c) 外部数据存储器

2.5.1　程序存储器

程序存储器用于存放编好的程序和表格常数,它以程序计数器 PC 作为地址指针。由于 PC 是 16 位的,因此可寻址的地址空间为 64 K 字节。在 8051 和 8751 中,片内有 4 K 字节的 ROM/EPROM,片外可扩展 60 K 字节 EPROM,片内和片外程序存储器统一编址。当 $\overline{EA}=1$ 时,若程序计数器 PC 的值在低 4 K 字节(0000H~0FFFH)范围内,则 CPU 执行片内 ROM

中的程序;而若 PC 值大于 0FFFH(即 1000H~FFFFH),则 CPU 将自动访问片外程序存储器。当 $\overline{EA}=0$ 时,低 4 K 字节指向片外,CPU 的所有取指令操作均在片外程序存储器中进行,这时片外程序存储器从 0000H 开始编址。所以对 8031,由于片内无 ROM/EPROM,必须使 $\overline{EA}=0$,程序存储器只能片外扩展,即 0000H~FFFFH 都是指向片外 EPROM 的。

在程序存储器中,有 6 个地址单元被保留用于某些特定的地址,如表 2.5.1 所示。

表 2.5.1　MCS-51 复位、中断入口地址

入 口 地 址	说　　　明
0000H	复位后,PC=0000H
0003H	外部中断$\overline{INT0}$入口
000BH	定时器 T0 溢出中断入口
0013H	外部中断INT1入口
001BH	定时器 T1 溢出中断入口
0023H	串行口中断入口

单片机复位后,程序计数器 PC 的内容为 0000H,即系统从 0000H 单元开始执行程序。一般在 0000H~0002H 单元存放一条无条件转移指令,而用户设计的主程序应从跳转后的地址开始存放,以便 CPU 复位后,PC 从 0000H 起始地址跳转到用户程序去执行。5 个中断源的中断入口地址间隔都只有 8 个单元,存放中断服务程序往往是不够用的,所以通常在这些入口存放一条无条件转移指令,以便中断响应后,通过中断入口地址区,执行转移指令,转到相应的中断服务程序。

2.5.2　数据存储器

数据存储器用于存放运算的中间结果、数据暂存和缓冲以及标志位等。所以数据存储器由读写存储器 RAM 构成。8051 数据存储器在物理上和逻辑上分为两个地址空间,即片内数据存储器 RAM 和片外数据存储器 RAM。片内 RAM 有 256 字节,片外最大可扩展 64 K 字节 RAM。片内和片外 RAM 是独立编址的,用不同的指令来访问不同的数据存储器,即用 MOV 指令访问片内 RAM,而用 MOVX 指令访问片外 RAM。

片内数据存储器的配置如图 2.5.2 所示。片内数据存储器为 8 位地址,最大可寻址 256 个单元(00H~FFH),这是最灵活的地址空间。它由工作寄存器区、位寻址区、数据缓冲区和特殊功能寄存器区组成,不同的地址区域内,功能不完全相同。学习时应特别加以注意。

在低 128 字节 RAM 区中,地址 00H~1FH 为通用工作寄存器区,共分为四个组,每组有 8 个工作寄存器 R0~R7,共占用 32 个单元。工作寄存器和 RAM 地址的对应关系如表 2.5.2 所示。每组寄存器均可选作 CPU 当前使用的工作寄存器组。用户可以通过指令对 PSW 中 RS1 和 RS0 的设置来决定 CPU 当前所使用的寄存器组。一旦设置了其中一组作为当前的工作寄存器,则其余各组就只能作为数据缓冲器使用,除非重新设置。寄存器组别确定以后,究竟使用组中的哪一个寄存器就由 8 位地址号指示了。CPU 复位以后,由于 PSW 中各位均为 0,所以选定第 0 组工作寄存器。若程序中并不需要用四个工作寄存器组,那么剩下的工作寄存器组所对应的地址单元就可以作为一般的数据缓冲区使用。

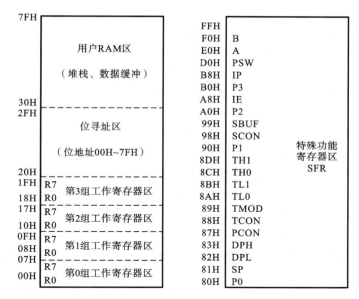

图 2.5.2　片内数据存储器的配置

表 2.5.2　工作寄存器地址表

组	RS1	RS0	R0	R1	R2	R3	R4	R5	R6	R7
0	0	0	00H	01H	02H	03H	04H	05H	06H	07H
1	0	1	08H	09H	0AH	0BH	0CH	0DH	0EH	0FH
2	1	0	10H	11H	12H	13H	14H	15H	16H	17H
3	1	1	18H	19H	1AH	1BH	1CH	1DH	1EH	1FH

20H～2FH 为位寻址区。每个单元有 8 位,16 个单元共 128 位,每一位都分配有一个 8 位地址,称为位地址,其范围是 00H～7FH。位寻址区的每一位都可以当做一个软件触发器,由程序直接进行位处理。程序设计时,通常把各种程序状态标志、位控制变量设在位寻址区内。同样,位寻址区的 RAM 单元也可以作为一般的数据缓冲器使用。

30H～7FH 为数据缓冲区,用来存放数据。此外,用户堆栈一般设在这个区间。

在高 128 字节 RAM 区,80H～FFH 地址为特殊功能寄存器 SFR(special functional register)区,SFR 是用于对片内各功能模块进行管理、控制、监视的控制寄存器和状态寄存器,是一个具有特殊功能的 RAM 区。8051 有 21 个特殊功能寄存器,如 I/O 口锁存器、定时器、串行口缓冲器以及各种控制寄存器和状态寄存器都以特殊功能寄存器的形式出现,离散地分布在 80H～FFH 范围内。对于其中没有定义的地址单元进行操作是无意义的,若访问它们,将得到一个不确定的随机数。

特殊功能寄存器的名称如下:

A(或 ACC)　　　　　　累加器 A

B　　　　　　　　　　B 寄存器

PSW　　　　　　　　程序状态字

SP　　　　　　　　　堆栈指针

DPTR　　　　　　　　数据指针(由 DPH 和 DPL 组成)

P0～P3	P0 口锁存器～P3 口锁存器
IP	中断优先级控制寄存器
IE	中断允许控制寄存器
TMOD	定时器/计数器方式控制寄存器
TCON	定时器/计数器控制寄存器
TH0	定时器/计数器 0(高字节)
TL0	定时器/计数器 0(低字节)
TH1	定时器/计数器 1(高字节)
TL1	定时器/计数器 1(低字节)
SCON	串行口控制寄存器
SBUF	串行口数据寄存器
PCON	电源控制寄存器

这些特殊功能寄存器中,A、B、PSW、SP、DPTR 等在前面已作过介绍,其他留待后面有关章节介绍。

特殊功能寄存器的地址分配如表 2.5.3 所示。其中有 11 个特殊功能寄存器,既可以按字节寻址,又可以按位寻址。它们的字节地址正好能被 8 整除,其余的特殊功能寄存器则不能按位寻址,为了以示区别,其地址加上括号。

表 2.5.3　MCS-51 的特殊功能寄存器地址表

SFR	MSB		位地址/位定义					LSB	字节地址
B	F7	F6	F5	F4	F3	F2	F1	F0	F0H
A	E7	E6	E5	E4	E3	E2	E1	E0	E0H
PSW	D7	D6	D5	D4	D3	D2	D1	D0	D0H
	C	AC	F0	RS1	RS0	OV	F1	P	
IP	BF	BE	BD	BC	BB	BA	B9	B8	B8H
	/	/	/	PS	PT1	PX1	PT0	PX0	
P3	B7	B6	B5	B4	B3	B2	B1	B0	B0H
	P3.7	P3.6	P3.5	P3.4	P3.3	P3.2	P3.1	P3.0	
IE	AF	AE	AD	AC	AB	AA	A9	A8	A8H
	EA	/	/	ES	ET1	EX1	ET0	EX0	
P2	A7	A6	A5	A4	A3	A2	A1	A0	A0H
	P2.7	P2.6	P2.5	P2.4	P2.3	P2.2	P2.1	P2.0	
SBUF									(99H)
SCON	9F	9E	9D	9C	9B	9A	99	98	98H
	SM0	SM1	SM2	REN	TB8	RB8	T1	R1	

续表

SFR	MSB			位地址/位定义				LSB	字节地址
P1	97	96	95	94	93	92	91	90	90H
	P1.7	P1.6	P1.5	P1.4	P1.3	P1.2	P1.1	P1.0	
TH1									(8DH)
TH0									(8CH)
TL1									(8BH)
TL0									(8AH)
TMOD	GATE	C/T	M1	M0	GATE	C/T	M1	M0	(89H)
TCON	8F	8E	8D	8C	8B	8A	89	88	88H
	TF1	TR1	TF0	TR0	IE1	IT1	IE0	IT0	
PCON	SMOD	/	/	/	GF1	GF0	PD	IDL	(87H)
DPH									(83H)
DPL									(82H)
SP									(81H)
P0	87	86	85	84	83	82	81	80	80H
	P0.7	P0.6	P0.5	P0.4	P0.3	P0.2	P0.1	P0.0	

习　　题

2.1 MCS-51 单片机内部包含哪些主要逻辑功能部件？各有什么主要功能？

2.2 试分别说明程序计数器 PC 和堆栈指示器 SP 的作用。复位后 PC 和 SP 各为何值？

2.3 程序状态字寄存器 PSW 的作用是什么？常用的状态标志有哪几位？试说明它们各自的含义。

2.4 MCS-51 单片机的引脚 RST、ALE、$\overline{EA}$ 信号各有何作用？在使用 8031 和 8051 时，$\overline{EA}$ 信号引脚应分别作何处理？

2.5 MCS-51 单片机的 $\overline{PSEN}$、$\overline{WR}$、$\overline{RD}$ 信号各有何功能？

2.6 什么是堆栈？堆栈有何作用？在 MCS-51 单片机应用系统程序设计时，有时为什么要对堆栈指针 SP 重新赋值？如果 CPU 在操作中要使用两组工作寄存器，试问 SP 的初值应如何设定？

2.7 MCS-51 设置 4 组工作寄存器有什么特点？开机复位后，CPU 使用的是哪组工作寄存器？它们的地址如何？CPU 如何指定和改变当前工作寄存器组？

2.8 MCS-51 的时钟周期、机器周期、指令周期是如何定义的？当振荡频率为 12 MHz 时，一个机器周期为多少微秒？

2.9 MCS-51 存储空间在物理结构和逻辑结构上可如何划分？这种结构有什么特点？

2.10 在 MCS-51 扩展系统中，片外程序存储器和片外数据存储器共处同一地址空间为什么不会发生总线冲突？

2.11 试简述 MCS-51 内部数据存储器的存储空间分配。

2.12 位地址和字节地址有何区别？位地址 4EH 具体在内存中什么位置上？

2.13 8051 的 4 个 I/O 口作用是什么？8051 的片外三总线是如何分配的？

自 测 题

2.1 填空题

1. MCS-51 单片机内部 RAM 的寄存器区共有_____个单元,分为_____组寄存器,每组_____单元。

2. 单片机系统复位后,内部 RAM 寄存器的当前寄存器是第_____组,8 个寄存器的单元地址是_____～_____。

3. MCS-51 单片机位处理器的数据位存储空间是由_____的可寻址位和内部 RAM 为寻址区的_____个位组成。

4. 由于 8031 片内_____程序存储器,所以使用时 $\overline{EA}$ 引脚必须接_____电平。

5. 通常把 CPU 完成一个基本操作所需要的时间称为_____周期,执行一条指令所需要的时间称为_____周期。

6. 已知 PSW=10H,则工作寄存器 R0 的地址是_____,R4 的地址是_____。

7. MCS-51 单片机复位后,程序计数器 PC=_____,堆栈指针 SP=_____。

2.2 选择题(在各题的 A、B、C、D 四个选项中,选择一个正确的答案)

1. 使用 8031 构成应用系统时引脚上 $\overline{EA}$ 应接(　　)。
   A. +5 V　　　　　　B. 地　　　　　　C. +12 V　　　　　　D. −12 V

2. 程序计数器 PC 的值是(　　)。
   A. 当前指令前一条指令的地址　　　　B. 当前正在执行的指令的地址
   C. 下一条要执行的指令的地址　　　　D. 控制器中指令寄存器的地址

3. MCS-51 的 PC 为 16 位,因此其寻址程序存储器的范围可达(　　)。
   A. 64 KB　　　　　B. 60 KB　　　　　C. 1 MB　　　　　D. 32 KB

4. 一个机器周期包含振荡器周期个数为(　　)。
   A. 2　　　　　　　B. 6　　　　　　　C. 12　　　　　　D. 1

5. 系统时钟 f_{osc}=24 MHz 时,MCS-51 单片机的机器周期是(　　)。
   A. 0.5 μs　　　　　B. 1 μs　　　　　C. 2 μs　　　　　D. 4 μs

6. MCS-51 系列单片机中,外部数据存储器的读信号是(　　)。
   A. $\overline{EA}$　　　　　　B. $\overline{PSEN}$　　　　　C. ALE　　　　　D. $\overline{RD}$

7. 在 MCS-51 中(　　)。
   A. 具有独立的专用地址线　　　　　　B. 由 P0 口和 P1 口的口线作地址线
   C. 由 P0 口和 P2 口的口线作地址线　　D. 由 P1 口和 P3 口的口线作地址线

8. MCS-51 单片机访问外部数据存储器时,数据由(　　)口送出。
   A. P0　　　　　　　B. P1　　　　　　C. P2　　　　　　D. P3

9. 设 SP=37H,在进行中断时把断点地址送入堆栈保护后,SP 的值为(　　)。
   A. 39H　　　　　　B. 38H　　　　　C. 37H　　　　　D. 36H

10. MCS-51 系列单片机具有内外统一的程序存储器地址空间是(　　)。
    A. 32 KB　　　　　B. 256 B　　　　　C. 128 B　　　　　D. 64 KB

第 3 章　MCS-51 的指令系统

指令是 CPU 执行某种操作的命令，CPU 所具有的全部指令的集合称为指令系统。指令系统是制造厂家在设计 CPU 时所赋予它的功能，用户必须正确书写和使用指令。因此，学习指令系统，掌握指令的功能和应用是非常重要的，这是用汇编语言进行程序设计的基础。本章将详细介绍 MCS-51 指令系统的寻址方式和各种指令。

3.1　指令及其表示方法

3.1.1　指令格式

微处理器的指令是完成一种特定操作的命令。通常，指令由操作码和操作数两部分组成。一般来说，指令应具有如下功能：

（1）操作码指明执行什么性质和类型的操作。例如，数的传送、加法、减法等；

（2）操作数指定参加操作的数本身或者是操作数所在的地址（操作数地址）；

（3）指定操作结果存放的地址；

（4）指定下一条指令存放的地址（指令地址）。

对于 8 位或 16 位微处理器来说，为了缩短指令的长度，上述功能并非集中在一条指令中说明。通常，按指令排列顺序，由 CPU 中的程序计数器 PC 指出下一条要执行指令的地址，每取一个字节，PC 能自动加 1，这样在指令中就不必指明下一条指令的地址。若遇到程序转移的情况，则由转移指令指明下一条指令的地址，执行完后自动地把下一条指令的地址赋予 PC。此外，约定结果数的地址和一个操作数的地址相同。例如，先把一个加数存入 A 中，当它和另一个数相加后，其结果仍放在 A 中，于是可不在指令中指明该结果存放的地址。

在微型机中，一般采用变长字节的指令，也就是说，不同指令用不同长度来表示，但它们都是字节的整数倍。MCS-51 指令格式有下述三种形式，它们分别占有 1~3 个存储单元。

由上述可以看出，指令的第一字节必须为操作码，它是不可缺省的，指令的第二、三字节为操作数。

3.1.2　指令表示法

指令有两种表示方法：机器码表示法和助记符表示法。

指令的机器码表示法，就是用计算机能直接识别、执行的二进制代码形式表示指令，常用二进制代码的速记形式,即十六进制代码表示。

例如,一条实现 A＝A＋07 的指令可用机器码表示为

	00100100	00000111　　　　（二进制代码）
或	24	07　　　　（十六进制代码）

机器码表示法没有把表示法与指令的功能联系起来,因此难以理解和记忆,极易出错。

指令的助记符表示法,则是用表征指令功能的字符形式表示指令。通常用英文名称或缩写形式作为助记符。

例如,实现上述运算的指令用助记符表示为:ADD A,＃07

显而易见,助记符表示法便于书写、理解和记忆,但计算机不能直接识别和执行这种以助记符表示的指令,需要经过汇编程序翻译成机器码后才能执行。

3.2　寻　址　方　式

指令的一个重要组成部分是操作数,它指明了参与操作的数或数所在的地址,也就是要指出操作数的来源,这就是对操作数进行寻址。对于相对转移指令,操作数则要指出下一条要执行指令的地址,这就是对指令地址寻址。寻址方式就是寻找操作数地址或指令地址的方式。形成操作数地址或指令地址的过程,称为寻址过程。

不同的微处理器,其内部硬件结构不相同,依附于硬件结构的指令系统也不相同,但寻址方式则是相似的。所以,掌握好寻址方式既有助于加深对指令系统的理解,也有助于学习其他机型。

一般来说,寻址方式越多,则编程的灵活性就越大,而且直接影响指令的长度和执行的时间,因此,寻址方式是反映计算机功能的一个重要指标。

MCS-51 单片机共有七种寻址方式:立即寻址、直接寻址、寄存器寻址、寄存器间接寻址、变址寻址、相对寻址和位寻址。下面将分别予以介绍。

3.2.1　寻址空间和符号注释

3.2.1.1　寻址空间

寻址空间包括存储器的存储单元地址和位地址。

对程序存储器、片外数据存储器都是以字节为单位寻址的;而对片内数据存储器,有些存储单元既可以字节为单位寻址,又可以位为单位寻址。位地址空间既包括特殊功能寄存器 SFR 中能被 8 整除的寄存器地址中的 88 个位地址(见表 2.5.3),还包括片内数据存储器地址 20H～2FH 区间内的 128 个位地址,如表3.2.1所示。位地址是单片机特有的。

3.2.1.2　符号注释

在描述 MCS-51 指令系统的功能时,经常使用下面的符号,其意义如下。

Rn:当前选中的工作寄存器组 R0～R7(n＝0～7)。它在片内 RAM 中的地址由 PSW 中的 RS1、RS0 确定,分别是 00H～07H(组 0)、08H～0FH(组 1)、10H～17H(组 2)和 18H～1FH(组 3)。

Ri:当前选中的工作寄存器组中可作为地址指针的两个工作寄存器 R0、R1(i＝0 或 1)。即每组工作寄存器中的头两个寄存器,它在片内 RAM 中的地址分别为 00H、01H;08H、09H;

10H、11H；18H、19H。

表 3.2.1　片内 RAM 位寻址区的位地址表

字节地址	位地址（H）						
	MSB						LSB
2FH	7F	7F	7D	7C	7B	7A	79	78
2EH	77	76	75	74	73	72	71	70
2DH	6F	6E	6D	6C	6B	6A	69	68
2CH	67	66	65	64	63	62	61	60
2BH	5F	5E	5D	5C	5B	5A	59	58
2AH	57	56	55	54	53	52	51	50
29H	4F	4E	4D	4C	4B	4A	49	48
28H	47	46	45	44	43	42	41	40
27H	3F	3E	3D	3C	3B	3A	39	38
26H	37	36	35	34	33	32	31	30
25H	2F	2E	2D	2C	2B	2A	29	28
24H	27	26	25	24	23	22	21	20
23H	1F	1E	1D	1C	1B	1A	19	18
22H	17	16	15	14	13	12	11	10
21H	0F	0E	0D	0C	0B	0A	09	08
20H	07	06	05	04	03	02	01	00

data：8 位立即数。其中"#"号是立即寻址符，符号后的数是立即数。

data 16：16 位立即数。

direct：8 位片内 RAM（包括 SFR）的直接地址。

addr11：11 位目的地址。用于 ACALL 和 AJMP 指令中，目的地址必须在与下一条指令第一个字节同一个 2 K 字节的程序存储器地址空间内。

addr16：16 位目的地址。用于 LCALL 和 LJMP 指令中，目的地址必须在 64 K 字节的程序存储器地址空间内。

rel：相对地址。其值为 $-126 \sim +129$（二字节指令）或 $-125 \sim +130$（三字节指令）。用于相对转移指令，书写源程序时，rel 一般用标号表示，汇编程序自动计算 rel 的偏移量。

bit：片内 RAM 或 SFR 的直接寻址位地址。

@：寄存器间接寻址符，表示间接寄存器的符号。

/：位操作指令中，表示对该位先取反再参与操作，但不影响该位原值。

×：片内 RAM 的直接地址或寄存器。

(×)：在直接寻址方式中，表示直接地址×中的内容；在间接寻址方式中，表示由间接寄存器×指出的地址单元中的内容。

rrr：指令编码中 rrr 三位值由当前工作寄存器 Rn 确定。R0～R7 对应的 rrr 为 000～111。

3.2.2　立即寻址

在这种寻址方式中，指令一般是双字节的。其中第一个字节是操作码；第二个字节是操作数，它是直接参与操作的数，所以又称为立即数，用"#"号表示。立即数在编程时由用户指定，为一个常数。

在立即寻址方式中,仅有一条指令(MOV DPTR,# data 16)是三字节指令,操作码后紧跟两个字节的立即数,顺序存放,即高位字节在前,低位字节在后。

例如,　　　指令　　MOV A,# 45H

机器代码　　74 45

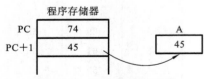

图 3.2.1　立即寻址示意图

这条指令的功能是把立即数 45H 送入累加器 A 中。指令执行完后,A 中的内容为 45H,立即数不变。该指令的执行过程如图 3.2.1 所示。

立即寻址方式的指令主要用来对寄存器赋值。因为操作数可以从指令中直接取得,所以这种寻址方式的特点是速度快。注意,立即数只能作源操作数,而不能作目的操作数。

3.2.3　直接寻址

在直接寻址方式中,由指令直接给出参加操作的数的字节地址。由于操作数地址只能以 8 位数指定,所以直接寻址方式只能在下述两种地址空间内寻址:

(1) 特殊功能寄存器(SFR);

(2) 内部数据存储器 RAM 的低 128 个字节。

其中,特殊功能寄存器只能用直接寻址方式来访问。

例如,指令　　MOV A,45H

机器代码　　E5 45

该指令中,直接给出了操作数的地址 45H,实际参加操作的数就在 45H 单元中。设 45H 单元中存放的数值为 2FH,当该指令执行后,即把片内 RAM 45H 地址单元中的内容 2FH 送到累加器 A 中。其指令执行过程示意图如图 3.2.2 所示。

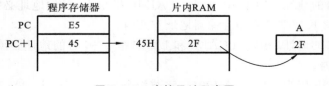

图 3.2.2　直接寻址示意图

注意:

(1) 在直接寻址方式中,8 位直接地址前不加任何符号,以便与立即数相区别。

(2) 指令助记符中的 direct 是操作数所在的存储单元地址,由 2 位十六进制数表示。当直接地址为 SFR 中的某个寄存器的地址时,direct 既可用 SFR 的实际地址,也可使用 SFR 的名字符号,通常使用后者,有利于增强程序的可读性。但在汇编时,仍应将它翻译成实际地址,以便机器识别和执行。

例如,PUSH DPH;机器码:C0 83

　　　　PUSH 83H;机器码:C0 83

DPH 的实际地址为 83H,所以两条指令的机器码表示是一样的,执行效果相同。

(3) 用直接寻址方式访问累加器 A 时,应该用 ACC(或 0E0H)表示累加器 A,以便与寄存器寻址方式相区别。

例如,PUSH A;错误

　　　　PUSH ACC;正确

　　　　PUSH 0E0H;正确

3.2.4　寄存器寻址

　　寄存器寻址是由指令指出某一个寄存器的内容作为操作数。在寄存器寻址方式的指令中,寄存器用寄存器名表示。对选定的工作寄存器区中的 R0~R7、累加器 A、B、DPTR 及进位 C_Y 中的数进行操作,其中 R0~R7 由操作码的低 3 位选定,A、B、DPTR 和 C_Y 则隐含在操作码中。

　　当前工作寄存器组的选择,由 PSW 的 RS1 和 RS0 来指定。

　　例如,指令 MOV A,R3

　　　　机器代码　EB

　　指令操作码为 EBH,其二进制形式为 11101011,即操作码的低 3 位为 011,表示工作寄存器 R3 的地址,即操作数在 R3 中,累加器 A 隐含。

　　设累加器 A 的内容为 28H,R3 的内容为 58H,由 PSW 中的 RS1、RS0 分别为 1、0 可知,当前工作寄存器 R3 是第二组的,即它的地址为 13H。其指令执行过程如图 3.2.3 所示。

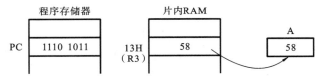

图 3.2.3　寄存器寻址示意图

　　执行结果:累加器 A 的内容为 58H,R3(地址 13H 单元)中的内容不变。

3.2.5　寄存器间接寻址

　　在这种寻址方式中,指令操作数所指定的寄存器中存放的不是操作数本身,而是操作数的地址,由该地址所指定的存储单元内容作为操作数。也就是说,操作数是通过寄存器间接得到的。在 MCS-51 中,可作为寄存器间接寻址的寄存器有工作寄存器 R0、R1 和堆栈指示器 SP 及数据指针 DPTR。

　　寄存器间接寻址可寻址片内或片外数据存储器。当寻址片内 RAM 低 128 个字节或片外 RAM 低 256 个字节时,可采用当前工作寄存器组的 R0 或 R1 作为间接地址寄存器。这类指令操作码的最低位指出了 R0 或 R1,即一字节指令包含了操作码和操作数,节省了一个存储单元。采用 DPTR 作间接寄存器,可寻址片外 64 K 字节的数据存储器。对堆栈操作指令,实际上是通过堆栈指示器 SP 进行操作,即是采用 SP 作间接寄存器的间接寻址方式。但因为 SP 是唯一的,所以在指令中把通过 SP 的间接寻址的操作数隐含了,只表示出直接寻址的操作数项。寄存器间接寻址用符号@表示,@号后的寄存器表示间接寄存器。

　　例如,指令　MOV A,@R0

　　　　机器代码　1110 0110

　　设工作寄存器为第 0 组,R0 中存放 5EH,它为片内 RAM 的一个存储单元,其中的内容为 78H,执行指令后,78H 传送给累加器 A。其指令执行过程如图 3.2.4 所示。

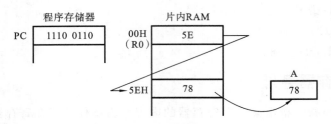

图 3.2.4 寄存器间接寻址示意图

注意:在用@R0,@R1 对片外 RAM 的 0000H～00FFH 单元进行寻址时应先将 P2 口设置为 0 输出。

3.2.6 变址寻址(基址寄存器＋变址寄存器间接寻址)

变址寻址方式以程序计数器 PC 或数据指针 DPTR 作为基址寄存器,存放操作数的基地址。累加器 A 作为变址寄存器,存放被寻址操作数地址相对于基地址的偏移量,该地址偏移量为一字节无符号数。操作数的有效地址为

$$有效地址＝基址寄存器 PC(或 DPTR)＋A$$

例如,指令　MOVC A,@A＋DPTR

　　　机器代码　93

设累加器 A＝47H,DPTR＝2000H,(2047H)＝5CH,该指令是将操作数的有效地址 2047H 单元中的内容传送给累加器 A。指令执行后,A＝5CH。其指令执行过程如图 3.2.5 所示。

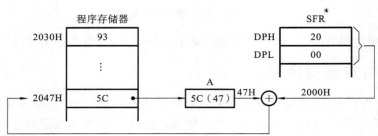

图 3.2.5 变址寻址示意图

变址寻址方式常用于访问程序存储器中的数据表,即查表指令。MCS-51 规定,当以 DPTR 存放 16 位基址时,可指向 64 K 字节存储空间的任何单元;当以 PC 作为基址时,则只可以指向以 PC 的当前值为起始地址的 256 个字节范围内的任一存储单元。

3.2.7 相对寻址

相对寻址是仅用于相对转移指令的一种寻址方式。与其他寻址方式不同,这种寻址方式是要寻找指令地址,即寻找下一条要执行指令的地址。相对寻址的有效地址为

$$D＝PC＋rel$$

式中:有效地址 D 又称为目的地址,它是相对转移指令执行后,应转移到的目的地址,即下一条要执行指令的地址;PC 的当前值称为源地址,它是相对转移指令操作码的地址;rel 是相对地址,它是目的地址与以 PC 的当前值为起始地址的差值。

相对地址的机器码称为偏移量,记为 disp,它与 rel 的关系是:disp=rel−b。若转移指令为二字节,则 b=2;若转移指令为三字节,则 b=3。

偏移量为一字节二进制补码数,取值范围为−128〜+127。相对地址取值范围为−126〜+129(二字节相对转移指令)或−125〜+130(三字节相对转移指令)。在源程序中,相对地址 rel 一般用标号表示。

例如,指令　JC 18H

　　　机器代码　　40 16

这是二字节指令,它是以进位标志 C_Y 为条件的相对转移指令。若 $C_Y=0$,则不转移,PC=PC+2,顺序往下执行;若 $C_Y=1$,则以 PC 中的当前内容(源地址+2)与指令机器代码的第二字节中的数相加,结果得到转移指令的目的地址送 PC。

设指令操作码地址为 1000H,进位标志 $C_Y=1$,指令的执行过程如图 3.2.6 所示。

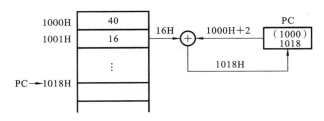

图 3.2.6　相对寻址示意图

下面分两种情况举例,进一步说明相对寻址的偏移量计算问题。

例 3.2.1　向后转移或正向转移,即转移的目的地址比转移指令的源地址值大。

设有如下一段程序,试写出与 JNZ RET0 相对应的机器代码。

地址	机器代码	标号	源程序
0152H	70 18		JNZ RET0
⋮	⋮		⋮
016CH	D0 E0	RET0:	POP ACC

解　JNZ 是二字节相对转移指令,操作码地址为 0152H(源地址),转移目的地址 D 为 016CH。所以,偏移量 disp 可以计算如下:

由　　　　　　　　　　　rel=D−PC=016CH−0152H=1AH

得　　　　　　　　　　disp=rel−2=1AH−2=18H

例 3.2.2　向前转移或反向转移,即转移的目的地址比转移指令的源地址值小,或者相等。

设有如下一段程序,试写出 DJNZ R7,ML2 相对应的机器代码。

地址	机器代码	标号	源程序
0110H	C0 D0	ML2:	PUSH PSW
⋮	⋮		⋮
011BH	DF F3		DJNZ R7,ML2

解　DJNZ 指令是二字节相对转移指令,源地址 PC=011BH,转移目的地址 D=0110H。所以,偏移量 disp 可以计算如下:

由　　　　　　　　　　rel=D−PC=0110H−011BH=−0BH

变补后为　　　　　　　　　rel=[−0BH]$_\text{补}$=F5H

得 $\qquad$ disp＝rel－2＝F5H－2＝F3H

从上面两例可以看出:如果相对地址 rel 或偏移量 disp 的最高位 $D_7=0$,则必然是正向转移;反之,如果 $D_7=1$,则必然是反向转移。

3.2.8 位寻址

位寻址是仅用于位操作指令的一种寻址方式,它是指对片内 RAM 的位寻址区(见表 3.2.1)和某些可位寻址的特殊功能寄存器(见表 2.5.3)进行位操作时的寻址。在进行位操作时,首先借助于进位标志 C_Y 作为位操作累加器,操作数直接给出该位的地址,然后根据操作码的性质对该位进行位操作。当位地址与直接寻址中的字节地址形式完全一样时,主要由操作码加以区分,使用时需予以注意。

例如,指令   SETB 3AH

　　　　机器代码   D2 3A

由表 3.2.1 可知,位地址 3AH 是片内 RAM 中 27H 单元的第 2 位。若设(27H)＝00H,那么执行上述指令后,它就把 3AH 这一位置成 1,所以(27H)＝04H。

以上介绍了 MCS-51 指令系统的七种寻址方式,现概括如表 3.2.2 所示。

表 3.2.2   MCS-51 的寻址方式

寻 址 方 式	使 用 变 量	寻 址 空 间
立即寻址		程序存储器
直接寻址		片内 RAM,SFR
寄存器寻址	R0～R7,A,B,C_Y,DPTR	工作寄存器 R0～R7,A,B,C_Y,DPTR
寄存器间接寻址	@R0,@R1,SP	片内 RAM 低 128 字节
	@R0,@R1,DPTR	片外 RAM
变址寻址	A＋DPTR,A＋PC	程序存储器
相对寻址	PC＋rel	程序存储器
位寻址		片内 RAM20H～2FH 和部分 SFR 的位地址空间

3.3 指 令 系 统

微型机的功能是由指令系统来体现的。一般来说,如果某种机型的寻址方式越多,指令越丰富,而且指令执行速度越快,则反映该机型的总体功能就越强。所以,寻址方式和指令系统常是用来衡量微型机的重要指标。指令系统对编程的灵活性、有效性有很大的影响。

MCS-51 的指令系统共有 111 条指令,其中包括单字节指令 49 条,双字节指令 46 条,三字节指令 16 条。按指令执行的时间分:单机器周期指令有 64 条,双机器周期指令有 45 条,四机器周期指令只有 2 条。当晶振频率为 12 MHz 时,三种不同周期指令执行的时间分别为 1 μs、2 μs 和 4 μs。由此可见,与一般的 8 位微处理器相比,MCS-51 指令系统在占有存储空间方面和运行时间方面效率都比较高。

MCS-51 指令系统中的指令,按其功能可分为如下五类:

(1) 数据传送类指令;

（2）算术运算类指令；

（3）逻辑运算类指令；

（4）程序控制类指令；

（5）位（布尔）操作类指令。

下面将分别介绍各类指令的功能，相应的指令代码见附录 A、附录 B。

3.3.1　数据传送类指令

数据传送类指令是最常用、最基本的一类指令。它们可以实现寄存器与寄存器之间、寄存器与片内 RAM 之间、片内 RAM 单元之间的数据传送；实现立即数送累加器和寄存器的传送；实现累加器与片外数据存储器之间的传送和并行 I/O 口的内容直接与片内 RAM 之间的数据传送等。

3.3.1.1　8 位数通用传送指令

这类指令的助记符是 MOV，指令的一般格式为

MOV　目的，源

指令中，源操作数是指待传送的数据源，它可以是立即数、累加器 A、工作寄存器或片内 RAM 存储单元；目的操作数是指数据源传送到的目的地，它可以是累加器 A、工作寄存器或片内 RAM 存储单元，但立即数不能作目的操作数。

这类指令的功能就是将源操作数传送到目的操作数，指令执行后，源操作数不变，目的操作数被传送后的源操作数所取代。在这类指令中，除以累加器 A 为目的操作数传送指令对奇偶标志位 P 有影响外，其余传送指令均不会影响标志位。

在这类指令中，特别是片内 RAM 存储单元之间的数据直接进行传送时，它能把一个并行 I/O 口中的内容直接传送到片内 RAM 单元中，而不必经过累加器 A 或任何工作寄存器，从而提高了数据传送速度，增强了实时性。

为了便于学习和掌握，按指令的目的操作数不同，分成下述四种情况进行介绍。

1. 累加器 A 为目的操作数的指令（4 条）

　　　　MOV A,Rn　　　　　　;A←Rn

　　　　MOV A,direct　　　　　;A←(direct)

　　　　MOV A,@Ri　　　　　　;A←(Ri)

　　　　MOV A,# data　　　　　;A←data

上述指令的功能是，把源操作数所指定的工作寄存器、片内 RAM 单元、SFR 内容或立即数传送到目的操作数累加器 A 中。

例如，已知 A＝40H,R6＝50H,(6FH)＝32H,R0＝18H,(18H)＝10H，执行下列程序段：

　　　　MOV A,R6　　　　　　;A←50H

　　　　MOV A,6FH　　　　　　;A←(6FH)

　　　　MOV A,@R0　　　　　　;A←(R0)

执行后，A＝10H。

2. 工作寄存器 Rn 为目的操作数的指令（3 条）

　　　　MOV Rn,A　　　　　　　;Rn←A

```
    MOV Rn,direct          ;Rn←(direct)
    MOV Rn,# data          ;Rn←data
```

上述指令的功能是,把源操作数所指定的累加器 A、片内 RAM 单元、SFR 内容或立即数传送到当前工作寄存器组 R0~R7 的某个寄存器中。

例如,已知 A=3FH,(4EH)=2FH,R1=20H,R3=30H,执行下列程序段:

```
    MOV A,# 2EH            ;A←2EH
    MOV R1,A               ;R1←A
    MOV R2,4EH             ;R2←(4EH)
    MOV R3,# 6FH           ;R3←6FH
```

执行后,A=2EH,R1=2EH,R2=2FH,R3=6FH。

3. 直接地址为目的操作数的指令(5 条)

```
    MOV direct,A           ;(direct)←A
    MOV direct,Rn          ;(direct)←Rn
    MOV direct,direct      ;(direct)←(direct)
    MOV direct,@Ri         ;(direct)←(Ri)
    MOV direct,# data      ;(direct)←data
```

上述指令的功能是,把源操作数所指定的累加器 A、工作寄存器、片内 RAM 单元内容或立即数传送到由 direct 所指定的片内存储单元中。

需要注意的是:MOV direct,direct 和 MOV direct,# data 均为三字节指令,但汇编后,它们的指令机器代码的排列顺序是不同的,指令机器代码的排列顺序分别表示如下:

```
    操作码   源 direct   目的 direct   ;源地址在前,目的地址在后
    操作码   direct       data        ;目的地址在前,源操作数在后
```

例如,已知(30H)=1FH,(40H)=5FH,执行指令:

```
    MOV 30H,40H           ;(30H)←(40H)      机器代码:85 40 30
    MOV 50H,# 40H         ;(50H)←40H        机器代码:75 50 40
```

执行后,(30H)=5FH,(40H)=5FH,(50H)=40H。

4. 间接地址为目的操作数的指令(3 条)

```
    MOV @Ri,A             ;(Ri)←A
    MOV @Ri,direct        ;(Ri)←(direct)
    MOV @Ri,# data;       ;(Ri)←data
```

上述指令的功能是,把累加器 A、片内 RAM 单元内容或立即数传送至 R0、R1 指出的内部 RAM 存储单元中。

例如,设片内 RAM 中,(30H)=40H,(40H)=20H,P1 口为输入口,其输入数据为 CAH,执行下列程序段:

```
    MOV R0,# 30H          ;R0←30H
    MOV A,@R0             ;A←(30H)
    MOV R1,A              ;R1←40H
    MOV B,@R1             ;B←20H
    MOV @R1,P1            ;(40H)←CAH
```

　　　　MOV P2,P1　　　　　　　　　;P2←CAH

执行结果:A＝40H,R0＝30H,R1＝40H,B＝20H,(40H)＝CAH,P2 口输出内容为 CAH。

3.3.1.2　16 位数目标地址传送指令(1 条)

　　　　MOV DPTR,# data 16

　　这是唯一的 16 位立即数传送指令,其功能是把 16 位常数送入数据指针 DPTR 中。DPTR 由 DPH 和 DPL 组成。这条指令执行的结果是,把高位字节立即数送入 DPH,低位字节立即数送入 DPL。

　　DPTR 是一个 16 位的地址寄存器,所以通常称 16 位立即数为目标地址。

　　注意,这是一条三字节的指令,在汇编成机器码时,立即数的高位字节在前,低位字节在后。

　　例如,MOV DPTR,# 2068H

　　机器代码　　90 20 68

指令执行后,DPTR＝2068H

3.3.1.3　堆栈操作指令(2 条)

　　　　PUSH direct　　　　　　　;SP←SP＋1,(SP)←(direct)

　　　　POP direct　　　　　　　 ;(direct)←(SP),SP←SP−1

　　堆栈操作指令是一种特殊的数据传送指令,其特点是根据堆栈指示器 SP 中栈顶地址进行数据传送操作。

　　对堆栈操作有两种方式:进栈操作和出栈操作。一般,微处理器的堆栈操作指令是对 16 位数进行操作的,堆栈从高地址向低地址方向延伸;而 MCS-51 的堆栈操作指令是对 8 位数进行的,堆栈从低地址向高地址方向延伸,所以在指令的具体执行上有明显的差异。

　　PUSH 是进栈(或称为压入操作)指令。其功能是,首先将堆栈指针 SP 的内容加 1,指向空单元;然后将直接寻址单元中的数据压入到 SP 所指示的单元中,此时 SP 的内容就是新的栈顶。

　　POP 是出栈(或称为弹出操作)指令。其功能与 PUSH 指令的相反,即首先将栈顶 SP 所指示的单元内容弹出到直接寻址单元中,然后将 SP 的内容减 1,此时 SP 指向新的栈顶。

　　系统设计时,一般需要设定用户堆栈区,即重新设定 SP 的初始值,要注意留出适当的存储单元作堆栈区。因为栈顶是随数据的压入和弹出而变化的,如果堆栈区设置不当,则可能发生数据重叠,把原来单元的数据冲掉,或者别的指令把堆栈区的内容修改了,这样必然引起程序混乱,以至无法运行。建议将 SP 初始化值设在片内 RAM 30H 单元之后,以免占用工作寄存器区和位地址区。

　　例如,设 SP＝30H,(50H)＝80H,指令如下:

　　　　PUSH 50H　　　　　　　 ;SP←SP＋1,(31H)←(50H)

　　　　POP 40H　　　　　　　　 ;(40H)←(31H),SP←SP−1

指令执行过程如图 3.3.1 所示。

　　由图 3.3.1 可见,压入堆栈指令和弹出堆栈指令成对使用后,堆栈指针 SP 的内容不变。

　　例如,设片内 RAM(30H)＝X,(40H)＝Y,通过堆栈操作实现两单元中内容互相交换,程序如下:

　　　　MOV SP,# 1FH

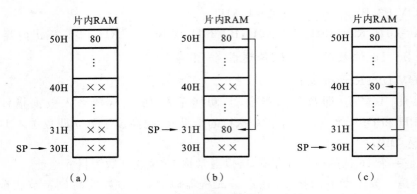

图 3.3.1　堆栈操作指令执行示意图

(a) 执行前;(b) 执行 PUSH 指令后;(c) 执行 POP 指令后

PUSH 30H

PUSH 40H

POP 30H

POP 40H

程序执行结果:(30H)=Y,(40H)=X。

3.3.1.4　查表指令(程序存储器内容送累加器 A)(2 条)

MCS-51 的程序存储器主要用于存放应用程序,但也存放应用程序中必须用的常数(例如表格数据)。为此,MCS-51 指令系统中,有两条查表指令,用于从程序存储器中读取数据。

1. 查表指令(以 PC 作为基址)

MOVC A,@A+PC　　;PC←PC+1,A←(A+PC)

这条指令是单字节指令,它以 PC 作为基址寄存器,累加器 A 作为变址寄存器,存放数据表的地址偏移量。指令执行过程是:首先,CPU 读取指令操作码,PC 的内容自动加1,变为指令执行时的当前值;然后,PC 中的当前值和累加器 A 中的地址偏移量相加,形成源操作数的16 位地址,并将该地址指定的程序存储器单元中的源操作数送累加器 A。指令执行完后,PC 的值不变,仍指向下一条指令继续执行。

由于这条指令是以 PC 作为基址寄存器,而 PC 的内容实际上决定于它在程序中的位置,受到 PC 当前值以及累加器 A(8 位)的约束,因此,数据表不能在 64 KB 范围内任意设置,而只能放在以 PC 当前值为起点的 256 个字节范围之内,并且数据表应放在 MOVC A,@A+PC 指令之后。

通常在程序中,指令 MOVC A,@A+PC 与数据表之间相隔一条或多条其他指令,所以用该指令查表,虽然应用 PC 来存放表首地址,但是进行查表时,PC 的当前值不会恰好是表首地址,因此需要在这条指令之前安排一条加法指令,对累加器 A 中的地址偏移量进行修正,从效果上看,这就相当于把 PC 当前值修正为表首地址了。由此可以得出,修正量就是数据表首地址与 PC 当前值之差。

使用 MOVC A,@A+PC 指令查表,步骤如下。

(1) 将地址偏移量(即待查数据表的项数)送累加器 A。

(2) 用加法指令(ADD A,# data)对累加器 A 进行修正,其中修正量 data 可由下式确定:

由　　　　　　　　　　　PC 当前值+data=数据表首地址

可得　　　　　　　　　　　data＝数据表首地址－PC 当前值

若 data＝1,则可采用 INC A 指令对 A 进行修正。

（3）用 MOVC A,@A＋PC 指令完成查表。

例 3.3.1　用查表方法将累加器 A 中一位十六进制数转换为 ASCII 码,结果存入 A 中。查表程序如下:

```
                    ORG 0200H
0200H    04    HEXABC:INC A                ;修正 A 值
0201H    83           MOVC A,@A＋PC          ;查表
0202H    22           RET
0203H    30      DTAB: DB 30H               ;十六进制数 ASCII 表
0204H    31           DB 31H
   ⋮      ⋮            ⋮
020CH    39           DB 39H
020DH    41           DB 41H
   ⋮      ⋮            ⋮
0212H    46           DB 46H
                      END
```

程序执行过程说明:设十六进制数为 9,其对应的 ASCII 码为 39H,在 DTAB 表中的地址为 020CH,与表首地址 0203H 相差 9,即源操作数所在地址与表首地址的差值,称为数据表的地址偏移量,也是待查数据表的项数。

● 执行第一条指令之前,A 中已存放了地址偏移量,A＝09;

● 由于第二条指令取指后,PC 的当前值为 0202H,显然它不是数据表首地址,故需对 A 修正,以便 PC 变为 0203H。修正量正好为 1,所以采用 INC A 指令。

执行第一条指令,对 A 修正,A＝09H＋1＝0AH;

● 执行第二条指令,PC＝0201H＋1＝0202H

　　　　　　　　A←(0AH＋0202H)＝(020CH)

所以,通过查表得到对应数 9 的 ASCII 码,A＝39H。

2. 查表指令(以 DPTR 作为基址)

　　　　MOVC A,@A＋DPTR　　　　　　　　　;A←(A＋DPTR)

这条指令是单字节指令,它以 DPTR 作为基址寄存器,存放数据表的首地址,累加器 A 作为变址寄存器,存放数据表的地址偏移量,为一个字节的无符号数。指令执行时,由 DPTR 中的基地址和累加器 A 中的偏移量相加,形成源操作数的地址,并将该地址单元中的源操作数送累加器 A。

由于 DPTR 是一个 16 位寄存器,可任意设定初值,因此数据表可以设置在 64 K 字节程序存储器的任何位置,使用灵活方便。每次查表前,只需预先对 DPTR 赋以数据表的首地址,对累加器 A 赋以数据表的地址偏移量,然后再运用本指令查表。如果在此之前,DPTR 已作它用,则应先将 DPTR 原来的内容进栈保存,然后再对 DPTR 赋以新值,查表指令执行完后,再恢复 DPTR 的原来值。这条查表指令一般使用较多,指令执行完后,DPTR 的值不变。

如上例,用 MOVC A,@A＋DPTR 指令实现查表,程序如下:

　　　　ORG 0200H

```
0200H   900205   HEXABC:MOV DPTR,# DTAB      ;置数据表首地址
0203H   93               MOVC A,@A+DPTR       ;查表
0204H   22               RET
0205H   30       DTAB:   DB  30H              ;十六进制数 ASCII 表
  ⋮                              ⋮
020EH   39               DB  39H
  ⋮                              ⋮
0214H   46               DB  46H
                         END
```

程序执行结果:A＝39H,DPTR＝0205H

3.3.1.5　累加器 A 与片外数据存储器传送指令(4 条)

CPU 访问片外数据存储器 RAM 时,只能通过累加器 A 进行,包括读取片外 RAM 的数据和把数据写到片外 RAM 存储单元中。指令如下:

```
MOVX   A,@Ri              ;A←(Ri)
MOVX   A,@DPTR            ;A←(DPTR)
MOVX   @Ri,A              ;(Ri)←A
MOVX   @DPTR,A            ;(DPTR)←A
```

前两条指令是对片外 RAM 进行读操作,后两条指令是对片外 RAM 进行写操作。CPU只能用寄存器间接寻址方式访问片外 RAM。

采用 Ri 间接寻址,可寻址范围是 256 个字节(00H～FFH)单元。此时,Ri 作为低 8 位地址由 P0 口送出,用以寻址片外 RAM 的 00H～FFH 中的存储单元,数据也是通过 P0 口输入/输出,实现由 Ri 间接寻址的单元内容与 A 之间的数据传送,这时 P2 口应设置为"0"输出。

选用 16 位数据指针 DPTR 间接寻址,可寻址 64K 字节的片外 RAM。其低 8 位(DPL)地址由 P0 口经锁存器输出,高 8 位(DPH)地址由 P2 口输出,形成 16 位地址总线对片外 RAM寻址存储单元,数据也是通过 P0 口输入/输出的,实现由 DPTR 指定的片外 RAM 单元内容与累加器 A 之间的数据传送。

由于 MCS-51 片外扩展的 RAM 和 I/O 口是统一编址的,共占用一个 64 K 字节的空间,没有专用的访问外部 I/O 口的输入/输出指令,所以 MCS-51 也是用上面 4 条指令来与外部设备联系的。换句话说,就是用访问片外数据存储器的指令去访问片外 I/O 口。

例如,把片内 RAM 40H 单元中的内容送到片外 RAM 2000H 单元中去,程序如下:

```
MOV    A,40H             ;A←(40H)
MOV    DPTR,# 2000H     ;DPTR←2000H
MOVX   @DPTR,A          ;(2000H)←A
```

例如,把片外 RAM 2100H 单元的内容传送到 2120H 单元中去,程序如下:

```
MOV    DPTR,# 2100H
MOVX   A,@DPTR
MOV    DPTR,# 2120H
MOVX   @DPTR,A
```

例如,把片外 RAM 40H 单元的内容送到片外 RAM 50H 单元,程序如下:

```
MOV    P2,0
```

```
MOV     R0,#40H
MOV     R1,#50H
MOVX    A,@R0
MOVX    @R1,A
```

3.3.1.6　交换指令(5 条)

1. 字节交换指令

```
XCH     A,Rn              ;A↔Rn
XCH     A,direct          ;A↔(direct)
XCH     A,@Ri             ;A↔(Ri)
```

上述指令的功能是,将累加器 A 的内容与源操作数所指出的数据互相交换。

例如,已知 R0=10H,A=4EH,(10H)=5FH;执行指令:XCH A,@R0。

程序执行结果:A=5FH,(10H)=4EH。

2. 半字节交换指令

```
XCHD    A,@Ri             ;A₃~₀↔(Rᵢ)₃~₀
```

该指令的功能是,将累加器 A 中低 4 位与 Ri 间接寻址单元内容的低 4 位相互交换,而各自的高 4 位内容不变。

例如,已知 R0=10H,A=35H,片内 RAM(10H)=46H;执行指令:XCHD A,@R0。

程序执行结果:A=36H,(10H)=45H。

3. 累加器 A 的高 4 位与低 4 位内容互换指令

```
SWAP    A                 ;A₇~₄↔A₃~₀
```

该指令的功能是,将 A 的高、低两半字节相互交换。本指令也可视作 4 位循环移位指令。

设 A=86H,程序如下:

```
MOV     R3,#4FH           ;R3←4FH
XCH     A,R3              ;A↔R3
SWAP    A                 ;A₇~₄↔A₃~₀
XCH     A,R3              ;A↔R3
```

程序执行结果:A=86H,R3=F4H。

最后需要指出的是:数据传送类指令中,除了 POP 指令或传送到程序状态字寄存器 PSW 的 MOV 指令以及传送到目的操作数为 A 的指令将影响奇偶标志 P 外,均不影响标志位。

3.3.2　算术运算类指令

MCS-51 算术运算类指令主要是对 8 位无符号二进制数进行加法、减法、乘法和除法四则运算;增 1、减 1;可以实现对压缩 BCD 码加、减运算和对带符号二进制数进行 2 的补码运算。

算术运算类指令共有 24 条。在加法、带进位加法和带借位减法的指令中,累加器 A 中总是存放目的操作数,并存放操作的中间结果;而源操作数则可以是立即数、工作寄存器内容、间接或直接寻址片内 RAM 内容。这些指令都影响程序状态字寄存器 PSW 的进位位 C_Y、溢出位 OV、半进位位 AC 和奇偶标志位 P。仅当源操作数为 A 时,加 1、减 1 指令才对标志位 P 有影响。乘法、除法指令影响标志位 OV 和 P。

3.3.2.1 加法类指令

1. 加法指令(4 条)

ADD	A,Rn	;A←A+Rn
ADD	A,direct	;A←A+(direct)
ADD	A,@Ri	;A←A+(Ri)
ADD	A,# data	;A←A+data

这组指令的功能是把源操作数所指出的内容和累加器 A 的内容相加,结果存放到累加器 A 中。

例如,设 A=85H,R0=20H,(20H)=9EH;执行指令:ADD A,@R0。其操作如下:

$$
\begin{array}{r}
1000\ 0101 \\
+)\quad 1001\ 1110 \\
\hline
1\ 0010\ 0011
\end{array}
$$

程序执行结果:A=23H,C_Y=1,AC=1,OV=1,P=1。

例 3.3.2 两个 8 位二进制无符号数相加,其和可能超过 8 位。

解 设片内 RAM 50H 和 51H 单元分别存放两个 8 位无符号数,要求相加,将结果存入 52H 和 53H 单元(低位在前,高位在后)。编写程序如下:

MOV	R0,# 50H	;置数据指针
MOV	A,@R0	;取第一个数
INC	R0	;修改指针
ADD	A,@R0	;两数相加
INC	R0	
MOV	@R0,A	;存"和"低位
INC	R0	
CLR	A	
ADDC	A,# 0	;处理进位
MOV	@R0,A	;存"和"高位
SJMP	$	

2. 带进位加法指令(4 条)

ADDC	A,Rn	;A←A+Rn+C_Y
ADDC	A,direct	;A←A+(direct)+C_Y
ADDC	A,@Ri	;A←A+(Ri)+C_Y
ADDC	A,# data	;A←A+data+C_Y

这是一组带进位的加法指令。其功能是把源操作数所指出的内容和累加器 A 的内容以及进位标志 C_Y 相加,结果存放在 A 中。带进位加法指令常用于多字节加法运算。

例如,设 A=4EH,R0=20H,(20H)=9EH,C_Y=1;执行指令:ADDC A,@R0。其操作如下:

$$
\begin{array}{r}
0100\ 1110 \\
1001\ 1110 \\
+)\qquad\qquad 1 \\
\hline
1110\ 1101
\end{array}
$$

程序执行结果：$A=EDH, C_Y=0, AC=1, OV=0, P=0$。

3. 加 1 指令(5 条)

```
INC    A              ;A←A+1
INC    Rn             ;Rn←Rn+1
INC    direct         ;(direct)←(direct)+1
INC    @Ri            ;(Ri)←(Ri)+1
INC    DPTR           ;DPTR←DPTR+1
```

这组指令的功能是，把操作数所指定单元的内容加 1。其操作除第一条指令影响奇偶标志位外，其余指令操作均不影响 PSW。在程序设计中，+1 指令的使用十分频繁，它通常配合寄存器间址指令使用，用于修改地址指针。

当用上述指令对并行 I/O 口的内容加 1 时，其原来的数据不是从 I/O 口的引脚上读入，而是从 I/O 口的输出锁存器中读入，加 1 后仍保存于输出锁存器中，即对 I/O 口进行读-改-写操作。

例 3.3.3　两个 16 位二进制无符号数相加求和，其结果仍为 16 位。

解　设片内 RAM 50H、51H 和 52H、53H 分别存放两个 16 位无符号数，要求将和存入 50H、51H(低位在前、高位在后)。编写程序如下：

```
MOV    R0,#50H        ;设置第一个数地址指针
MOV    R1,#52H        ;设置第二个数地址指针
MOV    A,@R0          ;取低位
ADD    A,@R1          ;两数低位相加
MOV    @R0,A          ;存"和"低位
INC    R0
INC    R1
MOV    A,@R0          ;取高位
ADDC   A,@R1          ;两数高位相加
MOV    @R0,A          ;存"和"高位
SJMP   $
```

4. 二-十进制调整指令(1 条)

```
DA     A              ;十进制修正
```

这条指令的功能是，对 BCD 码加法运算的结果自动进行修正，以便得到正确的 BCD 码运算结果。

下面说明为什么要用 DA A 指令以及该指令的执行过程。

如前所述，0～9 的 BCD 码是用 4 位二进制数(0000～1001)表示的，进行加法运算时，两位 BCD 数之间应逢十进位。但是，计算机中加法运算都是按二进制规则进行的，所以对于用 4 位二进制数表示的 1 位 BCD 数实际上是逢十六进位，显然不符合十进制运算的要求，可能产生错误的结果。因此，在 BCD 码加法运算后，必须进行十进制调整，这样才可以得到正确的 BCD 码结果。

例如，设 $A=(00111000)_{BCD}$(即 38)，$data=(01001001)_{BCD}$(即 49)；执行指令：ADD A，#data。其操作如下：

$$
\begin{array}{r}
0011\ 1000 \\
+)\ \ 0100\ 1001 \\
\hline
1000\ 0001
\end{array}
$$

由于计算机中是按二进制进行运算的,BCD 码结果为 81,这显然是错误的。如果在 ADD A,# data 指令执行之后,再执行一条指令 DA A,即

$$
\begin{array}{r}
1000\ 0001 \\
+)\ \ 0000\ 0110 \quad\ (+6\ 修正) \\
\hline
1000\ 0111
\end{array}
$$

所得结果为 87,即调整后得到的 BCD 码结果是正确的。

DA A 指令的操作过程是:测试累加器 A 的低 4 位及辅助进位位 AC,若 A 中的低 4 位值大于 9 或 AC=1,则 A 的低 4 位加 6 修正;测试累加器 A 的高 4 位及进位位 C_Y,若 A 中的高 4 位值大于 9 或 $C_Y=1$,则 A 的高 4 位加 6 修正;若累加器 A 的高 4 位值为 9,低 4 位值大于 9,则 A 的高、低 4 位均加 6 修正;否则,不修正。

需要注意的是:DA A 指令只对累加器 A 起作用,它不能单独使用,且必须在加法指令 ADD 和 ADDC 之后,也不适用于减法指令。

例 3.3.4　编写 6 位 BCD 码加法运算程序。

解　设被加数存于片内 RAM 的 30H~32H 单元中,加数存于 40H~42H 单元中,低位在前,高位在后,各单元中均为压缩 BCD 码。将结果存入 50H~52H 单元。程序如下:

```
        MOV   A,30H
        ADD   A,40H              ;A←(30H)+(40H)
        DA    A
        MOV   50H,A              ;低 2 位 BCD 码之和存入 50H 中
        MOV   A,31H
        ADDC  A,41H              ;A←(31H)+(41H)+C_Y
        DA    A
        MOV   51H,A              ;中间 2 位 BCD 码及低位进位之和存入 51H 中
        MOV   A,32H
        ADDC  A,42H              ;A←(32H)+(42H)+C_Y
        DA    A
        MOV   52H,A              ;高 2 位 BCD 码及进位之和存入 52H 中
        ⋮
```

3.3.2.2　减法类指令

1. 带借位的减法指令(4 条)

```
        SUBB  A,Rn              ;A←A-Rn-C_Y
        SUBB  A,direct         ;A←A-(direct)-C_Y
        SUBB  A,@Ri            ;A←A-(Ri)-C_Y
        SUBB  A,# data         ;A←A-data-C_Y
```

这组指令的功能是,将累加器 A 中的数减去源操作数所指出的数和借位位 C_Y,其差值存入 A 中。

MCS-51 指令系统中,只有带借位的减法指令,在进行单字节或多字节减法运算时,应先

将进位标志位 C_Y 清 0。

例 3.3.5　编写多字节减法运算程序。

解　设被减数在片内 RAM 30H～32H 单元中,减数在 40H～42H 单元中,低位数对应低位地址,高位数对应高位地址,其差值存入 50H～52H 单元中。程序如下:

```
CLR    C                    ;C_Y 清 0
MOV    A,30H
SUBB   A,40H                ;A←(30H)−(40H)−C_Y
MOV    50H,A
MOV    A,31H
SUBB   A,41H                ;A←(31H)−(41H)−C_Y
MOV    51H,A
MOV    A,32H
SUBB   A,42H                ;A←(32H)−(42H)−C_Y
MOV    52H,A
       ⋮
```

例 3.3.6　编写十进制减法程序。

解　由于 MCS-51 单片机没有十进制减法调整指令,为了能利用十进制加法调整指令 DA A,可采用把 BCD 码减法运算变换成 BCD 补码加法运算,即

$$X_{BCD} - Y_{BCD} = X_{BCD} + [-Y_{BCD}]_{补}$$

然后,用 DA A 指令对其"和"进行十进制调整。

一个字节单元可存放 2 位 BCD 码,2 位 BCD 数的模是 100,需要 9 位二进制数表示,故用 99+1=9AH,即用 8 位二进制数来代替 2 位 BCD 数的模 100,所以 2 位 BCD 数的补码为 9AH−BCD 码。

设被减数和减数均为压缩 BCD 码,分别存于 R3、R4 中,其差值也存入 R3 中,程序如下:

```
BCDSUB:CLR    C
       MOV    A,#9AH        ;求减数的补码
       SUBB   A,R4
       ADD    A,R3          ;补码相加
       DA     A
       MOV    R3,A
       SJMP   $
```

2. 减 1 指令(4 条)

```
DEC    A          ;A←A−1
DEC    Rn         ;Rn←Rn−1
DEC    direct     ;(direct)←(direct)−1
DEC    @Ri        ;(Ri)←(Ri)−1
```

这组指令的功能是把操作数所指定的单元的内容减 1,其操作除第一条指令影响奇偶标志位外,其余指令操作均不影响 PSW 标志。

与加 1 指令一样,对并行 I/O 口的输出内容进行减 1 操作时,其原来口数据的值将从 I/O 口的输出锁存器中读入,减 1 后的值仍保存于输出锁存器中,而不是对该输出口的引脚上内容

进行减 1 操作。

3.3.2.3　乘法指令(1 条)

　　　　MUL　AB　　　　　;A×B→BA

这条指令的功能是把累加器 A 和寄存器 B 中的两个 8 位无符号数相乘,所得 16 位乘积的低字节放在 A 中,高字节放在 B 中。对乘法指令,OV 标志用来表示积的大小,如果乘积大于 255(即 B≠0),则溢出标志位 OV 置 1,否则清 0,C_Y 总是为 0。

　　例如,设 A=40H,B=5EH,执行指令:MUL AB。

　　结果:A=80H,B=17H,乘积是 1780H。

3.3.2.4　除法指令(1 条)

　　　　DIV　AB　　　　　;A/B 的商→A,余数→B

这条指令的功能是将累加器 A 中 8 位无符号整数除以寄存器 B 中 8 位无符号整数,所得商的整数部分存于 A 中,余数存于 B 中。

如果 B 寄存器中的除数为 0,则 OV=1,表示除数为 0 的除法是无意义的,即 0 不能作除数,其余情况下,OV=0,表示除法运算是合理的。

　　例如,设 A=F8H,B=12H,执行指令:DIV AB。

　　结果:A=0DH(商),B=0EH(余数)。

例 3.3.7　编写将累加器 A 中二进制数转换成 3 位 BCD 码程序,结果的百位数存于 R7,十位数和个位数存于 R6。

解　应用除法指令,将待转换的二进制数除以 100,得百位数,再将余数除以 10,得十位数,最后的余数,即为个位数。编写程序如下:

```
MOV   B,# 100
DIV   AB              ;A 中商为百位数
MOV   R7,A            ;百位数送 R7
MOV   A,# 10
XCH   A,B            ;B 中余数与 A 中除数 10 互换
DIV   AB              ;A 中得十位数,B 中得个位数
SWAP  A
ADD   A,B            ;组合成 2 位 BCD 码
MOV   R6,A           ;十位、个位数送 R6
SJMP  $
```

3.3.3　逻辑运算类指令

这类指令主要用于对 8 位数进行逻辑运算,包括逻辑与、逻辑或、逻辑异或、取反、清零以及循环移位指令。

逻辑运算指令共有 24 条,下面分别予以介绍。

3.3.3.1　逻辑与指令(6 条)

　　　　ANL　A,Rn　　　　　;A←A∧Rn
　　　　ANL　A,direct　　　　;A←A∧(direct)
　　　　ANL　A,@Ri　　　　　;A←A∧(Ri)

ANL	A,# data	;A←A∧data
ANL	direct,A	;(direct)←(direct)∧A
ANL	direct,# data	;(direct)←(direct)∧data

上述前四条指令的目的操作数是累加器 A,源操作数可以是工作寄存器、片内 RAM 和立即数。指令的功能是,将 A 中的内容和源操作数所指定的内容按位逻辑与,结果存入目的操作数 A 中。

后两条指令的目的操作数是直接寻址单元内容,源操作数是累加器 A 或立即数,两个操作数的内容按位逻辑与,结果存入直接寻址单元中。

当直接寻址并行 I/O 口时,其情况与算术运算指令类同。

例如,已知 A=8DH,R0=7EH,执行指令:ANL A,R0。其操作如下:

$$
\begin{array}{ll}
1000\ 1101 & (8DH) \\
\wedge)\ 0111\ 1110 & (7EH) \\
\hline
0000\ 1100 & (0CH)
\end{array}
$$

结果:A=0CH。

逻辑与指令常用于屏蔽某些位,如上例所示,将 A 的 D_7 位和 D_0 位变为 0,即屏蔽了。由此可见,用 ANL 指令屏蔽某些位,方法是将需屏蔽的位和 0 相与,指令的源操作数为立即数。

3.3.3.2　逻辑或指令(6 条)

ORL	A,Rn	;A←A∨Rn
ORL	A,direct	;A←A∨(direct)
ORL	A,@Ri	;A←A∨(Ri)
ORL	A,# data	;A←A∨data
ORL	direct,A	;(direct)←(direct)∨A
ORL	direct,# data	;(direct)←(direct)∨data

这组指令的目的操作数和源操作数跟逻辑与指令的相同,两个操作数指定的内容按位相或运算。前四条指令结果存入 A 中;后两条指令结果存入直接寻址单元中。对并行 I/O 口的操作跟逻辑与操作类同。

例如,已知 A=DAH,R0=25H,执行指令:ORL A,R0。其操作如下:

$$
\begin{array}{ll}
1101\ 1010 & (DAH) \\
\vee)\ 0010\ 0101 & (25H) \\
\hline
1111\ 1111 & (FFH)
\end{array}
$$

结果:A=FFH。

由上例可以看出,两个操作数中任一位只要有一个是 1,该位操作结果为 1;而只有两位均为 0 时,结果才为 0。因此,可采用逻辑或指令实现对某些位置位的功能,同时逻辑或指令也可用于组合信息。

例如,将累加器 A 的 D_7、D_5、D_3、D_1 置 1,其余位置 0,送入外部数据存储器 2000H 单元。编写程序如下:

ORL	A,# 10101010B	;A 的 D_7、D_5、D_3、D_1 位置 1
ANL	A,# 10101010B	;A 的 D_6、D_4、D_2、D_0 位屏蔽
MOV	DPTR,# 2000H	
MOVX	@DPTR,A	;存数

例 3.3.8 已知累加器 A＝55H,P1＝0FFH,欲将累加器 A 中的低 4 位送入 P1 口的低 4 位,P1 口的高 4 位保持不变,试编写程序。

解 当需要改变字节数据的某几位,而其余位不变时,不能使用直接传送方法,只能通过逻辑运算完成。编写程序如下:

```
ANL    A,#0FH              ;屏蔽 A 的高 4 位,保留低 4 位
ANL    P1,#0F0H            ;屏蔽 P1 口的低 4 位,保留高 4 位
ORL    P1,A                ;字节组合
SJMP   $
```

3.3.3.3 逻辑异或指令(6 条)

```
XRL    A,Rn                ;A←A ∀ Rn
XRL    A,direct            ;A←A ∀ (direct)
XRL    A,@Ri               ;A←A ∀ (Ri)
XRL    A,#data             ;A←A ∀ data
XRL    direct,A            ;(direct)←(direct)∀ A
XRL    direct,#data        ;(direct)←(direct)∀ data
```

这组指令的目的操作数和源操作数跟逻辑与指令的相同,两个操作数所指定的内容按位异或。前四条指令结果存入 A 中;后两条指令结果存入直接寻址单元中。对并行 I/O 口的异或操作跟逻辑与操作类同。

利用上述指令,可对目的操作数的某些位取反,只需将取反的位与 1 相异或,这时源操作数常用立即数。

例如,已知 A＝A5H,要求对高 4 位取反,执行指令:XRL A,#11110000B。其操作如下:

$$
\begin{array}{r}
1010\ 0101 \quad (\text{A5H}) \\
\forall\ )\ 1111\ 0000 \quad (\text{F0H}) \\
\hline
0101\ 0101 \quad (\text{55H})
\end{array}
$$

结果:A＝55H。

例 3.3.9 欲将片外 RAM 40H 单元内容的 1、3、5、7 位取反,其余位不变,结果送回原单元,编写程序。

解 由异或逻辑运算可知,相同的两位数异或,其结果为 0;不同的两位数异或,其结果为 1。因此,用"0"与某位数 D_i 异或,则 D_i 不变;用"1"与某位数 D_i 异或,则将 D_i 变反,得 $\overline{D_i}$。

```
MOV    R0,#40H
MOVX   A,@R0               ;取数
XRL    A,#10101010B        ;D₁、D₃、D₅、D₇ 位取反
MOVX   @R0,A
SJMP   $
```

3.3.3.4 累加器 A 清零指令(1 条)

```
CLR    A                   ;A←0
```

这条指令的功能是将累加器 A 的内容清零。

3.3.3.5 累加器 A 取反指令(1 条)

```
CPL    A                   ;A←Ā
```

这条指令的功能是将累加器 A 的内容逐位取反。

例 3.3.10　设片内 RAM 50H 单元中存放一字节有符号数,试编写求其绝对值,结果送回原单元的程序。

解　计算机内有符号数一般是用补码表示的,根据正数的补码就是正数本身,即数的绝对值;对负数的补码再一次求补,即可得到该数的绝对值。编写程序如下:

```
        MOV    R0,#50H
        MOV    A,@R0
        JB     ACC.7,NEG      ;测试 D₇ 符号位,为负数,转 NEG
        RET
NEG:CPL        A              ;求补,得绝对值
        INC    A
        MOV    @R0,A
        RET
```

3.3.3.6　累加器 A 循环移位指令(4 条)

```
RL    A        ;
RR    A        ;
RLC   A        ;
RRC   A        ;
```

前两条指令的功能是,分别将累加器 A 的内容循环左移或循环右移一位;后两条指令的功能是,分别将累加器 A 的内容连同进位位 C_Y 循环左移或循环右移一位。

例如,设有一双字节带符号数,高字节在寄存器 B 中,低字节在累加器 A 中,要求将该数依次右移一位,程序如下:

```
        SETB   C              ;预置 C_Y
        XCH    A,B            ;交换,高字节送 A
        JB     ACC.7,NA       ;判符号位,为负,转 NA
        CLR    C              ;为正,C_Y 清零
NA:RRC         A              ;高字节右移一位
        XCH    A,B
        RRC    A              ;低字节右移一位
        SJMP   $
```

3.3.4　控制转移类指令

控制转移类指令属于程序控制指令。其作用是改变程序执行的方向,或调用子程序,或从子程序返回。这些都是通过改变程序计数器 PC 中的内容来实现的。

这类指令可分为转移指令、调用子程序指令和返回指令。下面分别予以介绍。

3.3.4.1　转移类指令

转移类指令通过改变 PC 的内容,以改变正在执行的指令顺序,转向新的地址继续执行下

去,从而实现程序分支。根据指令转移的条件,转移指令可分为无条件转移指令和条件转移指令。前者 CPU 无条件地转移到指定位置执行程序;后者只有当条件满足时才能实现程序的转移,否则继续执行下一条指令。条件转移指令是使 CPU 能够进行逻辑判断的主要手段。

1. 无条件转移指令(4 条)

LJMP　addr16	;PC←addr16
AJMP　addr11	;PC←PC+2,PC$_{10\sim0}$←addr11
JMP　　@A+DPTR	;PC←A+DPTR
SJMP　rel	;PC←PC+rel

第一条指令(LJMP addr16)叫长转移指令,它的功能是把转移地址 addr16 送入程序计数器 PC,CPU 便无条件转移到 addr16 处执行程序。由于 addr16 是 16 位二进制数,因此,程序可转移到 64 KB 范围的任何地址单元去执行。该指令转移范围大,所以有"长转移"之称,为三字节指令,其机器码存放顺序依次为:操作码、高 8 位地址、低 8 位地址。

例如,已知某 MCS-51 单片机应用系统的监控程序起始地址为 2000H,系统开机后应自动执行监控程序。

由于单片机开机后,程序计数器 PC 被复位,即 PC=0000H,因此,为了使开机后能自动转入 2000H 处执行监控程序,必须在地址 0000H 处存放一条转移指令,如下所示:

ORG　　0000H	;CPU 复位后的入口地址
LJMP　2000H	;转监控程序
ORG　　2000H	;监控程序
⋮	

第二条指令(AJMP addr 11)叫绝对转移指令,因为指令中只提供了低 11 位地址,所以程序只能转移到下一条指令开始的 2 KB 范围内执行。AJMP 为两字节指令,指令机器码为

a$_{10}$a$_9$a$_8$ 00001	;其中 00001 为操作码
a$_7$a$_6$a$_5$a$_4$a$_3$a$_2$a$_1$a$_0$	;a$_{10}$～a$_0$ 为 addr11

该指令执行过程是:第一步为取指操作,PC 中内容+1 两次,即 PC+2,形成 PC 的当前值;第二步是 PC 当前值的高 5 位地址 PC$_{15\sim11}$ 和指令机器码中的低 11 位地址 a$_{10}$～a$_0$(形成 PC$_{10\sim0}$)并在一起构成 16 位的转移地址。由于 PC 当前值的高 5 位不变,指令只提供了低 11 位地址,其取值范围为 000H～7FFH,因此,绝对转移指令所能转移的最大范围是 2 KB。例如,AJMP 指令地址为 2FFEH,则 PC+2=3000H,故转移的目标地址必须在 3000H～37FFH 这个 2 KB 区域,否则,将发生转移错误。

例如,程序中在地址 1030H 处有绝对转移指令

　　1030H：　AJMP　　addr11

设 addr11=00110000101B,则指令的机器码为

　　00100001

　　10000101

该指令执行后,PC=0001000110000101B

即程序转到 1185H 处执行。

第三条指令(JMP @A+DPTR)是变址寻址转移指令,为单字节无条件转移指令。在指令执行前,应预先把目标转移地址的基地址送入 DPTR,目标转移地址对基地址的偏移量放在累加器 A 中,在指令执行时,CPU 把 DPTR 中的基地址和累加器 A 中的地址偏移量相加,形

成目标转移地址送入程序计数器 PC。

变址寻址转移指令与前述两条转移指令的主要区别是：前述两条指令的转移目标地址是在汇编或编程时已确定的；而该指令的转移目标地址是在程序运行时动态决定的，它的目标地址是以 DPTR 的内容为起点的 256 个字节地址空间范围内的指定地址，若 A 和 DPTR 相加结果超过 64 K 字节，由于是以 2^{16} 为模，所以程序将转向从零开始的地址往下继续运行。

变址寻址转移指令常用于多分支选择转移，由 DPTR 内容决定多分支程序转移表的首地址，由 A 的内容选择其中的某一个分支转移程序（或指令），从而使用一条间接转移指令就可以代替多条转移指令，具有散转功能，因而又称散转指令。

例如，设累加器 A 中内容为 0～6 之间的偶数，程序存储器中存放着标号为 JPTBL 的转移表。执行下面程序，将根据 A 的内容转到相应的分支处理程序。

```
        MOV     DPTR,#JPTBL
        JMP     @A+DPTR
JPTBL：AJMP    LABEL0              ;转 LABEL0 分支程序
        AJMP    LABEL1              ;转 LABEL1 分支程序
        AJMP    LABEL2              ;转 LABEL2 分支程序
        AJMP    LABEL3              ;转 LABEL3 分支程序
```

第四条指令（SJMP）叫短转移指令，是无条件相对转移指令，为两字节指令，指令的操作数是相对地址。该指令执行后，程序便转移到当前 PC 值与 rel 值之和所指示的地址单元，其执行过程可参看前面的相对寻址方式部分。

MCS-51 单片机的指令系统中没有停机指令，但在程序中，为等待中断或程序结束，需要使程序"原地踏步"，通常可用 SJMP 指令来完成，即反复让 CPU 执行 SJMP 指令，这就是"动态停机"，若有中断发生，或者 CPU 复位，就可脱离该状态。

例如，HERE：SJMP HERE

或　　　SJMP $

2. 条件转移指令（10 条）

在多数情况下，程序的转移是有条件的，由条件转移指令来实现。根据给定的条件进行检测，若条件得到满足，则程序转向指定的目标地址去执行；否则，不转移，继续往下执行程序。这类条件转移指令都是相对转移指令，其转移的范围是以转移指令的下一条指令的第一个字节地址为起始地址的 -128～+127 个字节内。

下面按不同的检测条件分四种情况加以介绍。

1）判 0 转移指令

```
        JZ      rel
        JNZ     rel
```

由前述可知，PSW 中未定义"0"标志位，但 MCS-51 单片机设定了可直接根据累加器 A 的内容是否为"0"的条件判断转移指令，与通用 CPU 中设定"0"标志位的效果是一样的。

上述两条指令都是对累加器 A 的内容进行检测，根据 A 中的内容是否为"0"来决定程序是否转移，指令执行后，A 的内容不变。指令执行过程如图 3.3.2 所示。

例 3.3.11　有一数据块存放起始地址为 DATA1 的片外 RAM 区，数据块以"0"为结束标志，要求将其传送到以 DATA2 为起始地址的片内 RAM 区，编写程序。

解　　MOV　DPTR,#DATA1　　　　;设置片外 RAM 数据块地址指针
　　　　　MOV　R0,#DATA2　　　　　;设置片内 RAM 数据块地址指针

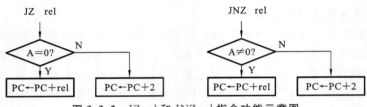

图 3.3.2　JZ rel 和 JNZ rel 指令功能示意图

```
LOOP: MOVX  A,@DPTR            ;取数
      JZ     DONE              ;检测是否为0? 为0,转 DONE
      MOV    @R0,A             ;不为0,传送
      INC    DPTR              ;修改地址指针
      INC    R0
      AJMP   LOOP
DONE: SJMP   $
```

2) 判 C_Y 转移指令

　　　JC　　rel

　　　JNC　　rel

这两条指令是以 PSW 中的进位标志 C_Y 作为检测条件,根据 C_Y 标志的情况来决定程序是否转移。指令执行过程如图 3.3.3 所示。

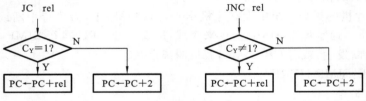

图 3.3.3　JC rel 和 JNC rel 指令功能示意图

C_Y 也是布尔(位)处理器的累加器,所以也可以作为位处理 C_Y 转移指令,用于位处理方式。

3) 比较转移指令

　　　CJNE　　A,direct,rel

　　　CJNE　　A,# data,rel

　　　CJNE　　Rn,# data,rel

　　　CJNE　　@Ri,# data,rel

这四条指令有两个操作数:第一个操作数可能是累加器 A,或工作寄存器 Rn,或寄存器间接寻址的片内 RAM 单元;第二个操作数可能是立即数,或直接寻址的片内 RAM 单元。指令的功能是,比较两个操作数是否相等,同时影响 C_Y 标志,为进一步判断两个操作数的大小准备条件。如果它们的值不相等,则程序转移,转移的目标地址是 PC+rel;如果它们的值相等,则不转移,程序继续往下(PC+3)执行。若第一操作数大于第二操作数,则 $C_Y=0$;若第一操作数小于第二操作数,则 $C_Y=1$。指令执行不影响任何一个操作数的内容。指令执行过程如图 3.3.4 所示,图中 S1、S2 分别表示第一操作数和第二操作数。

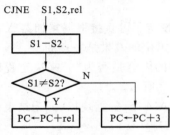

图 3.3.4　CJNE S1,S2,rel
指令功能示意图

CJNE 是三字节指令,指令汇编后的机器语言格式如下:

操作码　data　rel−3

例如,指令 CJNE A,#45H,40H

　　　　　机器代码　B4 45 3D

注意,三字节相对转移指令的偏移量计算规则如下。

向后转移　　　　　　　　偏移量=目的地址−(源地址+3)

向前转移　　　　　　　　偏移量=(目的地址+0100H)−(源地址+3)

例 3.3.12　已知程序段如下,试计算偏移量 disp。

地址	机器码	源程序
2000H	B4 80 disp	CJNE A,#80H,ADDR
⋮	⋮	⋮
2006H	24 38　ADDR:	ADD A,#38H

解　目的地址大于源地址,这是向后转移的情况,所以

$$disp=2006H−(2000H+3)=03H$$

例 3.3.13　已知程序段如下,试计算偏移量 disp。

地址	机器码	源程序
204DH	24 0F　ADDR:	ADD A,#0FH
⋮	⋮	⋮
205DH	B4 80 disp	CJNE A,#80H,ADDR

解　目的地址小于源地址,这是向前转移的情况,所以

$$disp=(204DH+0100H)−(205DH+3)=EDH$$

4) 循环转移指令

　　DJNZ　Rn,rel

　　DJNZ　direct,rel

这是两条控制循环转移指令。在实际应用中,经常需要多次重复执行某段程序。在程序设计时,可以设置一个计数器,计数器的值就是要重复执行的次数,每执行一次某段程序,计数器值减 1;若计数器值不为 0,则循环转移继续执行,直到计数器值减到 0 为止,循环转移结束。上述 DJNZ 指令可实现这一要求。指令执行示意图如图 3.3.5 所示。上面第二条指令是三字节指令,其汇编后机器语言格式与 CJNE 指令相同。

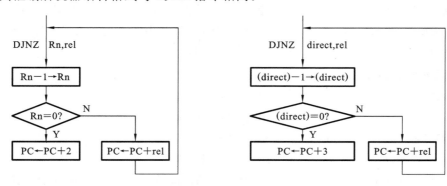

图 3.3.5　DJNZ 指令功能示意图

注意,使用 DJNZ 指令前,应将循环次数赋值给计数器,即预置到工作寄存器或片内 RAM

直接地址单元中,然后再执行需要循环的某段程序和 DJNZ 指令。

例 3.3.14　累加器 A 的内容由 0 递增,加到 100,其结果存在累加器 A 中,试编写该程序。

解　程序如下:

地　址	机器码	源程序	
2000H	E4	CLR A	;A 清零
2001H	75 50 64	MOV 50H,#64H	;设循环次数
2004H	04	L1:INC A	;累加
2005H	D5 50 FC	DJNZ 50H,L1	;不为 0,转 L1
		⋮	;否则,顺序执行

3.3.4.2　调用子程序及返回指令

1. 调用子程序指令(2 条)

LCALL　addr16　　　　　;PC←PC+3,SP←SP+1,(SP)←$PC_{7\sim0}$

　　　　　　　　　　　　SP←SP+1,(SP)←$PC_{15\sim8}$,PC←addr16

ACALL　addr11　　　　　;PC←PC+2,SP←SP+1,(SP)←$PC_{7\sim0}$

　　　　　　　　　　　　SP←SP+1,(SP)←$PC_{15\sim8}$,$PC_{10\sim0}$←addr11

在程序设计时,为了避免重复性的编程,通常需要把一些重复的操作或运算编成子程序独立出来以供调用。原来的程序称为主程序,主程序可以调用子程序。能实现这种调用功能的指令称调用指令。子程序执行完后,需返回到主程序原断口地址处(或返回地址)继续执行主程序,这一操作过程是通过子程序返回指令来实现的。

上述第一条指令 LCALL 为长调用指令,addr16 是子程序入口地址。执行时,先将断口地址(调用指令下面一条指令的地址)压入堆栈,然后将子程序入口地址装入 PC,CPU 转去执行子程序。

由于该指令提供了 16 位的子程序入口地址 addr16,所以可调用 64 KB 范围内所指定的子程序。

注意,这条 LCALL 指令为三字节指令,其汇编后机器语言格式为

$$12\quad addr15\sim8\quad addr7\sim0$$

即紧接操作码 12H 后,16 位地址先高位后低位,按顺序排列。

上述第二条指令 ACALL 为短调用指令(双字节指令),其执行过程类似于 LCALL 指令。但是,由于指令只提供了 11 位子程序入口地址,因此,被调用的子程序入口地址必须与调用指令 ACALL 的下一条指令的第一个字节在相同的 2 KB 存储区内。

2. 返回指令(2 条)

RET　　　　　　　;$PC_{15\sim8}$←(SP),SP←SP-1

　　　　　　　　　;$PC_{7\sim0}$←(SP),SP←SP-1

RETI　　　　　　;$PC_{15\sim8}$←(SP),SP←SP-1

　　　　　　　　　;$PC_{7\sim0}$←(SP),SP←SP-1

第一条指令是子程序返回指令。指令的功能是,将堆栈内的断口地址弹出送入 PC,使CPU 返回到原断口地址处,继续执行原程序。

第二条指令是中断返回指令。这条指令除了执行 RET 指令的功能外,还清除内部相应

的中断状态寄存器(该寄存器由 CPU 响应中断时置位)的内容。它只能用于中断服务程序,RETI 与 RET 不能互换使用。

返回指令只能置于子程序或中断服务程序的末尾,表示子程序或中断服务程序的结束。

3.3.4.3　空操作指令(1 条)

NOP　　　　　　　　;PC←PC+1

这是一条单字节指令。执行时,不作任何操作(即空操作),仅将程序计数器 PC 的内容加1,使 CPU 指向下一条指令继续执行程序。这条指令常用于产生一个机器周期的延迟或在程序中补空,便于程序调试时指令的增删。

3.3.5　位操作类指令

MCS-51 单片机从硬件到软件构成了完整的按位操作的布尔处理器,或称位处理器。它与一般微处理器的主要区别在于:CPU 不是以字节或字而是以位作为处理对象进行操作的。进行位操作时,以进位标志 C_Y 作为位累加器,具有一套按位处理指令集,包括位数据传送、位逻辑运算和位条件控制转移等指令。

在 MSC-51 单片机内部数据存储器中,有两部分按位寻址的存储地址空间:一部分是片内 RAM 的 20H~2FH 共 16 个字节单元 128 位,其位地址为 00H~7FH,各位地址相应于从20H 字节单元的最低位开始,到 2FH 字节单元的最高位,顺序排列(见表 3.2.1);另一部分是特殊功能寄存器区中,字节地址能被 8 整除的专用寄存器也具有位地址,其位地址从 80H~F7H,中间有极少数位未被定义,不能按位寻址(见表 2.5.3)。

在汇编语言中,位地址的表达方式有下述几种。

(1) 直接用位地址表示。

例如,D4H,2FH。

(2) 用点操作符号表示。点操作符(即"."）的前面部分是字节地址或是可位寻址的专用寄存器,其后面部分的数字表示它们的位。

例如,(D0H).4,PSW.4。

(3) 寄存器的位定义名称。

例如,RS1,OV。

(4) 用户定义的位符号地址。

例如,L1 BIT PSW.4,即将 PSW.4 定义为位符号地址 L1,经定义后,允许在指令中用 L1代替 PSW.4。

位操作类指令共 17 条,下面分别加以介绍。

3.3.5.1　位数据传送指令(2 条)

MOV　C,bit　　　;C_Y←(bit)

MOV　bit,C　　　;(bit)←C_Y

第一条指令的功能是将位地址中的 1 位二进制数送入位累加器 C_Y 中;第二条指令的功能则是将位累加器 C_Y 的内容传送到指定的位地址。注意,这种位数据传送指令必须通过位累加器 C_Y 来实现,也就是说,其中一个操作数必须是位累加器 C_Y,另一个操作数可以是任何直接寻址的位。

例如,已知片内 RAM(20H)=8AH=10001010B,P1 口输出的数据为 0110 0110B,执行

下列程序：

```
MOV   C,07H          ;CY←(20H).7
MOV   P1.7,C         ;P1.7←CY
```

结果：$C_Y=1$，$P1.7=1$。

3.3.5.2　位状态修改指令(6 条)

```
CLR   C              ;CY←0
CLR   bit            ;(bit)←0
CPL   C              ;CY←C̄Y
CPL   bit            ;(bit)←(bit̄)
SETB  C              ;CY←1
SETB  bit            ;(bit)←1
```

这组指令的功能是对位累加器 C_Y 或直接寻址的位分别进行清 0、取反、置 1，操作不影响其他标志位。

3.3.5.3　位逻辑运算指令(4 条)

```
ANL   C,bit          ;CY←CY∧(bit)
ANL   C,/bit         ;CY←CY∧(bit̄)
ORL   C,bit          ;CY←CY∨(bit)
ORL   C,/bit         ;CY←CY∨(bit̄)
```

这组指令的功能是，把位累加器 C_Y 的内容及直接指定的位地址的内容分别逻辑与、逻辑或，运算结果存于 C_Y 中。指令中的“/”表示对该位地址内容取反后(不改变位地址原内容)再参与运算。

例如，设 $P1.0=1$，$ACC.7=1$，$OV=0$，执行下列程序：

```
MOV   C,P1.0         ;CY←1
ANL   C,ACC.7        ;CY←1∧1
ANL   C,/OV          ;CY←1∧0̄
```

结果：$C_Y=1$。

例 3.3.15　用位操作指令实现异或函数 $F=M\oplus N$。

解　MCS-51 的位操作指令中，没有位的异或运算，根据

$$F=M\oplus N=M\bar{N}+\bar{M}N$$

可以用位与、位或指令实现异或运算。

设 F、M、N 均为定义过的位地址，程序如下：

```
MOV   C,M
ANL   C,/N           ;CY←MN̄
MOV   F,C
MOV   C,N
ANL   C,/M           ;CY←M̄N
ORL   C,F            ;CY←MN̄+M̄N
MOV   F,C            ;F=MN̄+M̄N
```

例 3.3.16　编一程序，实现图 3.3.6 所示的逻辑功能。设输入变量 U、V 分别是 P1.1、

P2.2 的输入状态,W 是(20H).0 位的变量,输出 Y 为 P3.3。

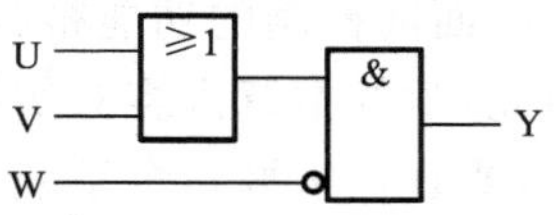

图 3.3.6　例 3.3.16 图

解　程序如下:

```
U    BIT P1.1              ;定义位符号地址
V    BIT P2.2
W    BIT (20H).0
Y    BIT P3.3
     MOV C,U
     ORL C,V               ;C_Y←U∨V
     ANL C,/W              ;C_Y←(U∨V)∧W̄
     MOV Y,C               ;Y←(U∨V)∧W̄
```

结果:$Y=(U+V)\cdot\overline{W}$,经 P3.3 输出。

3.3.5.4　位条件转移指令(3 条)

```
JB    bit,rel    ;若(bit)=1,则 PC←PC+rel;否则,PC←PC+3
JNB   bit,rel    ;若(bit)=0,则 PC←PC+rel;否则,PC←PC+3
JBC   bit,rel    ;若(bit)=1,则 PC←PC+rel,(bit)←0;否则,PC←PC+3
```

上述 3 条指令均为相对转移指令,都是三字节指令。它们的功能是,分别检测指定位是 1 还是 0,若条件符合,则 CPU 转向指定的目标地址去执行程序;否则,顺序执行下条指令。前两条指令操作时,不影响位地址内容;第三条指令不论条件满足与否,位检测后,将使位地址内容清 0。

上述指令汇编后机器语言的格式以及偏移量的计算方法与前面三字节的相对转移指令相同。

例 3.3.17　已知片外 RAM 2000H 单元为起始地址的一个数据缓冲区,以回车符(0DH)为结束标志,试编程把正、负数分别送入片内 RAM 30H 和 50H 开始的存储区。

```
解        MOV     DPTR,#2000H        ;置缓冲区地址指针
          MOV     R0,30H             ;置正数区地址指针
          MOV     R1,#50H            ;置负数区地址指针
NEXT:     MOVX    A,@DPTR            ;取数
          CJNE    A,#0DH,COMP
          SJMP    DONE
COMP:     JB      ACC.7,LOOP         ;为负数,则转 LOOP
          MOV     @R0,A              ;为正数,送正数区
          INC     R0
          INC     DPTR
          SJMP    NEXT
LOOP:     MOV     @R1,A              ;送负数区
          INC     R1
          INC     DPTR
          SJMP    NEXT
DONE:     SJMP    $
```

通过本章介绍,可以看出,MCS-51 具有丰富功能的指令系统,它集中反映了 MCS-51 是

一个面向控制的功能很强的单片微型机。掌握指令系统,是熟悉和应用单片机的软件基础。因此,学好本章内容对实际应用单片机,充分发挥 MCS-51 单片机的功能是非常重要的。但是,要真正掌握指令系统,一方面必须与单片机的硬件结构结合起来学习,另一方面要结合实际问题多做程序分析和进行简单的程序设计及调试,才能收到应有的效果。

习　题

3.1 什么是指令? 什么是指令系统? 什么是寻址方式?

3.2 试简述 MCS-51 的寻址方式。访问特殊功能寄存器(SFR)和片外数据存储器时各应选用什么寻址方式?

3.3 MCS-51 的指令系统可分为哪几类指令? 试说明各类指令的主要功能。

3.4 试说明下段程序中各指令的作用,并翻译成机器码。当程序段执行完后,R0 中的内容是什么?

```
MOV    R0,#0A7H
XCH    A,R0
SWAP   A
XCH    A,R0
```

3.5 试用三种方法编程实现累加器 A 与寄存器 B 的内容交换。

3.6 已知:A=0C9H,B=8DH,C_Y=1。

执行　ADDC　A,B　结果 A=? C_Y=?

执行　SUBB　A,B　结果 A=? C_Y=?

3.7 试说明压入堆栈操作指令和弹出堆栈操作指令的作用及执行过程。

3.8 设 SP=32H,片内 RAM 的 30H~32H 单元内容分别为 20H、23H、01H。试问执行下列指令后,堆栈指针 SP=? DPH=? DPL=? A=?

```
POP   DPH
POP   DPL
POP   ACC
```

3.9 在中断响应时,SP=09H,数据指针 DPTR=1234H,执行下列指令后,堆栈内容如何? SP=?

```
PUSH   DPL
PUSH   DPH
```

3.10 试用三种方法将累加器 A 中无符号数乘2。

3.11 试分析下面程序段执行后,A=? (30H)=?

```
MOV    30H,#0A4H
MOV    A,#0D6H
MOV    R0,#30H
MOV    R2,#5EH
ANL    A,R2
ORL    A,@R0
SWAP   A
```

```
            CPL      A
            XRL      A,#0FEH
            ORL      30H,A
```

3.12 下述程序执行后,SP=? A=? B=?

```
    2000H            MOV      SP,#40H
    2003H            MOV      A,#30H
    2005H            LCALL    SUBR
    2008H            ADD      A,#10H
    200AH            MOV      B,A
    200BH   L1:      SJMP     L1
    200EH   SUBR:    MOV      DPTR,#200AH
    2011H            PUSH     DPL
    2013H            PUSH     DPH
    2015H            RET
```

3.13 两个 4 位 BCD 码数相加,设被加数和加数分别存于片内 RAM 的 40H~41H、45H~46H 单元中,其和存于 50H、51H 单元中(均是低位在前,高位在后),试编写程序。

3.14 试编写程序,将片内 RAM 中 45H 单元内容的高 4 位清"0",低 4 位置"1"。

3.15 试编写程序,将片外 RAM 中 2100H 单元内容的奇数位变反,偶数位不变。

3.16 试说明 LJMP addr16 和 AJMP addr11 的区别。

3.17 试说明 LCALL addr16 和 ACALL addr11 的区别。

3.18 已知 JZ 50H 指令的地址为 0150H,试问该指令的相对地址 rel 和偏移量各是多少? 设 A=0,则指令执行后,转移的目标地址为多少?

3.19 若 A=80H,指令 CJNE A,#8DH,-50H 的第一个字节地址为 0150H,试问指令执行后,转移的目标地址为多少?

3.20 设 P1 口的原始输出内容为 10101101B,执行指令:

```
            CPL   P1.1
            CPL   P1.3
```

试问 P1 口的输出内容是什么?

3.21 试举例说明运用"与""或""异或"指令对字节内容进行修改的各种方法。

3.22 把累加器 A 中的内容与立即数 24H 相加,若结果不等于 80H,则程序跳转 8 个字节后继续执行,否则顺序执行,试编写程序。

3.23 阅读下列程序,问执行后,(40H)=? (41H)=?

```
            CLR      C
            MOV      A,#56H
            SUBB     A,#0F8H
            MOV      40H,A
            MOV      A,#78H
            SUBB     A,#0EH
            MOV      41H,A
```

3.24 设 R0=20H,R1=25H,(20H)=80H,(21H)=90H,(22H)=A0H,(25H)=A0H,

(26H)＝6FH,(27H)＝76H,下列程序执行后,结果如何?

```
              CLR    C
              MOV    R2,# 3
    LOOP：    MOV    A,@R0
              ADDC   A,@R1
              MOV    @R0,A
              INC    R0
              INC    R1
              DJNZ   R2,LOOP
              JNC    NEXT
              MOV    @R0,# 01H
              SJMP   $
    NEXT：    DEC    R0
              SJMP   $
```

3.25 设片内 RAM (30H)＝0EH,执行下面程序后,A＝? 指出该程序的功能。

```
    MOV   R0,# 30H
    MOV   A,@R0
    RL    A
    MOV   B,A
    RL    A
    RL    A
    ADD   A,B
```

3.26 执行下面程序,写出实现的逻辑表达式。

```
    MOV   C,P1.0
    ORL   C,P1.1
    ANL   C,P1.2
    MOV   F0,C
    MOV   C,P1.3
    ORL   C,/P1.4
    ANL   C,F0
    MOV   P1.5,C
```

3.27 试编写程序求片内 RAM 30H、31H 单元内两数差的绝对值,并把结果存入 30H 单元。

3.28 用两种方法比较片内 RAM 40H、50H 单元中无符号数的大小,若 40H 中的数小,则使 F0 标志置 1;否则,F0 置 1,试编写程序。

自 测 题

3.1 填空题

1. 在直接寻址方式中,只能使用_____位二进制数作为直接地址,因此其寻址对象只限于_____。

2. 在寄存器间接寻址方式中,其"间接"体现在指令中寄存器的内容不是操作数,而是操作数的_____。

3. 在变址寻址方式中,以_____作变址寄存器,以_____或_____作基址寄存器。

4. 在相对寻址方式中,寻址得到的结果是_____。

5. 执行下列程序后 $C_Y=$_____, $OV=$_____, $A=$_____。

```
MOV   A,#56H
ADD   A,#74H
ADD   A,ACC
```

6. 设 SP=60H,内部 RAM 的 (30H)=24H,(31H)=10H,在下列程序注释中填写执行结果。

```
PUSH   30H    ;SP=_____,(SP)=_____
PUSH   31H    ;SP=_____,(SP)=_____
POP    DPL    ;SP=_____,DPL=_____
POP    DPH    ;SP=_____,DPH=_____
MOV    A,#00H
MOVX   @DPTR,A
```

最后执行结果是_____。

7. 设 A=83H,R0=17H,(17H)=34H,执行以下程序后,A 的内容为_____。

```
ANL   A,#17H
ORL   17H,A
XRL   A,@R0
CPL   A
```

8. 试写出下列指令的源操作数的寻址方式:

```
MOV    A,#80      _____
MOVX   A,@DPTR    _____
CLR    C          _____
MOVC   A,@A+DPTR  _____
```

9. 标号 START 的地址为 0100H,相对地址 rel 为 7EH,累加器 A=60H,执行指令

　　START:CJNE A,#60,7EH

该指令的第三字节内容为_____,指令执行后,转移的目的地址为_____。

10. 已知 A=30H,执行指令

　　　1000H   MOVC   A,@A+PC

后,把程序存储器_____H 单元的内容送给_____。

3.2 选择题(在各题的 A、B、C、D 四个选项中,选择一个正确的答案)

1. 下列各项中不能用来对内部数据存储器进行访问的是(　　)。

　　A. 数据指针 DPTR　　　　　　　　　B. 按存储单元地址或名称

　　C. 堆栈指针 SP　　　　　　　　　　D. 由 R0 或 R1 作间址寄存器

2. 执行返回指令时,返回的断点是(　　)。

　　A. 调用指令的首地址　　　　　　　　B. 调用指令的末地址

　　C. 调用指令下一条指令的首地址　　　D. 返回指令的末地址

3. 设 ROM、内部 RAM、外部 RAM 各有关单元的内容如图所示,DPTR＝0,试问执行下列程序后,A 的内容为(　　)。

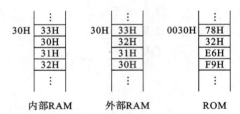

	内部RAM		外部RAM		ROM

```
内部RAM        外部RAM         ROM
30H  33H     30H  33H     0030H  78H
     30H          32H            32H
     31H          31H            E6H
     32H          30H            F9H
```

```
ORG    0030H
MOV    R0,#32H
MOV    A,@R0
MOV    R1,A
MOVX   A,@R1
MOVC   A,@A+DPTR
```

A. 31H　　　　　　　B. 32H　　　　　　　C. E6H　　　　　　　D. 30H

3.3　程序改错题(下列程序段中均有错,在错误语句前画"×",并在其右边改正)

1. 将外部数据存储器 0050H 的低 4 位取反,高 4 位不变。

```
MOV    DPTR,#0050H
MOV    A,@DPTR
XRL    A,#0F0H
MOV    @DPTR,A
RET
```

2. 当内部数据存储器(20H)单元的 $D_2D_1D_0$＝111 时转 LP1,否则转 LP2。

```
MOV    A,20H
ANL    A,07H
CJNE   A,07H,LP1
AJMP   LP2
RET
```

3. 将内部数据存储器 20H 单元和 30H 单元的内容相交换。

```
MOV    SP,#0100H
PUSH   30H
PUSH   20H
POP    20H
POP    30H
RET
```

第4章 汇编语言程序设计

在微机应用系统的设计和开发中,主要工作集中在接口设计和程序设计两个方面,而汇编语言程序设计是开发单片机应用系统软件的关键。本章着重介绍 MCS-51 单片机汇编语言及其程序设计的一些基本方法,并列举一些典型的汇编语言程序实例,作为读者设计程序的参考。

4.1 汇编语言的基本概念

4.1.1 程序设计语言

用于编制计算机程序的语言称为程序设计语言。它们按照语言的结构及其功能可以分为三种:机器语言、汇编语言、高级语言。

4.1.1.1 机器语言

机器语言是用二进制代码 0 和 1 表示指令和数据的最原始的程序设计语言。机器语言直接取决于计算机的结构,计算机能直接识别和执行机器语言程序,响应速度最快,但用机器语言编写的程序烦琐、难认、难记、易错。

4.1.1.2 汇编语言

汇编语言是一种符号语言。在汇编语言中,指令用助记符表示,地址、操作数可用标号、符号地址及字符等形式来描述。汇编语言有以下特点:

(1)指令容易理解、记忆,用汇编语言编写的程序可读性好。

(2)汇编语言指令与机器语言指令一一对应,用它编写的程序能最有效地利用存储空间。

(3)指令直接访问 CPU 的寄存器、存储单元和 I/O 端口,可以充分发挥 CPU 的功能,满足实时控制的要求。

(4)汇编语言是面向机器的语言,对使用者来说,必须对机器的硬件结构、指令系统都要熟悉,所以掌握起来不太容易。此外,汇编语言程序的通用性差,程序不能移植。

下面介绍几个与汇编语言相关的术语。

汇编语言源程序:用汇编语言编写的程序称为汇编语言源程序,简称源程序。计算机不能直接识别和执行源程序。

目标程序:计算机能直接识别和执行的机器码程序,称为目标程序。

汇编(过程):将汇编语言源程序翻译成机器码目标程序的过程,称为汇编过程,或简称汇编。

手工汇编与机器汇编:前者是指人工汇编;后者是指由计算机汇编。

汇编程序:它是计算机的系统软件之一,用于把汇编语言源程序翻译成目标程序,它的功能如图 4.1.1 所示。

由上述可知,用汇编语言编写的源程序,必须先通过汇编翻译成目标程序,再送入计算机中,以便执行。

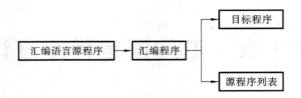

图 4.1.1　汇编程序功能

4.1.1.3　高级语言

高级语言是以接近于人的常用语言形式编写程序的语言总称,它是一种面向过程而独立于机器的通用语言。用高级语言编写程序与人们通常解题的步骤比较接近,而且不依赖于计算机的结构和指令系统。

用高级语言编写的源程序,必须经编译程序或解释程序进行翻译生成目标程序,机器才能执行。

高级语言的特点是简短、易学、易懂,编程快,具有通用性,便于移植到不同机型。但是,高级语言的编译或解释程序使系统开销大,生成的目标程序占存储单元多,执行时间长。同时,目前用高级语言处理接口技术和中断技术还比较困难,所以,它不适合于实时控制。

综上所述,三种语言各有特点,采用何种程序设计语言,这取决于机器的使用场合和条件。在单片机应用中,一般使用汇编语言编写程序。因此,要想很好地掌握和应用单片机,就必须学会和掌握汇编语言。

4.1.2　汇编语言的语句结构

4.1.2.1　汇编语言的指令类型

MCS-51 单片机汇编语言,包含两类不同性质的指令。

(1) 基本指令:即指令系统中的指令。它们都是机器能够执行的指令。

(2) 伪指令:汇编时用于控制汇编的指令。它们都是机器不能够执行的指令。

4.1.2.2　汇编语言的语句格式

汇编语言源程序是由汇编语句(即指令)组成的。汇编语句一般由四部分组成,每一部分称为一段。其典型的汇编语句格式如下:

　　标号:　　操作码　　　　操作数　　　;注释
如　START:MOV　　　　　A,#30H　　;A←30H

各段之间必须用定界符隔开,即在标号之后要加冒号":",指示标号段的结束;在操作码段与操作数段之间要有空格间隔;在操作数内部要用逗号","将源操作数和目的操作数隔开;在注释段之前要加一分号";",若注释较长,需要换行时,也必须以分号";"开始,机器对分号后面的内容不进行汇编。

下面分别解释各段的含义。

1. 标号段

标号是用户给指令语句设定的一个符号,汇编时,汇编程序将把标号所指的指令机器码第一字节的存储单元地址赋值给该标号,于是,标号便可作为地址或数据在其他指令的操作数段中引用。

标号是以字母开头的 1～8 个字母或数字串组成,汇编时,超过的部分被截断而无效。注意,标号必须以字母开头,不能使用指令助记符、伪指令或寄存器名来作标号,标号不能重复定义。

标号是任选的,并非所有指令语句都要一个标号,只是在程序调用或转移指令所需要的地方才设置标号。采用标号便于查找、记忆和修改程序。建议使用能说明程序段功能的标号。

2. 操作码段

操作码指出指令操作的性质或控制要求,这是不可缺省的部分。该段可以是指令助记符或伪指令助记符。

3. 操作数段

操作数是指令操作码操作的对象,它是参加操作的数或是操作数据所在的地址。它的形式与 CPU 的指令形式有关,MCS-51 单片机指令的操作数有三种类型的信息:立即数(8 位或16 位)、寄存器和地址。表示这些信息的方法有多种:寄存器名、二进制数(B)、十六进制数(H)、十进制数(D 或无字尾)、PC 现行值($)、ASCII 码(' ')、已赋值的符号名、指令的标号以及表达式。顺便指出,为了区分数字和字符串,规定凡数字必须以 0～9 开头,所以对十六进制数,在非 0～9 开头的数字前需要冠以数字 0。例如,MOV A,# 0A 4H。

4. 注释段

程序应具有可读性。为了便于阅读和交流,常常对源程序进行注释,简明扼要地说明程序段或关键指令的作用,一般只在程序关键处加注释。良好的注释,是编写汇编语言程序的一个重要部分。

汇编时,对于注释部分不予理会,它不会被翻译成机器码;汇编后的程序清单将注释原样列出。注意:注释前必须加分号";",如果注释的内容超过一行,则换行后前面还要加上分号。另外,注释也可从一行的最前面开始。

4.1.3　伪指令

伪指令是非执行指令,它只是在对源程序进行汇编的过程中起某种控制作用。例如,设置目标程序或数据存储区的起始地址,给程序分配一定的存储单元、定义符号,判断源程序是否结束等。伪指令汇编后不产生目标代码,它不影响程序的执行,所以有伪指令之称。下面介绍常用的伪指令。

1. ORG(origin)

ORG 是起点,用来设定程序或数据存储区的起始地址。它的格式如下:

　　　　ORG　　　16 位地址

例如,　　　　　　ORG 2000H

　　　　START：MOV A,# 40H

上例说明程序的起始地址是 2000H,第一条指令就从 2000H 开始存放。在一个源程序中,可以多次使用 ORG 指令,以规定不同程序段的起始位置,但所规定的地址应是从小到大,不允许有重叠,即不同的程序段之间不能有重叠。若 ORG 指令不带操作数,则汇编后目标程序的起始地址为 0000H。

2. END

END 是汇编语言源程序结束的伪指令,表示源程序结束。在 END 以后所写的指令,汇编程序都不予处理。一个源程序只能有一条 END 指令,放在程序的末尾。

3. EQU(equate)

EQU 是赋值(或等值)指令。它的作用是,把操作数段中的地址或数据赋值给字符名称。经赋值后的字符名称,其值在整个程序中不改变,且可多次使用。它的格式如下:

　　　　字符名称　EQU　　数或汇编符号

注意,字符名称不同于标号,所以在字符名称与 EQU 之间不能用";"来作为分隔符。

　　例如,　COUNT　EQU 16H　　　　　　　　;COUNT＝16H
　　　　　ADDR　　EQU 3000H　　　　　　　　;ADDR＝3000H
　　　　　　　　　MOV A,COUNT　　　　　　　　;A＝(16H)

这里,COUNT 赋值以后,当做直接地址使用,而 ADDR 被定义为 16 位地址。注意,使用 EQU 指令时,必须先赋值,后使用;而不能先使用,后赋值。

4. DB(define byte)

DB 是定义字节数据。它的作用是,从指定的地址单元开始,定义(存储)若干个字节的数据或 ASCII 码字符,常用于定义数据常数表。它的格式如下:

　　　　〔标号:〕　DB　　字节常数表

其中,方括号的内容是任选项。

　　例如,　　　　　　　ORG 2000H
　　　　　　TAB:　DB 14H,26,'A'
　　　　　　　　　DB 0AFH,'BC'

汇编结果:(2000H)＝14H　(2001H)＝1AH
　　　　　(2002H)＝41H　(2003H)＝AFH
　　　　　(2004H)＝42H　(2005H)＝43H

5. DW(define word)

DW 定义字数据。它的功能是,从指定的地址单元开始,定义(存储)若干个字数据,常用于定义地址表。它的格式如下:

　　　　〔标号:〕　DW　　字常数表

一个字占两个存储单元,其中高字节数存入低位地址,低字节数存入高位地址,即顺序存放。

　　例如,　　　　　　　ORG 2000H
　　　　　　TAB:　DW　7423H,00ABH,20

汇编结果:(2000H)＝74H　(2001H)＝23H
　　　　　(2002H)＝00H　(2003H)＝ABH
　　　　　(2004H)＝00H　(2005H)＝14H

6. DS(define store)

DS 是定义存储区。它的功能是,从指定的地址开始,保留一定数量的内存单元,以备程序使用。其区域的大小由指令的操作数确定。它的格式如下:

　　　　〔标号:〕　DS　　表达式

其中,表达式一般是数值,即要保留的内存单元个数。

　　例如,　　　　　　ORG　　1000H

```
        DS      5
        DB      23H
```

汇编结果：从地址 1000H 开始，保留 5 个字节的内存单元，而（1005H）＝23H。

7. BIT

BIT 是位地址符号指令。它的作用是，把位地址赋给所规定的字符名称，常用于定义位符号地址。其格式如下：

```
        字符名称    BIT     位地址
例如，  AA         BIT     P1.0
        BB         BIT     P2.0
```

汇编后，把位地址 P1.0、P2.0 分别赋给变量 AA 和 BB，在程序中它们就是位地址了。

8. DATA

DATA 是数据地址赋值指令。它的功能是，将数据地址或代码地址赋给所规定的字符名称。其格式如下：

```
        字符名称   DATA   表达式
例如，    MN       DATA   1000H
```

汇编后，MN 的值为 1000H。

伪指令 DATA 与 EQU 的主要区别在于：用 DATA 定义的标识符在汇编时作为标号登记在符号表中，所以可以先使用后定义，而 EQU 定义的标识符在汇编时不登记在符号表中，因此必须先定义后使用。

DATA 指令在程序中常用来定义数据地址。

上面介绍了 MCS-51 单片机汇编语言中常用的伪指令。在编写汇编语言源程序时，必须严格按照汇编语言的规范书写。

4.1.4　单片机汇编语言源程序的编辑和汇编

4.1.4.1　手工编程和汇编

对于单片机的简单应用程序，通常采用手工编程，然后将源程序经手工汇编、翻译成机器码程序，由键盘输入，进行调试、运行。手工汇编的要点是：

（1）查指令表，逐条将指令助记符翻译成相应的机器代码；

（2）分配地址；

（3）计算相对转移指令的偏移量，并填入相应的地址单元。

例如，手工汇编下面源程序：

```
地址        机器码              源程序
                               ORG   1000H
1000H       7820               MOV   R0,#20H
1002H       E6                 MOV   A,@R0
1003H       B40002             CJNE  A,#0,LOOP
1006H       80FE       HERE：   SJMP  $
1008H       E4         LOOP：   CLR   A
1009H       08         NEXT：   INC   R0
```

100AH	26	ADD	A,@R0
100BH	D520FB	DJNZ	20H,NEXT
100EH	F530	MOV	30H,A
1010H	80F4	SJMP	HERE

手工汇编需逐条查指令表,十分烦琐。此外,手工编程一般是按绝对地址定位,所以手工汇编时要根据相对转移的目的地址计算相对转移指令的偏移量,而且若遇增减指令,就会引起各指令地址的改变,相对转移指令的偏移量又得重新计算,很不方便。

4.1.4.2 机器编辑和汇编

机器编辑是指借助于微型机或开发器进行单片机的程序设计,通常都是使用编辑软件进行源程序的编辑。编辑完成后,生成一个由汇编指令和伪指令组成的 ASCII 码文件,其扩展名为".ASM"。然后通过汇编程序对编辑好的源程序进行汇编生成目标程序,再经串行口通信把目标程序传送到单片机系统进行程序调试和运行。

4.2　汇编语言的程序设计举例

4.2.1　汇编语言程序设计步骤

用微机完成某项任务时,往往应根据问题的要求对硬件、软件综合考虑。在总体硬件确定的情况下,程序设计一般可按如下步骤进行。

1. 分析问题

分析问题就是要熟悉和明确问题的要求,明确已知条件以及对运算与控制的要求,准确地规定程序将要完成的任务,建立数学模型。

2. 确定算法

根据实际问题的要求和指令系统的特点,选择解决问题的方法。算法是进行程序设计的依据,它决定了程序的正确性和程序的质量。

3. 设计程序流程图

程序流程图是程序结构的一种图解表示法,它直观、清晰地体现了程序设计思想,是程序结构设计的一种常用工具。

设计程序流程图,是把算法转化成程序的准备阶段。通常在程序较复杂时,都要进行这一步骤。一般流程图符号如图 4.2.1 所示。

4. 分配内存单元

分配内存工作单元,确定程序和数据区的起始地址。

5. 编写汇编语言源程序

根据流程图和指令系统编写源程序。编写源程序时,力求简单明了,层次清晰。

6. 调试程序

源程序编制好以后,必须上机调试。先将源程序通过汇编生成目标程序,并消除语法错误,然后在实用系统上进行联调修改,直至达到预定的要求。

学习汇编语言程序设计的最好方法是,自己编写和调试汇编语言程序。对于初学者来说,

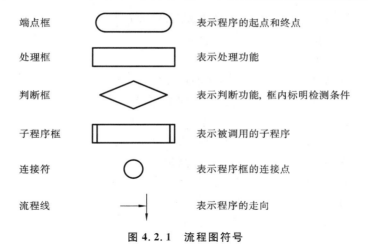

端点框		表示程序的起点和终点
处理框		表示处理功能
判断框		表示判断功能,框内标明检测条件
子程序框		表示被调用的子程序
连接符		表示程序框的连接点
流程线		表示程序的走向

图 4.2.1　流程图符号

多阅读、分析一些典型程序也是很重要的。

在程序设计中,通常按照程序执行的方式分为四种基本结构的程序:顺序程序、分支程序、循环程序和子程序。下面将着重介绍这四种基本结构程序的编写方法,并通过大量典型例题,使读者逐步熟悉和掌握编写程序的基本方法。

4.2.2　顺序程序

顺序程序(又称简单程序)是一种最简单、最基本的程序。它的特点是,程序按编写的顺序依次往下执行每一条指令,直到最后一条。这种程序虽然简单,但它是构成复杂程序的基础。

例 4.2.1　将一个字节内的两位 BCD 码拆开并转换成 ASCII 码,存入 RAM 两个单元中。

解　设 BCD 码在片内 RAM 30H 单元中,转换结果分别存入 31H、32H 单元,顺序存放。

数字 0～9 的 ASCII 码为 30H～39H。若将两位 BCD 码拆开分别放到另两个单元的低 4 位中,然后再加 30H,即可实现 BCD 码到 ASCII 码的转换。程序流程图如图 4.2.2 所示。程序如下:

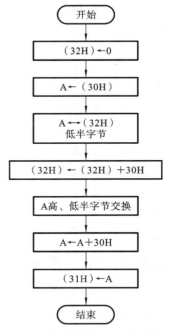

```
ORG    2000H
MOV    R0,#32H
MOV    @R0,#0      ;32H 单元清零
MOV    A,30H       ;取数
XCHD   A,@R0       ;低位数存 32H 单元
ORL    32H,#30H    ;低位转换
SWAP   A
ORL    A,#30H      ;高位转换
MOV    31H,A
END
```

图 4.2.2　BCD 码转换为 ASCII 码的流程图

例 4.2.2　设有两个 4 位 BCD 码,分别存放在片内 RAM 的 50H、51H 单元和 60H、61H 单元中。试编写求这两数之和的程序,结果存放到 40H、41H 单元,数据逆序存放。

　　解　这是多字节 BCD 码相加,先从低位数(本题对应低位地址)开始相加,每进行一次加法运算,需要进行一次 BCD 码调整。程序如下:

```
        ORG     2000H
        MOV     A,50H          ;取一数的低位字节
        ADD     A,60H          ;两数低位字节相加
        DA      A              ;BCD 码修正
        MOV     40H,A          ;存低位结果
        MOV     A,51H          ;取一数的高位字节
        ADDC    A,61H          ;两数高位字节相加
        DA      A              ;BCD 码修正
        MOV     41H,A          ;存高位结果
        SJMP    $
```

　　例 4.2.3　求 16 位二进制数的补码。设 16 位二进制数存放在 R7、R6 中,求补后存入 R7、R6 中。

　　解　求一个二进制数的补码应先根据数的符号位判断其正、负。若为正数,则该数即为补码;若为负数,则需变补。MCS-51 没有变补指令,可用取反加 1 的方法求得。在此,先低位字节变反加 1,然后高位字节变反再加上低位变补后的进位。程序如下。

```
        ORG     2000H
        MOV     A,R7           ;取高位字节
        JB      ACC.7,NEG1     ;为负数,转 NEG1
        SJMP    DONE           ;为正数,转 DONE
NEG1:   MOV     A,R6           ;取低位字节
        CPL     A              ;低位字节求补
        ADD     A,#1
        MOV     R6,A
        MOV     A,R7           ;取高位字节
        CPL     A              ;高位字节求补
        ADDC    A,#0
        ORL     A,#80H         ;恢复负号
        MOV     R7,A
DONE:   RET
        END
```

4.2.3　分支程序

　　实际应用中,常常需要按照不同情况进行不同处理。因而,在程序设计中,经常需要计算机对某种情况进行判断,然后根据判断的结果选择程序执行的流向。根据问题的需要,利用条件转移指令形成不同的程序分支,这就是分支程序。下面首先介绍分支程序的基本形式,然后通过举例说明分支程序的设计方法。

4.2.3.1　分支程序的基本形式

　　分支程序有三种基本形式,如图 4.2.3 所示。

图 4.2.3(a)和(b)所示为两种双向分支情况。其中,图(a)是当条件满足时,执行程序段 S;条件不满足时,则跳过程序段 S。图(b)是当条件满足时,执行程序段 S_1;条件不满足时,则执行程序段 S_2。图(c)是一种多向分支情况,根据给定或计算的 K 值,选择相应的分支。在一个较大的应用程序中,往往包含着许多完成不同任务的程序段,每个程序段可看做一个分支,程序执行过程中根据当前状态而选择下一步应该执行哪一个分支。

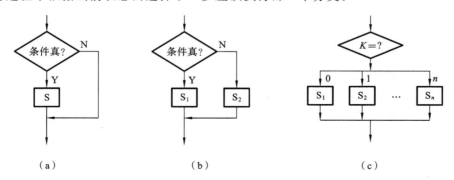

图 4.2.3　分支程序结构

(a) 双向分支之一;(b) 双向分支之二;(c) 多向分支

4.2.3.2　分支程序的设计举例

分支程序主要是用条件转移指令来实现的,因此,设计分支程序的关键是如何判断分支条件。通常,CPU 把标志位状态作为判断的条件,而 MCS-51 单片机是把标志位或累加器 A 或片内 RAM 某位的结果状态作为判断的条件,分支程序的设计要点如下。

(1) 必须先建立可供条件转移指令测试的条件。可以通过算术运算和逻辑运算等影响标志位的指令,设定标志位或累加器 A,或片内 RAM 某位的结果状态。例如,若采用 JNC rel 指令实现分支,则必须事先执行影响 C_Y 的指令。

(2) 正确选用条件转移指令。

此外,为了编程方便,在转移的目的地址处设定标号。

1. 双向分支程序设计举例

例 4.2.4　判断两个单字节无符号数的大小。

设片内 RAM 40H 和 41H 单元各有一个无符号 8 位二进制数(x,y),试编程比较它们的大小,把大数存入 42H 单元。

解　判断两个单字节无符号数(x,y)的大小,先要进行两数比较($x-y$),然后根据 C_Y 标志进行判断:若 $C_Y=1$,则 $x<y$;若 $C_Y=0$,则 $x \geqslant y$。

有两种比较方法:

● 用减法指令(SUBB);

● 用比较指令(CJNE)。

一般选用第二种方法,编程简单。MCS-51 单片机没有单独的比较指令,而是用一条比较转移指令 CJNE,实现两个操作数的比较,并判断它们是否不等,同时影响 C_Y 标志,然后用 JC(或 JNC)条件转移指令判断 C_Y,从而找出两个操作数中的大(或小)数。程序如下:

方法 1　用 SUBB 指令,程序如下:

```
CLR     C
MOV     A,40H
```

```
        SUBB    A,41H
        JNC     LP
        MOV     42H,41H
        RET
LP：    MOV     42H,40H
        RET
```

方法 2　用 CJNE 指令,程序如下：

```
        MOV     A,40H
        CJNE    A,41H,LP1
LP1：   JNC     LP2
        MOV     A,41H
LP2：   MOV     42H,A
        RET
```

例 4.2.5　判断 16 位无符号数的大小。

设 M_H、M_L、N_H、N_L 分别表示 M、N 两个无符号数的高 8 位和低 8 位。如果 $M \geqslant N$,则转 BIG1 处理程序；否则,$M < N$,转 LES1 处理程序。

解　由于只有 8 位数的比较转移指令,因此,欲判断两个 16 位无符号数的大小,必须分高 8 位、低 8 位比较两次,先比较高位,若高位相等,再比较低位。程序流程图,如图 4.2.4 所示。

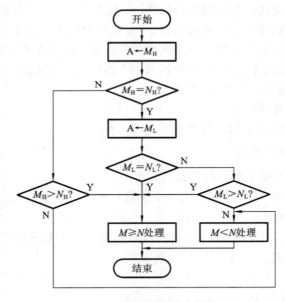

图 4.2.4　16 位无符号数比较流程图

根据图 4.2.4 编写程序如下：

```
        ORG     2000H
        MOV     A,#MH           ;M 高位送 A
        CJNE    A,#NH,AA        ;M、N 高位比较,不相等,转 AA
        MOV     A,#ML           ;M_H=N_H,M 低位送 A
        CJNE    A,#NL,BB        ;M_L≠N_L,转 BB
```

```
            SJMP    BIG1          ;M＝N,转 BIG1
AA：        JNC     BIG1          ;M＞N,转 BIG1
            SJMP    LES1          ;M＜N,转 LES1
BB：        JNC     BIG1          ;M＞N,转 BIG1
LES1：      CLR     PSW.5         ;M＜N,置 F0＝0
            SJMP    DONE
BIG1：      SETB    PSW.5         ;M≥N,置 F0＝1
DONE：      SJMP    $
```

例 4.2.6　设数 a 在 30H 单元中,数 b 在 31H 单元中,试编写计算下式的程序:

$$y＝\begin{cases} a＋b & （当\ b≥10\ 时） \\ a－b & （当\ b＜10\ 时） \end{cases}$$

结果 y 存入 32H 单元。

　　解　首先判断 b 的值是否大于或等于 10,然后根据判断结果决定计算 $a＋b$ 或 $a－b$。程序如下:

```
            ORG     1000H
            MOV     A,31H
            CJNE    A,#10,SUBAB   ;b≠10,转 SUBAB
ADDAB：     ADD     A,30H         ;b=10,计算 a＋b
            MOV     32H,A
            SJMP    DONE
SUBAB：     JNC     ADDAB         ;CY＝0,b＞10,转 ADDAB
            CLR     C             ;CY＝1,b＜10,计算 a－b
            MOV     A,30H
            SUBB    A,31H
            MOV     32H,A
DONE：      SJMP    $             ;暂停
```

2. 多向分支程序设计举例

例 4.2.7　符号函数

$$y＝\begin{cases} 1 & （当\ x＞0\ 时） \\ 0 & （当\ x＝0\ 时） \\ －1 & （当\ x＜0\ 时） \end{cases}$$

设变量 x 存于 VAR 单元中,函数值 y 存于 FUNC 单元中,要求编写按上述函数式给 y 赋值的程序。

　　解　x 是有符号数,因而可以根据其符号位用 JB 或 JNB 指令,判断它的正负;可直接根据累加器判零指令,判断 x 是否为零。因此,把这两种指令结合起来使用,可以实现三个分支的要求。程序流程图如图 4.2.5 所示。

　　根据流程图,编写程序如下:

```
            ORG     1000H
VAR         DATA    30H
```

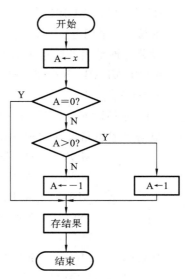

图 4.2.5　符号函数流程图

```
FUNC      DATA    31H
          MOV     A,VAR              ;取 x
          JZ      COMP              ;x＝0,转 COMP
          JNB     ACC.7,POSI        ;x>0,转 POSI
          MOV     A,#0FFH           ;x<0,则[-1]补＝0FFH→y
          SJMP    COMP
POSI：    MOV     A,#1              ;x>0,则 1→y
COMP：    MOV     FUNC,A
          SJMP    $
```

实现多向分支的主要方法是采用分支表法。常用的分支表的组成有三种形式。

(1) 分支地址表:它是由各个分支程序的首地址组成的一个线性表,每个首地址占连续的两个字节。

(2) 转移指令表:它是由转移指令组成的一个分支表,其各转移指令的目标地址即为各分支程序的首地址。若采用短转移指令,则每条指令占两个字节;若采用长转移指令,则每条指令占三个字节。

(3) 地址偏移量表:各分支程序首地址与地址偏移量表的标号之差(为一个字节)称为地址偏移量,由这些地址偏移量组成地址偏移量表。

分支表的组织形式不同,实现分支转移的方法也各有差异,但都是利用转移指令 JMP@A＋DPTR 来实现多向分支要求的。采用分支表法比多次使用比较转移指令来实现多路转移程序要精练一些,其执行速度快,特别是分支路数越多时,这种优点就更为明显。

下面通过一个例子的三种不同解法,说明采用分支表法设计多向分支程序的要点。

例 4.2.8 根据 R3 的值,控制转向 8 个分支程序。

R3＝0,转向 SUBR0

R3＝1,转向 SUBR1

$$\vdots$$

R3＝7,转向 SUBR7

解法 1 采用分支地址表。

设分支地址表的标号为 BRATAB,程序设计的思路如下:

● (BRATAB＋R3×2)→DPTR;

● 0→A;

● 应用 JMP@A＋DPTR 指令。

根据上述思路设计的程序如下:

```
          MOV     DPTR,#BRATAB      ;取表首地址
          MOV     A,R3
          ADD     A,R3              ;A←R3×2
          JNC     NADD
          INC     DPH               ;R3×2 进位加到 DPH
NADD：    MOV     R4,A              ;暂存 A
          MOVC    A,@A＋DPTR        ;取分支地址高 8 位
          XCH     A,R4
```

```
            INC       A
            MOVC      A,@A+DPTR         ;取分支地址低 8 位
            MOV       DPL,A            ;分支地址低 8 位送 DPL
            MOV       DPH,R4           ;分支地址高 8 位送 DPH
            CLR       A
            JMP       @A+DPTR          ;转相应分支程序
BRATAB：DW            SUBR0            ;分支地址表
            DW        SUBR1
            ⋮
            DW        SUBR7
```

解法 2　采用转移指令表。

设转移指令表的标号为 JMPTAB,程序设计的思路如下：

● JMPTAB→DPTR；

● R3×K→A,视转移指令表中的转移指令是二字节或三字节,前者取 $K=2$,后者取 $K=3$；

● 应用 JMP@A+DPTR 指令。

根据上述思路设计的程序如下：

```
            MOV       DPTR,#JMPTAB      ;取表首地址
            MOV       A,R3
            ADD       A,R3             ;A←R3×2
            JNC       NADD
            INC       DPH              ;有进位加到 DPH
NADD：      JMP       @A+DPTR          ;转相应分支程序
JMPTAB：AJMP         SUBR0            ;转移指令表
            AJMP      SUBR1
            ⋮
            AJMP      SUBR7
```

转移表中使用 AJMP 指令,限制分支的入口 SUBR0、SUBR1、…、SUBR7 必须和转移指令表位于同一个 2 K 字节范围内,如果使用 LJMP 指令组成的转移指令表,则可转入 64 K 字节空间范围的任何目标地址处。

解法 3　采用地址偏移量表。

设地址偏移量表的标号为 DISTAB,程序设计的思路如下：

● DISTAB→DPTR；

● (DISTAB+R3)→A；

● 应用 JMP@A+DPTR 指令。

根据上述思路设计的程序如下：

```
            MOV       DPTR,#DISTAB      ;取表首地址
            MOV       A,R3             ;表的序号数送 A
            MOVC      A,@A+DPTR        ;查表
            JMP       @A+DPTR          ;转相应分支程序
```

```
DISTAB：   DB      SUBR0-DISTAB        ;地址偏移量表
          DB      SUBR1-DISTAB
                  ⋮
          DB      SUBR79-DISTAB
                  ⋮
SUBR0：           ⋮
SUBR1：           ⋮
```

这种方法适用于分支路数较少,所有分支程序都处在同一页(256 个字节)的情况。

4.2.4 循环程序

程序设计中,常常要求某一段程序重复执行多次,这时可采用循环结构程序。这种结构可大大简化程序,但程序执行的时间并不会减少。

4.2.4.1 循环程序结构

循环程序结构,如图 4.2.6 所示。

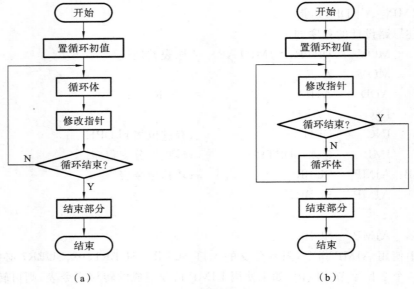

（a）　　　　　　　　　　　　（b）

图 4.2.6　循环程序结构

循环程序一般包括如下四个部分。

(1) 置循环初值(或称初始化):置循环初值,即设置循环开始时的状态,比如设置地址指针,设定工作寄存器,设定循环次数等。

(2) 循环体:这是要重复执行的程序段,是循环结构的基本部分。

(3) 循环控制:循环控制包括修改指针、修改控制变量和判断循环是否结束还是继续。修改指针和变量是为下一次循环判断做准备,当符合结束条件时,结束循环;否则,继续循环。

(4) 结束:存放结果或作其他处理。

图 4.2.6 所示为两种典型的循环程序结构。图(a)中循环控制部分在循环体之后,即先处理,后判断。因此,即使在执行循环体程序之前结束条件已经具备,循环体程序至少还要执行一次。图(b)中循环控制部分在循环体之前,即先判断,后处理。所以在结束条件已具备的情

况下,循环体程序可以一次也不执行。

在循环程序中,有两种常用的控制循环次数的方法。一种方法是循环次数已知,这时把循环次数作为循环计数器的初值,每执行一次循环,循环计数器就减 1,当计数器的值减为 0 时,即结束循环;否则,继续循环。这种情况多采用图 4.2.6(a)所示的循环程序结构。另一种方法是循环次数未知,这时可根据给定的问题条件来判断循环是否继续。这种情况多采用图 4.2.6(b)所示的循环程序结构。

循环程序按结构形式,还有单重循环与多重循环之分。若循环程序中仅包含一个循环,称为单重循环程序;如果在循环中还包含有循环程序(内循环),称为循环嵌套,这样的循环程序称为二重循环以至多重循环程序。在多重循环程序中,只允许外重循环嵌套内重循环,而不允许循环互相交叉,也不允许从循环程序的外部跳入循环程序的内部。

4.2.4.2　循环程序设计举例

例 4.2.9　数据块求和。

为了对存储器中的程序或数据进行自检,一种简单的方法是对程序或数据按字节进行分块,然后对每块按字节累计相加求和。如果将正确的数据块之和作为原始数据表,若要诊断程序或数据是否仍然正确,则可按相同方法求各数据块之和,并与原始数据表进行比较。如果它们一一对应相等,则说明程序或数据没有出错;否则,程序或数据出现错误。

设有 100 个单字节数据,连续存放在内部数据存储器中,起始地址为 BLOCK 单元;数据和取为单字节数,存放在 RESULT 单元。试编写程序。

解　这是循环次数已知的情况,程序流程图如图 4.2.7 所示。

根据流程图,可编写程序如下:

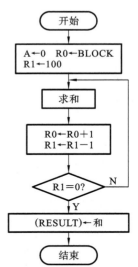

图 4.2.7　数据块求和流程图

```
            ORG      1020H
BLOCK       DATA     11H
RESULT      DATA     10H
            MOV      A,#0
            MOV      R0,#BLOCK      ;置地址指针
            MOV      R1,#100        ;置循环次数
LOOP:       ADD      A,@R0          ;求和
            INC      R0             ;修改指针
            DJNZ     R1,LOOP
            MOV      RESULT,A        ;存结果
LP:         SJMP     LP
```

例 4.2.10　寻找最大数。

设一个无符号数据块,起始地址为 BUFFER,其长度存于 LEN 单元。试求出数据块中的最大数,并存入 MAX 单元。

解　寻找最大值(或最小值)的基本方法是比较和交换依次进行。即以第一个数为基准数,先取第一个数与第二个数进行比较,若基准数大,则不做交换,再取下一个数来做比较;若基准数小,则交换,用较大的数来代替原来的基准数,然后再以新的基准数和下面一个数做比较。当所有数据都比较完之后,最后得到的一个基准数就是最大数。程序流程图如图 4.2.8 所示。程序如下:

```
            ORG     1020H
MAX         DATA    20H
LEN         DATA    21H
BUFFER      DATA    22H
            CLR     A
            MOV     R2,LEN          ;数据块长度送 R2
            MOV     R1,# BUFFER     ;取数据块首地址
LOOP：      CLR     C
            SUBB    A,@R1           ;比较
            JNC     NEXT            ;A≥(R1),转 NEXT
            MOV     A,@R1           ;A<(R1),则 A←(R1)
            SJMP    NEXT1
NEXT：      ADD     A,@R1           ;恢复 A
NEXT1：     INC     R1              ;修改数据块地址指针
            DJNZ    R2,LOOP         ;未完,继续
            MOV     MAX,A           ;存结果
LP：        SJMP    LP
```

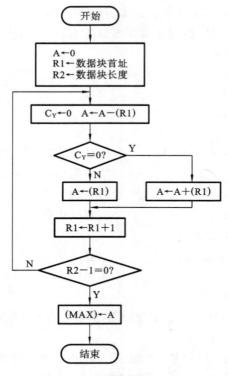

图 4.2.8　求最大值流程图

例 4.2.11　统计字符串的长度。

设有一个字符串存放在片内 RAM 50H 开始的连续存储单元中,以回车符('CR'=0DH)作为字符串的结束标志,试编程统计该字符串长度。

解　为了统计字符串长度,设定一个长度计数器,然后逐个字符依次与回车符进行比较,不相等,则计数器+1,继续下一个字符的比较,直到与回车符相等,结束循环。程序如下:

```
            MOV     R2,#0FFH              ;置计数器初值
            MOV     R0,#4FH               ;置字符串指针
LOOP:       INC     R2                    ;计数器+1
            INC     R0                    ;修改地址指针
            CJNE    @R0,#0DH,LOOP
            RET
```

例 4.2.12　求算术平均值 $\bar{y} = \dfrac{1}{N} \sum\limits_{i=1}^{N} x(i)$。

在数据采集系统中,常采用算术平均滤波的方法对压力、流量等周期脉动的采样值进行平滑加工,即在一个采样周期中把 N 次采样的值相加,然后除以采样次数 N,便得到该采样周期的值。

设从 P1 口读入采样数据,在一个采样周期内连续采样 8 次,要求计算它的平均值。

解　用 R0、R1 作为 16 位工作寄存器存放累加值,R0 为高 8 位,R1 为低 8 位。用 R0、R1 右移一次相当于除以 2 的办法做除法运算,最后结果存在 R1 中。程序如下:

```
            ORG     1000H
            MOV     R0,#0
            MOV     R1,#0
            MOV     R2,#8                 ;置累加循环次数
            MOV     P1,#0FFH              ;置 P1 为输入
LP1:        MOV     A,P1                  ;输入读数
            ADD     A,R1                  ;累加
            JNC     LP2
            INC     R0                    ;CY=1,表示和的低 8 位向高 8 位进位
LP2:        MOV     R1,A
            DJNZ    R2,LP1                ;未完,继续
            MOV     R2,#3
LP3:        CLR     C
            MOV     A,R0                  ;累加和除以 8
            RRC     A
            MOV     R0,A
            MOV     A,R1
            RRC     A
            MOV     R1,A
            DJNZ    R2,LP3
LP:         SJMP    LP
```

例 4.2.13　延时程序。

已知 8051 单片机系统的晶振频率为 12 MHz,试设计一个软件延时程序,延时时间为 20 ms。

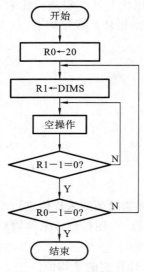

图 4.2.9　延时程序流程图

解　在微机测控系统中,常常需要设置一些准确的延时,既可以采用硬件定时器的方法,也可以通过软件的方法来实现延时。软件延时方法就是程序延时方法,即采用循环程序结构,使机器进入某一循环,重复执行一些无用的操作,适当控制循环次数,就可以获得所需的延时。

利用双重循环结构,其流程图如图 4.2.9 所示。内循环完成单位时间 1 ms 延时,外循环把内循环当做循环体,重复多次,控制外循环次数,就能达到总的延时要求。延时程序如下:

```
        ORG      1000H              ;机器周期数(T_M)
DELAY:  MOV      R0,#20             ;1
DELAY2: MOV      R1,#DIMS           ;1
DELAY1: NOP                        ;1
        NOP                        ;1
        DJNZ     R1,DELAY1          ;2
        DJNZ     R0,DELAY2          ;2
        RET                        ;2
```

机器周期数表示执行一条指令所需的时间。所以,程序延时时间可根据机器周期以及执行程序所占用的总的机器周期数进行计算,即

$$t_d = t_{MC} \times T_{M总}$$

式中:t_d 为程序延时时间;

t_{MC} 为机器周期,$t_{Mc} = \dfrac{1}{f_{OSC}} \times 12$,$f_{OSC}$ 为晶振频率;

$T_{M总}$ 为程序所占用的总的机器周期数。

已知内循环设置为延时 1 ms,因此可根据上式计算出内循环次数为 DIMS,设系统晶振频率 $f_{OSC} = 12$ MHz,有

$$1 \times 10^3 = \frac{1}{12} \times 12 \times (1+1+2) \times \text{DIMS}$$

得

$$\text{DIMS} = \frac{1000}{4} = 250 = \text{FAH}$$

将 FAH 代替上述程序中的定时常数 DIMS,则可计算出该程序的延时时间:

$$t_{MC} = \frac{1}{f_{OSC}} \times 12 = \frac{1}{12 \text{ MHz}} \times 12 = 1 \ \mu s$$

$$T_{M总} = (T_{M内} + 1 + 2) \times 20 + 1$$

$$= [(1+1+2) \times \text{FAH} + 3] \times 20 + 1 + 2 = 20063$$

所以　　　　　$t_d = t_{MC} \times T_{M总} = 1 \ \mu s \times 20063 = 20063 \ \mu s = 20.063$ ms

影响延时程序的延时时间有两个主要因素:晶振频率和循环次数。一旦晶振频率确定之后,则主要是如何设计与计算给定的延时循环次数。此外,计算时除了循环以内的时间外,循环以外的时间也应考虑在内;为了得到精确的延时,程序中可适当地增加 NOP 指令加以调整;为了得到长延时,可采用 16 位循环计数器或多重循环,以便增大循环次数。

注意,在用软件实现延时时,不允许有中断,否则将影响定时的准确性。

例 4.2.14 排序程序。

有一个数据采集系统，其 A/D 转换为 8 位，要求采样 5 次，其转换数据存放在 SAMP 为首地址的内存单元中。试设计一个排序程序，将采样值按从小到大的顺序排列。

解　在数据采集系统中，如果被采集的信号变化比较缓慢，则常采用一种中值滤波的方法，去掉由于偶然因素引起的波动或采样器不稳定所造成的误差而形成的脉动干扰。所谓中值滤波，就是对某一信号连续采样 n 次（一般 n 取奇数），然后把 n 次的采样值从小到大或从大到小排序，再取中间值作为本次采样的值。因此，首先必须把所采集的数据排好序，然后再取中间值。

N 个数据排序的思路是，依次比较相邻单元的数，设 R0 为数据存放区首地址，首先将（R0）与（R0＋1）进行比较，若（R0）＜（R0＋1），则不交换存放位置，否则将两数位置对调。继而，再取（R0＋1）与（R0＋2）比较，判断方法亦然，直到最大数沉底为止。然后，再从头开始重复上述过程，比较 $N-2$ 次后，把次大值放到 $N-1$ 位。按此方法进行下去，最后必将把最小数交换到最上面，即将 N 个数按从小到大的顺序排列。按照这种思路，可作程序流程图如图 4.2.10 所示。

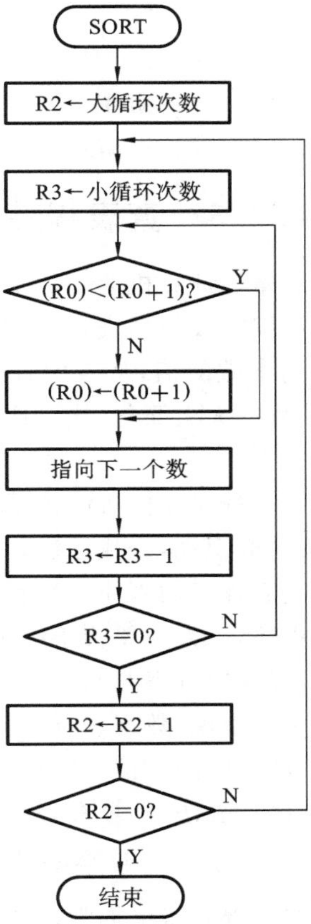

根据程序流程图可编写程序如下：

图 4.2.10　排序程序流程图

```
              ORG      2000H
   SAMP       DATA     30H
              MOV      R2,#04          ;置大循环次数
   SORT：     MOV      A,R2
              MOV      R3,A            ;置小循环次数
              MOV      R0,#SAMP        ;置地址指针
   LOOP：     MOV      A,@R0           ;取数
              INC      R0
              MOV      R1,A
              CLR      C
              SUBB     A,@R0           ;两数比较
              MOV      A,R1
              JC       DONE            ;(R0)<(R0+1),不交换,转 DONE
              MOV      A,@R0           ;否则,交换
              DEC      R0
              XCH      A,@R0           ;(R0)↔(R0+1)
              INC      R0
              MOV      @R0,A
   DONE：     DJNZ     R3,LOOP
```

```
          DJNZ      R2,SORT
          MOV       R0,# SAMP+2
          MOV       A,@R0              ;取中值
LP：      SJMP      LP
```

4.2.5　查表程序

表格是计算机的一种基本数据结构。所谓查表法,就是把事先计算或测得的数据按一定的顺序编制成数据表,存放在计算机的程序存储器中。查表程序的任务,就是根据给定的条件或被测参数的值,从表中查出所需要的结果。查表法是一种非数值计算方法,不需复杂的运算,使程序大大简化,执行速度快。查表法的主要缺点是:如果表格规模大,则会占用较多的存储空间。

查表程序在微机测控系统中应用非常广泛。例如,求函数值,完成数据补偿,实现代码转换,按键的识别,查找铵键相应命令处理程序的入口地址,显示译码等都需要采用查表程序。

查表程序的繁简程度和查询时间的长短主要取决于表格的排列及查表方法。所以,设计查表程序,一方面要善于组织表格,使之具有一定规律;另一方面要能灵活地使用有效的查表方法,以缩短查表时间。

一般来说,数据表有两种排列方式:一种是无序表格,即表中的数任意排列;另一种是有序表格,即表中的数按一定顺序排列。表的排列不同,查表方法也就不同。常用的查表方法有三种:顺序查表法、计算查表法、对分查表法。下面分别加以介绍。

4.2.5.1　顺序查表法

顺序查表法也称为线性查表法。它是最基本、最简单的一种查表方法,其表格的排列一般是无序的,所以只能按照顺序从表的第一个元素开始逐个寻找,直到找到所要查找的关键字为止,再给出关键字在表中的位置或其他信息。顺序查表法在 LED 字符显示译码和键值译码程序设计中都是典型的应用。

顺序查表法主要用 CJNE 比较判断指令,将要查找的关键字放在某个 RAM 单元中,而查找所需的数据表格放在程序存储器 ROM 中。因此,需要用 MOVC A,@A+PC 或 MOVC A,@A+DPTR 指令传送数据。顺序查表法程序设计要点如下:

(1) 表的起始地址送入 PC 或 DPTR;

(2) 表格的长度放在某一个寄存器中;

(3) 要查找的关键字放在某一个内存单元中;

(4) 用 MOVC A,@A+DPTR 或 MOVC A,@A+PC 指令取数;

(5) 用 CJNE A,direct,rel 指令进行查找。

例 4.2.15　在以 TABLE 为首地址的存储区中,有一长度为 100 个字节的无序数据表,设要找的关键字放在 KEY 单元中。试编写程序,要求若找到关键字,则将它所在的内存单元地址存入 R2、R3 中;若未找到,则将 R2、R3 清零。

解　顺序查找就是逐个查询比较。程序流程图如图 4.2.11 所示。

方法 1　用 MOVC A,@A+PC 指令,程序如下:

```
              ORG       1000H
      CHECK  EQU       20H
      KEY    EQU       21H
```

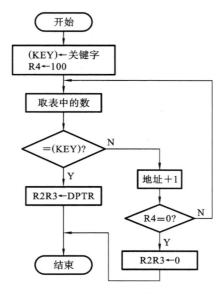

图 4.2.11　顺序查表程序流程图

```
1000H 852120          MOV    CHECK,KEY        ;取关键字
1003H 7C64            MOV    R4,# 100         ;置查找次数
1005H 7415            MOV    A,# 15H          ;预置表地址偏移量
1007H 901022          MOV    DPTR,# TABLE     ;记录表的地址
100AH C0E0   LOOP：   PUSH   ACC
100CH 83             MOVC   A,@A+PC          ;取数
100DH B52006         CJNE   A,CHECK,A1       ;查找,未找到,转 A1
1010H AA83           MOV    R2,DPH           ;已找到,R2R3←地址
1012H AB82           MOV    R3,DPL
1014H 80FE   DONE：  SJMP   DONE
1016H D0E0   A1：    POP    ACC
1018H 04             INC    A                ;求下一个数据偏移地址
1019H A3             INC    DPTR
101AH DCEE           DJNZ   R4,LOOP          ;未完,继续查找
101CH 7A00           MOV    R2,# 0           ;查完,未找到,R2R3←0
101EH 7B00           MOV    R3,# 0
1020H 0114           AJMP   DONE
1022H ××    TABLE： DB     XXH
             ⋮
```

方法 2　用 MOVC A,@A+DPTR 指令,程序如下:

```
        ORG   1000H
CHECK EQU   20H
KEY   EQU   21H
        MOV  CHECK,KEY              ;取关键字
```

```
          MOV   R4,#100             ;置查找次数
          MOV   DPTR,#TABLE         ;DPTR指向表首地址
LOOP：    CLR   A
          MOVC A,@A+DPTR            ;查表取数
          CJNE  A,CHECK,A1          ;比较,未找到,转A1
          MOV   R2,DPH              ;已找到,R2R3←表地址
          MOV   R3,DPL
DONE：    SJMP  DONE
A1：      INC   DPTR               ;修改地址指针
          DJNZ  R4,LOOP            ;未完,继续查找
          MOV   R2,#0
          MOV   R3,#0              ;查表,未找到,R2R3←0
          SJMP  DONE
TABLE：DB    ××H
          ⋮
```

4.2.5.2　计算查表法

计算查表法,就是根据所给的变量 x,通过一定的计算,在数据表中查找与 x 所对应的数值。这种查表方法,要求每个数据元素在表中排列的格式以及所占用的存储单元个数必须一致,而且各元素是严格按照顺序排列的。计算查表法适用于某些数值计算、代码转换及功能键地址转移程序等。

例 4.2.16　求函数 $y=x!$ $(x=0,1,2,\cdots,7)$。

解　若按阶乘的运算,则需连续做 x 次乘法,程序设计很复杂;但若将函数值列成表格(见表 4.2.1),则将会发现,每个 x 值所对应的 y 值在表中的地址可按下面公式计算:

$$y \text{ 地址} = \text{函数表首地址} + x \times 2$$

因此,采用计算查表法,先按上式计算对应 x 值的 y 地址,然后从该单元中取出数值即为计算的结果。

表 4.2.1　$y=x!$ 数据表

x	y	y 地址
0	0001	TABLE
1	0001	TABLE+2
2	0002	TABLE+4
3	0006	TABLE+6
4	0024	TABLE+8
5	0120	TABLE+10
6	0720	TABLE+12
7	5040	TABLE+14

设自变量 x 存于 DATAA 单元中,表首地址为 TABLE,y 值存入寄存器 R2、R3 中。程序如下:

```
                          ORG    2000H
              DATAA       EQU    30H
2000H E530                MOV  A,DATAA      ;取 x
2002H 2530                ADD  A,DATAA      ;x×2
2004H FA                  MOV  R2,A
2005H 2406                ADD  A,#06        ;计算偏移量
2007H 83                  MOVCA,@A+PC       ;取第一个字节(高位)
2008H CA                  XCH  A,R2         ;存 R2
2009H 2403                ADD  A,#03        ;计算偏移量
200BH 83                  MOVCA,@A+PC       ;取第二个字节(低位)
200CH FB                  MOV  R3,A         ;存 R3
200DH 22                  RET
200EH 00010001  TABLE:    DB     00,01,00,01
2012H 00200006            DB     00,02,00,06
2016H 00180114            DB     00,24,01,20
201AH 07143228            DB     07,20,50,40
```

4.2.5.3 对分查表法

对分查表法是对有序表进行检索的方法,它的速度要比顺序查表法快很多倍。设一个线性表的长度为 n,若采用顺序查表法,则平均查找次数近似等于 $n/2$ 次;若采用对分查表法,则查找次数约为 $\log_2 2n-1$ 次。例如,当 $n=2048$ 时,前者查找次数为 1024 次,而后者最多只需查找 10 次即可。所以,对分查表法是一种快速而有效的查表方法。

设有序数据表中含有 n 个元素,要查找的关键字为 x,其对分查表法的思路是:先取表的中间元素($n/2$)与 x 值进行比较,若相等,即已查找到。对于从小到大的顺序表来说,如果 $x>n/2$ 项,则下一次取后半部分($n/2\sim n$)的中值与 x 值进行比较;如果 $x<n/2$ 项,则下一次取前半部分($0\sim n/2$)的中值与 x 值进行比较。如此比较下去,则可逐次逼近要搜索的关键字,直到找到为止。

对分查表法程序设计步骤如下。

(1) 设 R2 存放元素表中下限元素的序号(R2=0),R3 存放上限元素的序号(R3=n)。

(2) 判断 R2 和 R3 的大小,若 R2>R3,则未查到,使 C_Y=0,查表程序结束。

(3) 计算中点元素序号:R4=(R2+R3)/2。

(4) 计算中点元素地址:MIADR=表首地址+W×R4(其中,W 为一个数据元素的字节数)。

(5) 将关键字 x 与中点元素的值进行比较:

① 若 $x<$(MIADR),则选取低值半个表,此时 R2 不变,R3←R4,并转第(2)步;

② 若 $x>$(MIADR),则选取高值半个表,此时 R3 不变,R2←R4,并转第(2)步;

③ 若 $x=$(MIADR),则已找到,使 C_Y=1,并将该元素传送到以 R1 为首地址的内部 RAM 中。

对分查表法子程序框图如图 4.2.12 所示。有关子程序的设计将在下一节中介绍。

子程序入口条件:关键字 x 已在 R5 中,每组字节长度 W 存于 LONG 单元,表首地址送入 DPTR,表在外部 RAM 中。

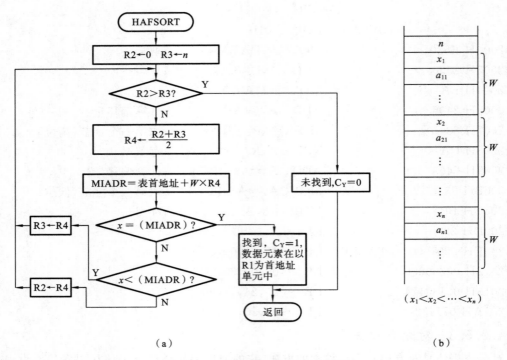

图 4.2.12　对分查表法程序流程图

(a) 流程图；(b) 有序数据表

子程序出口条件：若找到，则 $C_Y=1$，该元素放在以 R1 为首地址的内存单元中；若未找到，则 $C_Y=0$。

按照流程图，编写程序如下：

```
          ORG     2000H
HAFSORT：MOV     R2,#0        ;预置下限初值
          MOVX    A,@DPTR
          INC     DPTR
          MOV     R6,DPH       ;表首地址送 R6R7
          MOV     R7,DPL
HAF0：    DEC     A
          MOV     R3,A         ;预置上限初值
HAF1：    CJNE    A,R2,$+3
          JC      HAF3
          ADD     A,R2         ;计算中点元素序号,送 R4
          CLR     C
          RRC     A
          MOV     R4,A
          ACALL   CARD         ;计算中点元素地址
          MOVX    A,@DPTR      ;取中点元素值,A←(MIADR)
          CJNE    A,R5,HAF2    ;将 x 值与中点元素值比较
```

```
          INC     DPTR          ;x＝A,则将其传送到以 R1 为首地址的存储单元
          ACALL   LDDTR1
          SETB    C
DONE:     RET
HAF2:     MOV     A,R4
          JNC     HAF0          ;x＜(MIADR),转 HAF0
          INC     A             ;否则,x＞(MIADR)
          MOV     R2,A
          MOV     A,R3
          AJMP    HAF1
HAF3:     CLR     C
          AJMP    DONE
CARD:     MOV     B,LONG        ;计算中点地址子程序
          MUL     AB            ;MIADR＝表首地址＋W×R4
          ADD     A,R7
          MOV     DPL,A
          MOV     A,B
          ADDC    A,R6
          MOV     DPH,A
          RET
LDDTR1:   MOV     R1,#DATAA     ;找到的结果存于内部 RAM 中
LOAD1:    MOVX    A,@DPTR
          MOV     @R1,A
          INC     R1
          INC     DPTR
          DJNZ    LONG,LOAD1
          RET
LONG      EQU     40H
DATAA     EQU     30H
```

4.2.6　子程序

在实际应用中,经常会遇到在同一个程序中,需要多次进行一些相同的计算和操作,例如代码转换、算术运算、延时、输入输出等。如果每次在使用时都从头开始编写这些程序,则程序不仅烦琐,而且浪费存储空间,同时给程序调试也增加困难。因此,可采用子程序的概念,将一些重复使用的程序标准化,使之成为一个独立的程序段,在需要时调用它即可。通常,将这些独立的程序段称为子程序。与子程序相对的程序是主程序,它是调用子程序的程序。子程序也可调用子程序,称为子程序嵌套。只要堆栈的深度足够,那么子程序嵌套的层次就可很多。

主程序调用子程序,是通过子程序调用指令(LCALL 或 ACALL)来实现的。主程序执行过程中,一旦遇到调用子程序指令,CPU 便会将紧接调用指令的下一条指令的地址(又称返回

地址或断点地址）压入堆栈暂时保存起来，然后转到被调用的子程序入口去执行子程序；当执行到子程序结尾处的返回指令（RET）后，CPU 又将堆栈中的返回地址弹出送入程序计数器 PC，于是 CPU 又返回到主程序的断点地址处，继续执行主程序。

主程序和子程序的调用与返回关系示意图，如图 4.2.13 所示。

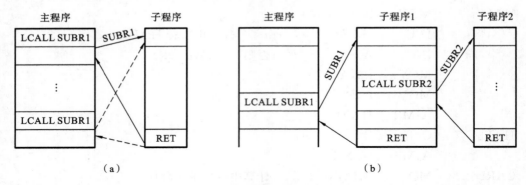

图 4.2.13　主程序和子程序调用与返回关系示意图

（a）主程序调用子程序；（b）子程序嵌套

编写子程序与编写一般程序的方法基本相同，但应注意下述几点。

（1）子程序应取名。即子程序的第一条指令应加标号，作为子程序的入口地址，以便调用。

（2）要能正确地传送参数，即要满足入口条件和出口条件。入口条件是指，执行子程序时所必需的有关寄存器内容或源数据的存储器地址等，主程序调用子程序时，必须先满足入口条件，换句话说，就是满足子程序对输入参数的约定。出口条件是指，子程序执行完后运算结果所存放的寄存器或存储器地址等，也就是说，必须确定子程序对输出参数的约定。

（3）注意保护现场和恢复现场。在某些情况下，如果在转入子程序时会改变主程序中某些寄存器内保留的中间结果，而这些中间结果又是不允许改变的，因而在子程序中首先要将这些寄存器的内容保护起来，即保护现场。而在子程序返回指令 RET 之前应恢复这些寄存器内原有的内容，即恢复现场。通常使用堆栈操作保护和恢复现场。用进栈指令把需要保护的寄存器的内容压入堆栈；而用出栈指令把压入堆栈的内容弹回相应的寄存器中。

（4）子程序的末尾必须是子程序返回指令 RET。

为了做到子程序有一定的通用性，子程序的操作对象应尽量以地址或寄存器形式给出，而不以立即数形式给出。此外，子程序中如含有转移指令，则应用相对转移指令，编制成可浮动的程序，以便子程序可以存放在内存任何区域中。

例 4.2.17　用程序实现 $c = a^2 + b^2$。设 a、b 均小于 10，a、b、c 分别存于片内 RAM 的三个单元 DATAA、DATAB、DATAC 中。

解　本题需两次求平方值，所以先把求平方编成子程序，在主程序中两次调用该子程序，分别得到 a^2 和 b^2，然后相加求和。程序如下：

```
            ORG     2000H
DATAA   EQU     31H
DATAB   EQU     32H
DATAC   EQU     33H
            MOV     A,DATAA             ;取 a
```

	ACALL	SQR	;求 a^2
	MOV	R1,A	
	MOV	A,DATAB	;取 b
	ACALL	SQR	;求 b^2
	ADD	A,R1	;求 a^2+b^2
	MOV	DATAC,A	
HERE:	SJMP	HERE	
SQR:	INC	A	;修正
	MOVC	A,@A+PC	;查平方表
	RET		
TAB:	DB	0,1,4,9,16	
	DB	25,36,49,64,81	
	END		

例 4.2.18　编写 1 位十六进制数转换为 ASCII 码子程序。

设 1 位十六进制数在累加器 A 中,转换后的 ASCII 码送回 A 中。

解法 1　计算求解。

由十六进制数 0～9 的 ASCII 码为 30H～39H 和 A～F 的 ASCII 码为 41H～46H 可知,如果十六进制数小于 0AH,则相应该数的 ASCII 码为累加器 A+30H;如果该数等于或大于 0AH,则相应的 ASCII 码为 A+37H。编写子程序如下:

	ORG	2000H	
HEXASC:	CJNE	A,#0AH,L1	
L1:	JNC	L2	;A≥0AH,转 L2
	ADD	A,#30H	;A<0AH,则 A+30H
	SJMP	L3	
L2:	ADD	A,#37H	;A≥0AH,则 A+37H
L3:	RET		

解法 2　查表求解。

	ORG	2000H	
	ANL	A,#0FH	;保留低 4 位
	INC	A	;修正偏移量
	MOVC	A,@A+PC	;查表
	RET		
ASCTAB:	DB	'0','1','2','3','4'	
	DB	'5','6','7','8','9'	
	DB	'A','B','C','D','E'	
	DB	'F'	

例 4.2.19　将累加器 A 中的 ASCII 码转换为 1 位十六进制数,结果存于 A 中。试编写程序。

解　根据十六进制数和 ASCII 码之间的对应关系,可编写子程序如下:

ASCHEX:　CLR　　C

```
             SUBB     A,#30H
             CJNE     A,#0AH,L1
L1:          JC       L2
             SUBB     A,#07H
L2:          RET
```

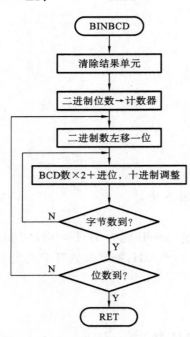

图 4.2.14　多字节二翻十流程图

例 4.2.20　编写将多字节二进制数转换成 BCD 码的子程序。

解　二进制数转换为 BCD 码的一般算法是,把二进制数除以 1000、100、10 等 10 的各次幂,所得的商即为千、百、十位数,最后的余数为个位数。如果被转换数较大,则这种算法还需进行多字节运算,其运算速度较慢。现采用如图 4.2.14 所示流程图的算法编写子程序。

设 R0 为二进制数低位字节地址指针,R7 为二进制数的字节数,R1 为 BCD 码高位字节地址指针。

在编写程序前,先说明两点:

(1) n 个字节的二进制数转换后的压缩 BCD 码可能为 n+1 个字节;

(2) 用 ADDC 指令对 BCD 码自身相加一次,且用 DAA 指令,实现 BCD 码左移一次。程序如下:

```
             ORG      2000H
BINBCD:      MOV      A,R0
             MOV      R5,A
             MOV      A,R1
             MOV      R6,A
             MOV      A,R7    ;取二进制数字节数
             INC      A
             MOV      R3,A    ;取十进制数字节数
             CLR      A
BD0:         MOV      @R1,A           ;结果单元清零
             INC      R1
             DJNZ     R3,BD0
             MOV      A,R7
             MOV      B,#8
             MUL      AB
             MOV      R3,A            ;存二进制数位数
BD3:         MOV      A,R5
             MOV      R0,A            ;二进制数低位字节地址指针
             MOV      A,R7
             MOV      R2,A            ;二进制数字节数
             CLR      C
```

```
BD1:        MOV      A,@R0           ;二进制数左移一位
            RLC      A
            MOV      @R0,A
            INC      R0
            DJNZ     R2,BD1
            MOV      A,R6
            MOV      R1,A
            MOV      A,R7
            MOV      R2,A
            INC      R2
BD2:        MOV      A,@R1
            ADDC     A,@R1           ;BCD 数×2＋C_Y
            DA       A
            MOV      @R1,A
            INC      R1
            DJNZ     R2,BD2          ;字节数未完,转 BD2
            DJNZ     R3,BD3          ;二进制位数未完,转 BD2
            RET
```

例 4.2.21 编写多字节二进制数求补码的子程序。

解 多字节二进制数变补可采用如下算法:先取低位字节求补(取反加 1),然后依次高位字节取反码加上低位字节变补后的进位 C_Y。

设 R0 为待取补的二进制数低位字节地址指针,R3 为字节数,取补后的高位地址指针也为 R0。编写程序如下:

```
MBCOM:SETB     C
LOOP:     MOV      A,@R0           ;取数
          CPL      A
          ADDC     A,#0            ;求补
          MOV      @R0,A           ;存结果
          INC      R0
          DJNZ     R3,LOOP
          DEC      R0
          RET
```

例 4.2.22 编写多字节 BCD 码取补的子程序。

解 多字节 BCD 码取补的算法如下:先用 9AH 减最低位字节 BCD 码,然后分别用 99H 减相应的高位字节 BCD 码,即可求得多字节 BCD 码的补码。

设 R0 为待取补的多字节 BCD 码(低位在前,高位在后)的首地址指针,R3 存放字节数,取补后的结果仍存入原单元中。编写程序如下:

```
NEG:      CLR      C
          MOV      A,#9AH          ;最低字节取补
          SUBB     A,@R0
```

```
          MOV      @R0,A          ;存回结果
          DEC      R3
LOOP：    INC      R0             ;修正数据地址指针
          MOV      A,#99H         ;按字节十进制取补
          SUBB     A,@R0
          MOV      @R0,A
          DJNZ     R3,LOOP
          RET
```

例 4.2.23 编写多字节无符号数的加减法运算子程序。

设 R0 为被加数(或被减数)低位字节地址指针,R1 为加数(或减数)低位字节地址指针,R2 为字节数,结果存放在被加数(或被减数)单元中。

解 使用单字节加法指令进行多字节加法运算,需用 ADDC 指令,可采用循环程序结构实现。程序如下:

```
          ORG      1100H
ADDMB：CLR      C
LOOP：    MOV      A,@R0          ;取被加数
          ADDC     A,@R1          ;相加
          MOV      @R0,A          ;存结果
          INC      R0             ;修改地址指针
          INC      R1
          DJNZ     R2,LOOP
          JNC      DONE
          MOV      @R0,#1
DONE：    RET
```

如果是两个多字节 BCD 码相加,则只需在上述子程序的 ADDC 指令后加一条十进制调整指令 DA A 就可以了。

多字节二进制数减法运算与上述加法运算类似,只要用减法指令 SUBB 代替上述程序中的加法指令 ADDC 即可。

例 4.2.24 编写单字节带符号数加法程序。

设在 BLOCK 和 BLOCK+1 单元中分别存放单字节的带符号数,要求两数之和,将结果存入 SUM、SUM+1 单元(低位在前,高位在后),试编写程序。

解 微机中,带符号数一般是用补码表示的,两个单字节带符号数相加,其和可能超过 8 位数所能表示的范围,于是采用 16 位数形式表示。因此,在进行加法时,可预先把这两个加数扩展成 16 位二进制补码形式,然后对它进行双字节相加。

例如,被加数为 -98,加数为 -90,扩展成 16 位二进制形式后相加,即

$$
\begin{array}{r}
1111111110011110B \quad (-98 \text{ 补码}) \\
+) \ 1111111110100110B \quad (-90 \text{ 补码}) \\
\hline
①1111111101000100B \quad (=-188)
\end{array}
$$

最高进位丢失不计,换算成真值为 -188,显然结果是正确的。

注意,一个 8 位二进制正数扩展成 16 位时,是要把它的高 8 位变成全"0";一个 8 位二进

制负数扩展成 16 位时,是把它的高 8 位变成全"1"。所以,编程时在运算前,先对被加数和加数进行扩展,然后完成求和。

设定 R2 和 R3 分别存放被加数和加数高 8 位,程序如下:

```
        ORG     1000H
SBADD:  MOV     R0,#BLOCK       ;R0 指向一个加数
        MOV     R1,#SUM         ;R1 指向和单元
        MOV     R2,#00H         ;高位先置为"0"
        MOV     R3,#00H
        MOV     A,@R0           ;取一个加数
        JNB     ACC.7,POS1      ;为正数,转 POS1
        MOV     R2,#0FFH        ;为负数,高位置全"1"
POS1:   INC     R0
        MOV     B,@R0           ;取第二加数
        JNB     B.7,POS2        ;为正数,转 POS2
        MOV     R3,#0FFH        ;为负数,高位置全"1"
POS2:   ADD     A,B             ;低 8 位相加
        MOV     @R1,A           ;存 8 位和
        INC     R1              ;R1 指向 SUM+1 单元
        MOV     A,R2
        ADDC    A,R3            ;高 8 位求和
        MOV     @R1,A           ;存高 8 位和
        RET
```

根据本程序,读者不难编出单字节带符号数减法子程序。

例 4.2.25　编写两个双字节无符号数乘法子程序。

解　实现两个双字节无符号二进制数的乘法运算,可采用重复相加或按位相乘的方法,但是这些算法速度比较慢。下面介绍一种利用单字节乘法指令实现多字节乘法的快速算法。

设 R2R3 为被乘数,R6R7 为乘数,高位在前,低位在后,乘积为 R4R5R6R7。

两个字节数可分别表示为($R2\times2^8+R3$)和($R6\times2^8+R7$),这样有

$$R2R3\times R6R7 = (R2\times2^8+R3)\times(R6\times2^8+R7)$$
$$= R2R6\times2^{16}+(R2R7+R3R6)\times2^8+R3R7$$

现把两个双字节数的乘法算式列写如下:

		R2	R3
×)		R6	R7
		R3R7H	R3R7L
	R2R7H	R2R7L	
	R3R6H	R3R6L	
+) R2R6H	R2R6L		
R4	R5	R6	R7

其中,R3R7、R2R7、R3R6、R2R6 均为相应的两个单字节数相乘,乘积为双字节数,以后缀 H 表示为积的高位,L 表示为积的低位。显然,两个 16 位数相乘共产生 8 个字节的部分积,可采用边乘边加的方法。因此,若按上式给出的排列顺序,按列求和,即可得到 4 个字节的

乘积。

按上述考虑,可编写两个双字节无符号数的乘法程序如下:

```
              ORG     2100H
MUL16:        MOV     A,R3            ;取被乘数低位
              MOV     B,R7            ;取乘数低位
              MUL     AB             ;R3×R7
              XCH     A,R7           ;R7＝R3R7L
              MOV     R5,B           ;R5＝R3R7H
              MOV     B,R2           ;取被乘数高位
              MUL     AB             ;R2×R7
              ADD     A,R5           ;R2R7L＋R3R7H
              MOV     R4,A
              CLR     A
              ADDC    A,B            ;R2R7H＋Cy
              MOV     R5,A
              MOV     A,R6           ;取乘数高位
              MOV     B,R3           ;取被乘数低位
              MUL     AB             ;R3×R6
              ADD     A,R4           ;R3R6L＋R2R7L＋R3R7H
              XCH     A,R6
              XCH     A,B
              ADDC    A,R5           ;R3R6H＋R2R7H＋Cy
              MOV     R5,A
              MOV     F0,C           ;暂存 Cy
              MOV     A,R2
              MUL     AB             ;R2×R6
              ADD     A,R5           ;R2R6L＋R3R6H＋R2R7H
              MOV     R5,A
              CLR     A
              MOV     ACC.0,C
              MOV     C,F0
              ADDC    A,B            ;R2R6H＋Cy
              MOV     R4,A
              RET
```

例 4.2.26 带符号数乘法运算程序。

设两个 8 位带符号数(补码表示)分别在 R0 和 R1 中,试编写程序,求两数之积,并把结果送入 R2R3 中。

解 MCS-51 乘法指令是对两个无符号数求积的,若要对两个带符号数求积,则可采用对符号位单独处理的办法,其步骤如下:

(1) 单独处理被乘数和乘数的符号位,将它们的符号位进行"异或"操作,"同号为 0","异

号为 1",这与乘积的符号产生规则(同号为正、异号为负)是一致的;

(2) 求被乘数和乘数的绝对值,并相乘,获得乘积的绝对值;

(3) 对积进行处理,若积为正,则不处理;若积为负,则对它求补,使之变为补码形式。

程序如下:

```
            ORG    0100H
            MOV    A,R0            ;取被乘数
            XRL    A,R1            ;被乘数与乘数的符号位异或
            JB     ACC.7,FLAGl
            CLR    F0             ;同号,"0"送乘积的符号位
            AJMP   L1
FLAG1：     SETB   F0             ;异号,"1"送乘积的符号位
L1：        MOV    A,R0           ;处理被乘数
            JNB    ACC.7,NCH1     ;若为正,转 NCH1
            CPL    A              ;若为负,则求绝对值
            INC    A
NCH1：      MOV    B,A            ;被乘数送 B
            MOV    A,R1           ;处理乘数
            JNB    ACC.7,NCH2
            CPL    A
            ADD    A,#01H
NCH2：      MUL    AB             ;求积的绝对值
            JNB    F0,NCH3        ;F0=0,同号,转 NCH3
            CPL    A              ;F0=1,异号,变补
            ADD    A,#01H
NCH3：      MOV    R2,A           ;积的低字节送 R2
            MOV    A,B            ;积的高字节送 A
            JNB    F0,NCH4        ;积为正,转 NCH4
            CPL    A              ;积为负,则高字节求补
            ADDC   A,#0
NCH4：      MOV    R3,A           ;积的高 8 位送 R3
            RET
```

需要说明的是,这种带符号数的处理方法,不仅可以作单字节的乘法和除法,而且对多字节的乘法和除法也是适用的。

例 4.2.27　编写两个双字节无符号数除法子程序。

解　可以参照手算除法的方法,采用左移和相减做除法运算。其算法步骤如下。

(1) 判断被除数(后为余数)是否大于除数。若前者大,则该位商上 1,从被除数(余数)中减去除数;否则,商上 0,不减除数。

(2) 把被除数的下一位左移到余数后面,再根据其大小决定是否与除数相减。

(3) 重复(1)、(2)步,直到余数为 0 或者商的位数足够为止。

计算机中,用试减法来判断被除数是否大于除数。如果从被除数中减去除数,够减而不需

要借位,则知被除数大于除数,相减后其商的对应位为1;否则被除数小于除数,商的对应位为0。这里的关键是使商和被除数正确对位。只要每次试减之前,将被除数和商都逻辑左移一位即可。这样,通过移位使部分余数和原来的被除数的其余部分组合在一起作为被除数,然后试减判断,不断重复,直至被除数各位用完为止。

一般情况下,如果除数和商均为双字节,则被除数为 4 个字节;如果被除数的高两个字节大于或等于除数,则商不能用双字节表示,即发生溢出。此外,0 不能作除数。所以在做除法运算之前应先检验除数是否为 0 和是否会发生溢出,若是,则置溢出标志,并且不做除法运算。

子程序功能:R4R5=R2R3R4R5/R6R7,R2R3=余数

入口:R2R3R4R5=被除数,高位在前,低位在后(4 字节)

　　　　R6R7=除数(2 字节)

出口:R4R5=商(2 字节)

　　　　R2R3=余数(2 字节)

双字节无符号数除法程序流程如图 4.2.15 所示。根据流程图编写程序如下:

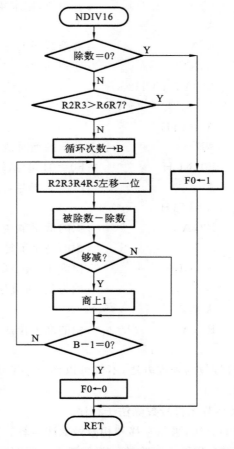

图 4.2.15　双字节无符号数除法程序流程图

```
        ORG     2100H
NDIV16: MOV     A,R6            ;判断除数是否为零
        JNZ     TOVER
```

	MOV	A,R7	
	JZ	OVER	
TOVER：	MOV	A,R3	;判断是否会发生溢出
	CLR	C	
	SUBB	A,R7	
	MOV	A,R2	
	SUBB	A,R6	
	JNC	OVER	
	MOV	B,#16	;无溢出,作除法
NDV1：	CLR	C	;被除数左移 1 位
	MOV	A,R5	
	RLC	A	
	MOV	R5,A	
	MOV	A,R4	
	RLC	A	
	MOV	R4,A	
	MOV	A,R3	
	RLC	A	
	MOV	R3,A	
	XCH	A,R2	
	RLC	A	
	MOV	F0,C	;保存移出的最高位
	XCH	A,R2	
	CLR	C	
	SUBB	A,R7	;比较部分余数与除数
	MOV	R1,A	
	MOV	A,R2	
	SUBB	A,R6	
	JB	F0,NDVM1	
	JC	NDVD1	
NDVM1：	MOV	R2,A	;够减,回送减法结果
	MOV	A,R1	
	MOV	R3,A	
	INC	R5	;商上 1
NDVD1：	DJNZ	B,NDV1	;未完,继续
	CLR	F0	
	RET		
OVER：	SETB	F0	;除数为零或有溢出
	RET		

习 题

4.1 阅读下面程序,试说明该程序功能。

```
ADD1：   MOV    A,R2
         ADD    A,#1
         MOV    R2,A
         MOV    A,R3
         ADDC   A,#0
         MOV    R3,A
         RET
```

4.2 试说明下面程序执行后,A=?

```
         MOV    R2,#0AH
         CLR    A
LOOP：   ADD    A,R2
         DJNZ   R2,LOOP
         SJMP   $
```

4.3 阅读下面程序,当累加器 A 分别为 07H 和 0BH 时,执行程序后,结果 A 各为何值? 指出该子程序的功能。

```
HXASC：  ANL    A,#0FH
         ADD    A,#90H
         DA     A
         ADDC   A,#40H
         DA     A
         RET
```

4.4 试编写一程序,将数据存储器中以 2000H 为首地址的 100 个连续单元清零。

4.5 试编程将片内 RAM 40H～60H 单元中的内容传送到片外 RAM 以 2100H 为起始地址的存储区中。

4.6 试编写计算下列算式的程序。

(1) CDH＋15H＋ABH＝

(2) 23H＋45H－18H－36H＝

4.7 试编程计算片内 RAM 区的 50H～57H 共 8 个单元中无符号数的算术平均值,结果存放在 5AH 中。

4.8 设 $(a+b)^2 < 255$,a、b 值分别存放在 3000H 和 3001H 单元中,结果存于 3002H 单元中,试编写程序计算下式:

$$y = \begin{cases} (a+b)^2 + 10 & (\text{当}(a+b)^2 < 10 \text{ 时}) \\ (a+b)^2 & (\text{当}(a+b)^2 = 10 \text{ 时}) \\ (a+b)^2 - 10 & (\text{当}(a+b)^2 > 10 \text{ 时}) \end{cases}$$

4.9 片外 RAM 区从 1000H 单元开始存有 100 个单字节无符号数,找出最大值并存入 1100H 单元中,试编写程序。

4.10 设有 100 个单字节有符号数,连续存放在以 2100H 为首地址的存储区中,试编程统计其中正数、负数、零的个数。

4.11 从 2030H 单元开始,存有 100 个有符号数,要求把它传送到从 20B0H 开始的存储区中,但负数不传送,试编写程序。

4.12 若从片内 RAM 30H 单元开始有 100 个数,试编一个程序检查这些数,正数保持不变,负数取补后送回。

4.13 试编程把以 2040H 为首地址的连续 10 个单元的内容按升序排列,存到原来的存储区中。

4.14 试编一查表程序,已知数据块的首地址为 2100H,数据块以 −1 作为结束,现要求找出 ASCII 码 A,并将其地址存入 21A0H 和 21A1H 单元中,若未找到,则 21A0H 和 21A1H 单元中存 FFH。

4.15 设在 2000H～2004H 单元中,存放有 5 个压缩 BCD 码,试编程将它们转换成 ASCII 码,存放到以 2005H 为首地址的存储区中。

4.16 在片内 RAM 20H 为首地址的存储区中,存放着 20 个用 ASCII 码表示的 0～9 之间的数,试编程,将它们转换成 BCD 码,并以压缩 BCD 码的形式存放在 40H～49H 单元中。

4.17 试编写一个多字节无符号数减法子程序。

4.18 试编写多字节 BCD 码数加法子程序。

4.19 试编写一个求四字节二进制数补码的子程序。

4.20 若晶振为 6 MHz,试编写延时 100 ms、1 s 的子程序。

4.21 在片内 RAM 30H 和 31H 单元中各有一个小于 10 的数,试编程求这两个数的平方差,用调用子程序方法实现,结果存在 40H 单元中。

4.22 试编程实现下列逻辑表达式的功能。设 P1.7～P1.0 为 8 个变量的输入端,而其中 P1.7 又作为变量输出端。

(1) $y = x_0 x_1 \overline{x_2} + \overline{x_3} + x_4 x_5 x_6 + \overline{x_7}$

(2) $y = \overline{\overline{x_0 x_1} + \overline{\overline{x_2 x_3 x_4} + \overline{x_5 x_6 x_7}}}$

4.23 某一监控程序中,有 6 个命令,分别以字母 A、B、C、D、E、F 表示。这 6 个命令有 6 个处理程序,试用转移指令表法编写程序,根据输入不同的命令字(设打入的命令字已在累加器 A 中)转至相应的处理程序。

4.24 试设计一个子程序,将片内 RAM 30H～35H 单元中的单字节正整数按从大到小的次序排列。

4.25 试设计一个子程序,其功能为将片内 RAM 20H～21H 中的压缩 BCD 码转换为二进制数,仍存于 20H～21H。

4.26 试编写一个子程序,其功能为将字符串"MICROCONTROL"装入片外 RAM 以 2400H 开始的显示缓冲区。

自 测 题

4.1　阅读程序题

1. 设 R1＝05H,程序如下:

　　　　　　　ORG　　　　　2060H

```
2060H   E8        MOV       A,R1
2061H   54 0F     ANL       A,#0FH
2063H   24 02     ADD       A,#2
2065H   83        MOVC      A,@A+PC
2066H   F8        MOV       R1,A
2067H   22        RET
2068H   TAB：     DB        00H,01H,04H,09H,10H,19H
206EH             DB        24H,31H,40H,51H,64H,79H
                  END
```

程序执行后,R1=_____。

2. 阅读程序,根据指令的助记符,在"_____"处填写相应的机器码,并指出程序的功能。

```
                  ORG       2009H
2009H   90 21 47  MOV       DPTR,#2147H
200CH   E0        MOVX      A,@DPTR
200DH   60 __     JZ        LP1
200FH   20 E7 __  JB        ACC.7,LP2
2012H   24 0A     ADD       A,#10
2014H   80 06     SJMP      LP3
2016H   24 14 LP1：ADD      A,#20
2018H   80 02     SJMP      LP3
201AH   24 1E LP2：ADD      A,#30
201CH   80 __ LP3：SJMP     LP3
                  END
```

3. 设 R2=26H,R1=8FH,程序如下:

```
CLR  C
MOV A,R2
RRC  A
MOV R2,A
MOV A,R1
RRC  A
MOV R1,A
SJMP $
```

程序执行后,R2=_____,R1=_____,C_Y=_____;说明程序的功能。

4. 程序段如下,汇编后:(1) BUF=_____;WORK=_____;TAB=_____;
(2)(1050H)~(1056H)各单元中的内容如何?

```
            ORG    1050H
BUF         EQU    100H
WORK：      DS     2
TAB：       DB     45,-3,'E'
```

```
               DW      4567H
               END
```

5. 设(20H)＝05,程序段如下,程序段执行后,(20H)＝? 并说明该程序的功能是什么?

```
MOV     R0,#20H
MOV     A,@R0
RL      A
MOV     R1,A
RL      A
RL      A
ADD     A,R1
MOV     @R0,A
```

程序执行后,(20H)＝_____。

6. 已知程序执行前有:(40H)＝88H,试问:(1) 程序执行后(40H)的内容是多少? (2) 指出该子程序完成的功能。

```
               ORG     1000H
STARTMOV       A,40H
       JNB     ACC.7,GO
       CPL     A
       INC     A
       MOV     40H,A
GO:    RET
```

程序执行后,(40H)＝_____H。

7. 设 30H＝(68)$_{BCD}$,阅读下面程序:(1) 加注释;(2) 程序执行后,(30H)＝_____;(3) 说明该程序的功能。

```
BCDB:MOV   A,30H          ;
     ANL   A,#0F0H        ;
     SWAP  A              ;
     MOV   B,#10          ;
     MUL   AB             ;
     MOV   R2,A           ;
     MOV   A,30H          ;
     ANL   A,#0FH         ;
     ADD   A,R2           ;
     MOV   30H,A          ;
     RET
```

8. 设累加器 A＝(89)$_{BCD}$,执行以下程序后 A＝_____;指出程序的功能。

```
BCDHEX   MOV   B,#10H
         DIV   AB              ;十位数→A,个位数→B
         MOV   R2,B
         MOV   B,#10
```

```
        MUL   AB
        ADD   A,R2
        RET
```

4.2　编程题

1. 设 a 和 b 皆为小于 6 的正整数,编写求 $y=a^3+b^3$ 程序。要求用主程序调用子程序的方法实现。

2. 片内 RAM 30H～3FH 存有一组单字节无符号数据,要求找出最小值,存入 40H 单元。试编写程序。

3. 设表首地址为 TABL,表格长度 100 个字节,待查找关键字在累加器 A 中,要求编写查表程序,若找到,顺序号在 A 中,F0＝0;未找到,F0＝1。

第 5 章　存　储　器

　　存储器是微型计算机的重要组成部分,它是用来存储信息的部件。目前,微型机的内存都是由半导体存储器构成的。本章主要介绍半导体存储器以及 MCS-51 单片机系统存储器的扩展方法。

5.1　半导体存储器的分类

　　计算机的存储器按其与 CPU 的连接方式和用途可以分为两类:内部存储器(简称内存)和外部存储器(简称外存)。

　　内存通过 CPU 的总线与其直接相连,CPU 可以直接对它进行访问。内存用来存放正在运行的程序和数据,内存的容量受 CPU 地址总线位数的限制,容量小,存取速度快。内存一般都采用半导体存储器。

　　外存需要配置专用设备,CPU 要通过专门的驱动设备才能访问它,外存所存放的信息调入内存后 CPU 才能使用。外存用于存放待运行的程序和数据,外存的容量大,速度慢。常见的外存有软磁盘、硬磁盘、盒式磁带等。

5.1.1　半导体存储器的分类

　　半导体存储器的分类如图 5.1.1 所示。按使用功能可分为两大类:随机存取存储器(randon access memory),简称 RAM;只读存储器(read only memory),简称 ROM。下面分别说明这两种存储器的特点。

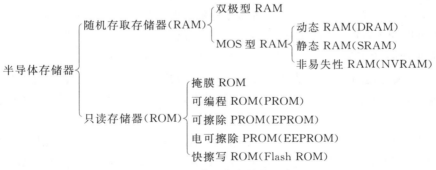

图 5.1.1　半导体存储器分类

1. 随机存取存储器(RAM)

　　RAM 用于存放运行程序、数据和中间结果,它是一种在使用过程中通过程序可随机地对任意的存储单元进行读出或写入信息的存储器,因此又叫读/写存储器。这种随机读、写的特点使它成为计算机中最基本的、也是应用最多的存储器。从制造工艺的角度看,可把 RAM 分为双极型和 MOS 型两种。前者存取速度高,但功耗大,集成度低,故在微型机中几乎都用后者。MOS 型 RAM 又可分为三类。

(1) 动态 RAM,即 DRAM(dynamic RAM)。它的存储单元以电容为基础,电路简单,集成度高。但是电容中存储的电荷由于漏电会逐渐丢失,即存储的信息会丢失。因此,它需要定时刷新,控制较复杂,适合于大存储容量的微型计算机。

(2) 静态 RAM,即 SRAM(static RAM)。它的存储电路以双稳态触发器为基础,状态稳定,可以静态工作,只要不掉电,信息就不会丢失。因此,它不需要定时刷新,存储器的控制信号简单,工作速度快,但是集成度低,适合于不需大存储容量的微型计算机。

(3) 非易失性 RAM,即 NVRAM(non volative RAM),是一种掉电自保护 RAM。它是由 SRAM 和 EEPROM 构成的存储器。正常运行时,它和 RAM 一样;而在掉电瞬间,它把 SRAM 中的信息自动地保存在 EEPROM 中,从而使信息不会丢失,重新上电后,系统可立即访问所保持的程序和数据。目前这种存储器的容量较小,多用于存储非常重要的信息和掉电保护。

2. 只读存储器(ROM)

ROM 用于存放固定程序和常数,在使用过程中,只能读出存储的信息而不能随机写入,掉电后存储的信息不会丢失。

ROM 根据其中信息的写入方式不同可以分为以下几种。

(1) 掩膜 ROM(简称 ROM)。其中的信息是在芯片制造时由厂家写入的,一旦写入就不能再更改,而只能读出。

(2) 可编程 ROM(programmable ROM,PROM)。在出厂时,PROM 里面未写入信息,用户可以根据需要采用一定设备将程序和数据写入 PROM 中,一旦写入就不能再更改,因而不能满足用户需要修改程序的要求。与 ROM 一样,它适合于大批量使用。

(3) 可擦除 PROM(erasable programmable ROM,EPROM)。EPROM 出厂时是未编程的,用户可以对其进行编程。若 EPROM 中写入的信息有错或需修改,则可先用紫外线光对准芯片上的石英窗口照射 20 min 左右,即可擦除原有信息,以恢复出厂时的状态,然后可以再次编程写入。对于编程好的 EPROM,为防止光线照射,常用遮光胶纸贴于窗口上。EPROM 可以多次擦除和再写入,特别适合于研制和开发阶段的工作。

(4) 电可擦除 PROM(electrically erasable programmable ROM,EEPROM,或 E^{2}PROM)。它是利用电来改写的可编程只读存储器,能以字节为单位擦除和改写。当需要改写某存储单元的信息时,只要让电流通入该存储单元,就可以将其中的信息擦除并重新写入信息,而其余未通入电流的存储单元的信息仍然保留。这种操作,在用户系统中即可进行,而不需专用的编程器编程。

(5) 闪烁存储器。闪烁存储器 Flash ROM 属于 E^{2}PROM 型,其性能明显优于普通的 E^{2}PROM,它的存取速度很快,而且容量相当大。典型的产品有:28F256(32 KB)、28F512(64 KB)、28F010(128 KB)、28F020(256 KB)、28F040(512 KB)、28F016SA(2 MB)、28F032SA(4 MB)。

闪烁存储器最大的特点是一方面可使内部信息在不加电的情况下保持 10 年之久,另一方面又能以比较快的速度将信息擦除后重写,可反复擦写几十万次之多,而且可以分块擦除和重新按字节擦除和重写,有很大的灵活性。

由于闪烁存储器兼具非易失性、高速度、大容量和擦写的灵活性,所以被广泛用于单片机的程序存储器和数据存储器。

5.1.2 半导体存储器的主要性能指标

存储器有两个主要技术指标:存储容量和存取速度。

1. 存储容量

存储容量是信息存储量大小的指标,容量越大,存放程序和数据的能力就越强,因此容量的大小直接影响计算机的解题能力和效率。

存储器芯片的容量是以存储 1 位(bit)二进制数为最小单位的。因此,存储器的存储容量是指每个存储器芯片所能存储的二进制数的位数。由于在微型机中,对存储器的读写通常是以字节(byte)为单位寻址的,然而存储器芯片数据线有 1 位、4 位、8 位之分。所以,在标定存储器容量时,经常同时标出存储单元数和位数,因此有

$$存储器芯片容量 = 存储单元数 \times 数据线位数$$

例如,一片 6116 芯片有 2048 个存储单元,数据线位数为 8,则一片 6116 芯片的存储容量是 2048×8 位。为方便起见,1024 记为 1 K,所以一片 6116 芯片的容量又可表示为 2 KB(字节)。

在存储器中,为了区分不同的存储单元,给每个存储单元赋予一个编号,称为存储器单元地址。存储器地址用一组二进制数表示,其存储单元数 N 与地址线位数 n 之间的关系为:$N = 2^n$。所以,一般有 n 位地址线、m 位数据线的存储器,其容量为 $2^n \times m$ 位。例如,一片 2114 芯片有 10 根地址线,4 位数据线,它的存储容量为 $2^{10} \times 4$ 位 $= 1024 \times 4$ 位。对于 8 位微型机,地址线为 16 根,数据线为 8 位,则内存容量可达 64 KB。

2. 存取速度

存储器的存取速度是用存取时间来衡量的,它是指存储器从接收 CPU 发来的有效地址到存储器给出的数据稳定地出现在数据总线上所需的时间。存取时间对于 CPU 与存储器的时间配合是至关重要的。恰到好处地安排时间关系,可以保证 CPU 既不误读取信息,又不延误时间和降低整机速度。存取时间越小,则存取速度就越快。低速存储器的存取时间在 300 ns 以上,中速存储器的存取时间在 100~200 ns 之间,超高速存储器的存取时间已小于 20 ns。随着半导体技术的发展,单片存储器的容量越来越大,速度也越来越高。

5.2 随机存取存储器(RAM)

在单片机系统中,一般用静态 RAM 作数据存储器。下面介绍 SRAM 的工作原理和典型芯片。

5.2.1 静态 RAM 的基本存储电路

图 5.2.1 为 NMOS 六管基本存储电路。图中,T_1 与 T_3 组成一个反相器,T_2 与 T_4 组成另一个反相器,两个反相器交叉耦合构成一个基本触发器,用以存储信息。设 T_1 截止、T_2 导通时,$Q = 0$,$\overline{Q} = 1$,为"0"态;T_1 导通、T_2 截止时,$Q = 1$,$\overline{Q} = 0$,为"1"态。T_5、T_6 是两个门控管,用以控制触发器输出端 $Q(\overline{Q})$ 和位线 $B(\overline{B})$ 的接通或断开。当行选择线 $X_i = 1$ 时,T_5、T_6 导通,$Q(\overline{Q})$ 和 $B(\overline{B})$ 接通;当 $X_i = 0$ 时,T_5、T_6 截止,$Q(\overline{Q})$ 和 $B(\overline{B})$ 断开。T_7、T_8 也是门控管,用来控制位线 $B(\overline{B})$ 与数据线 $D(\overline{D})$ 的接通或断开。当列选择线 $Y_j = 1$ 时,T_7、

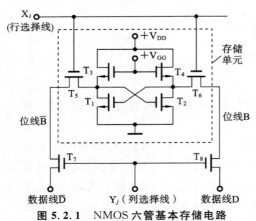

图 5.2.1　NMOS 六管基本存储电路

T_8 导通，$B(\bar{B})$ 和 $D(\bar{D})$ 接通；当 $Y_j = 0$ 时，T_7、T_8 截止，$B(\bar{B})$ 和 $D(\bar{D})$ 断开。需要指出的是，T_7 和 T_8 是同一列的所有基本存储电路共用的控制门。由上述分析可知，只有当某基本存储电路所在行、列对应的 X_i、Y_j 皆为 1 时，该基本存储电路被选中，其输出 $Q(\bar{Q})$ 与数据线 $D(\bar{D})$ 相通，实现对它进行读/写操作。

由于 SRAM 存储电路中，MOS 管数目较多，所以集成度较低，而且功耗也较大，这是 SRAM 的主要缺点。但使用它时不需刷新电路，从而简化了外部电路。

5.2.2　静态 RAM 芯片举例

1. 6116 芯片的结构

6116 芯片是一种典型的 CMOS 静态 RAM，其芯片的容量为 2 K×8 位。它的引脚和内部结构如图 5.2.2 所示，其结构由存储矩阵、地址译码和读/写控制三部分组成。

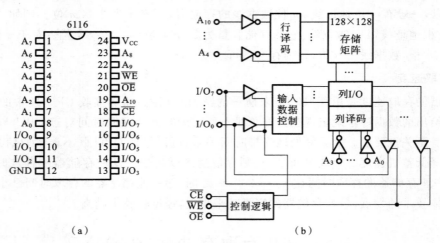

（a）　　　　　　　　　　　　　　　　　　（b）

图 5.2.2　6116 芯片的引脚图和功能框图

（a）引脚图；（b）功能框图

1）存储矩阵

6116 芯片的容量为 2 K×8 位，即它有 2048 个存储单元，每个存储单元字长为 8 位，故 6116 芯片内有 16384 个基本存储电路。为了节省内部译码电路，将它们排列成 128×128 的矩阵形式，它是存储器存储信息的载体。

2）地址译码

由于存储体是矩阵式的结构，所以地址译码电路分成行地址译码和列地址译码。由 $A_4 \sim A_{10}$ 经译码产生 128 根行选择线 $X_i(i=0, \cdots, 127)$，由 $A_0 \sim A_3$ 经译码产生 16 根列选择线 $Y_j(j=0, \cdots, 15)$，每条列选择线同时控制 8 位。这样，根据外部地址输入，存储器内部通过译码电路选中被访问的存储单元，以便进行"读"或"写"。

3）读/写控制

RAM 的输入/输出与计算机的数据总线相连。CPU 对 RAM 进行读操作时,被访问的存储单元中的信息应读出(输出)到外部数据总线上来;CPU 对 RAM 进行写操作时,数据总线上的内容应写入(输入)到被访问的存储单元中。由图 5.2.2 可见,当 $\overline{CE}=0$、$\overline{OE}=0$、$\overline{WE}=1$ 时,为读出操作;当 $\overline{CE}=0$、$\overline{OE}=1$、$\overline{WE}=0$ 时,为写入操作;其他情况下,输入/输出的三态门呈高阻态。由此可见,RAM 的输入/输出应是双向、三态的。

2. 6116 芯片的引脚

1）地址线 $A_0 \sim A_{10}$

它用于选择片内存储单元。由 11 根地址线可知,片内存储单元数 $N=2^{11}=2048$。

2）数据线 $D_0 \sim D_7$

它用于与外界交换信息。

3）控制线 $\overline{OE}$、$\overline{WE}$、$\overline{CE}$

$\overline{OE}$:读控制,或称输出使能控制,低电平有效。

$\overline{WE}$:写控制,或称输入使能控制,低电平有效。

$\overline{CE}$:片选信号,低电平有效,由 $\overline{CE}$ 是否有效来决定该芯片是否被选中。由于单片的存储容量是有限的,因此需要用若干片才能组成一个实用的存储器。地址不同的存储单元可能处于不同的芯片中,所以在访问存储单元时,应选中其所属的芯片。只有当片选端($\overline{CE}$)加上有效信号时,才能对该芯片进行读/写操作。一般,片选信号由地址码的高位经译码产生。

3. 6116 芯片的工作方式

6116 芯片有三种工作方式。

（1）写入方式。其条件是:$\overline{CE}=0,\overline{WE}=0,\overline{OE}=1$。操作结果是 $D_0 \sim D_7$ 上的内容输入到 $A_0 \sim A_{10}$ 所指定的存储单元中。

（2）读出方式。其条件是:$\overline{CE}=0,\overline{WE}=1,\overline{OE}=0$。操作结果是 $A_0 \sim A_{10}$ 所指定的存储单元内容输出到 $D_0 \sim D_7$ 上。

（3）低功耗维持方式。这是一种非工作方式,当 $\overline{CE}=1$ 时,芯片处于这一方式。此时,器件电流仅为 20 μA 左右,为系统断电时用电池保持 RAM 的内容提供了可能性。

其他 SRAM 的结构与 6116 芯片相似,在外部只是地址线不同而已。常用的芯片型号有 6264、62128、62256、62512,它们都是 28 个引脚的双列直插式芯片,使用单一的 +5 V 电源,它们与同样容量的 EPROM 引脚相互兼容。

5.3 只读存储器(ROM)

只读存储器 ROM 的信息在使用时是不能被改变的,即只能读出,而不能像 RAM 那样可随意写入,一般用来存放固定程序。在微型机中,EPROM 被广泛应用,在单片机系统中常用 EPROM 作程序存储器。下面介绍 EPROM 的工作原理和典型芯片。

5.3.1 EPROM 的存储单元电路

通常 EPROM 的存储单元电路中使用了浮置栅雪崩注入 MOS 管(FAMOS 管)。FAMOS管的结构如图 5.3.1 所示。

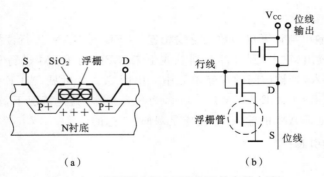

图 5.3.1　浮置栅 MOS EPROM 的存储电路

　　FAMOS 管基本上是一个 P 沟道增强型 MOS 管,但栅极没有引出端,被 SiO_2 绝缘层所包围,处于悬浮状态,故称为"浮置栅"。在原始状态,浮置栅上是不带电的,因而在漏极和源极之间没有导电沟道,FAMOS 管处于截止状态。如果在漏极和源极之间加上比较大的负电压(如 $-20 \sim -30$ V),则可使衬底与漏极之间的 PN 结产生雪崩击穿,使一部分电子注入浮置栅。注入浮置栅的电子数量由所加电压脉冲的幅度和时间来控制。当浮置栅获得足够多的电子(负电荷)后,就会在漏、源极之间产生 P 型导电沟道,使 FAMOS 管导通。当外加电压取消后,积累在浮置栅上的电子没有放电回路,因而在室温和无光照的条件下可长期保存下来。如果用紫外线或 X 射线照射 FAMOS 管,则可使浮置栅上的电荷中和掉,于是导电沟道消失,FAMOS 管又恢复为截止状态,这个过程称为擦除。为便于擦除,在器件的外壳上装有透明的石英盖板,以便让射线通过。

　　EPROM 的存储矩阵中,每个基本存储单元是用一个普通 MOS 管和一个 FAMOS 管串联起来组成的,如图 5.3.1(b)所示。当行选线选中该存储单元时,如果 FAMOS 管的浮置栅中已注入了电子,则它是导通的,这时相应的位线输出为低电平,即读取值为 0;如果 FAMOS 管的浮置栅中未注入电子,则它是截止的,这时相应的位线输出为高电平,即读取值为 1。在原始状态下,即产品在出厂时未经过编程,浮置栅中没注入电子,位线输出总是为 1。

　　将 EPROM 芯片放在紫外线灯管下,一般照射 20 min 左右,可使所有 FAMOS 管恢复原始状态(截止),读出各单元的内容均为 FFH,即 EPROM 被擦除。

5.3.2　典型 EPROM 芯片介绍

　　EPROM 芯片有多种型号,如 2716(2 KB)、2732(4 KB)、2764(8 KB)、27128(16 KB)、27256(32 KB)等,它们的工作情况基本相同,只是在存储容量上有所差别。下面以 2716 芯片为例,对 EPROM 的性能和工作方式作一介绍。

　　2716 芯片的引脚图和内部结构框图如图 5.3.2 所示。

　　各引脚的作用如下。

　　$A_0 \sim A_{10}$:11 条地址输入线。

　　$D_0 \sim D_7$:8 条数据线。编程时,为输入线,用来输入要写入的信息;使用时,为输出线,用来输出存储的信息。

　　$\overline{OE}$:读信号,输出使能端,低电平有效。

　　V_{CC}:工作电源,接 +5 V。

　　V_{PP}:编程电源。编程时,接 +25 V;运行时,接 +5 V。

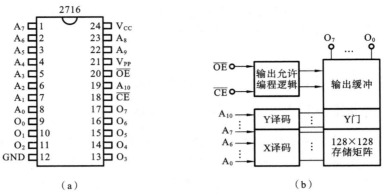

图 5.3.2 2716 芯片的引脚图和内部结构框图

(a)引脚图;(b)内部结构框图

$\overline{CE}$:片选信号。运行时,作片选输入端,低电平有效;编程时,由该端输入编程正脉冲信号。

2716 芯片有六种工作方式,如表 5.3.1 所示。

表 5.3.1 2716 芯片的工作方式选择

方式 \ 引脚	V_{CC}	V_{PP}	$\overline{CE}$	$\overline{OE}$	$D_0 \sim D_7$
读	+5 V	+5 V	低	低	输出
未选中	+5 V	+5 V	×	高	高阻
等待	+5 V	+5 V	高	×	高阻
编程	+5 V	+25 V	正脉冲	高	输入
编程检查	+5 V	+25 V	低	低	输出
编程禁止	+5 V	+25 V	低	高	高阻

1. 读方式

这是 2716 芯片通常使用的方式,此时两个电源引脚 V_{CC}、V_{PP} 都接至+5 V。当从 2716 芯片的某个单元中读数据时,先通过 $A_0 \sim A_{10}$ 接收来自 CPU 的地址信号,然后使 $\overline{CE}$ 和 $\overline{OE}$ 都有效,于是经过一段延迟时间,$D_0 \sim D_7$ 便送出该地址所指定的存储单元的内容。

2. 未选中

在 $\overline{OE}=1$ 时,不论 $\overline{CE}$ 状态如何,2716 芯片均未选中,因此 $D_0 \sim D_7$ 呈高阻态。

3. 等待

在 $\overline{CE}=1$ 时,2716 芯片处于等待状态。此时,2716 芯片的功耗由 525 mW 下降到 132 mW,只有读状态的 1/4。在此状态下,$D_0 \sim D_7$ 呈高阻态。

4. 编程

$V_{PP}=+25$ V,$\overline{OE}=1$,把要写入数据的单元地址和数据分别送到地址总线和数据总线上,向 $\overline{CE}$ 端送一个 52 ms 宽的正脉冲,就可以将数据写入指定的单元中。全部 2 KB 的编程时间约 100 s。

5. 编程检查

为了检查编程时写入的数据是否正确,通常在编程过程中包含检查操作。在一个字节的编程完成后,电源的接法不变,$\overline{CE}$、$\overline{OE}$均为低电平,则同一单元的数据就在数据线上输出,以便与输入数据进行比较,检查编程的结果是否正确。

6. 编程禁止

在编程过程中,只要使该芯片的$\overline{CE}=0$,编程就立即禁止。

5.3.3　电擦除可编程 ROM(E^2PROM)

EPROM 的优点是,芯片可以多次用来擦除和编程,但是当整个芯片虽只写错一位时,也必须从电路板上取下擦掉重写,在实际使用时不大方便。而 E^2PROM 的主要特点是,擦除时不需要紫外线光源,在写入过程中能自动擦除,并且可以字节为单位进行在线修改。由于片内设有编程所需的脉冲产生电路,因此不需外加编程电源和编程脉冲即可完成写入工作,使用极为方便。所以,这种器件在智能仪器仪表等方面得到广泛应用。

E^2PROM 兼有程序存储器和数据存储器的特点,因此在单片机应用系统中,如果作为程序存储器使用时,应按程序存储器的连接方式;如果作为数据存储器使用时,连接方式较灵活,既可直接将 E^2PROM 作为片外数据存储器扩展,也可通过 I/O 口与系统总线相连。

典型的 E^2PROM 芯片有 2817A(2 KB)、2864A(8 KB)等,下面简要介绍 2817A 芯片。

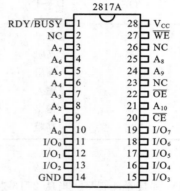

图 5.3.3　2817A 芯片的引脚图

2817A 芯片内具有防写保护单元,适用于现场修改参数。片内设有编程所需的高压脉冲产生电路,无须外加编程电源和写入脉冲即可工作。2817A 芯片的引脚如图 5.3.3 所示。图中,RDY/$\overline{BUSY}$为准备就绪/忙状态,用于向 CPU 提供器件所处的状态。2817A 芯片的擦写过程是:在写入一个字节的数据之前,自动地对所要写入的单元进行擦除,将 RDY/$\overline{BUSY}$置于低电平,然后再将新的数据写入;完成一次字节写入操作后,再将 RDY/$\overline{BUSY}$置于高电平。CPU 通过检测此引脚的状态来控制芯片的擦写操作。例如,利用 RDY/$\overline{BUSY}$引脚的这一功能,可在每写完一个字节后,向 CPU 请求中断来继续写入下一个字节,而在写入过程中,其数据总线呈高阻态,故 CPU 可继续执行其程序。因此,采用中断方式既可在线修改内存参数,而又不致影响计算机的实时性。

2817A 芯片的工作方式如表 5.3.2 所示。

2817A 芯片的读和维持方式与 EPROM 的相同,不同的是在线字节写入方式。

2817A 芯片采用单一的＋5 V 电源,读取时间为 200 ns,字节擦写时间约为 16 ms,数据保存时间接近 10 年。

表 5.3.2　2817A 芯片的工作方式选择

引脚 方式	$\overline{CE}$	$\overline{OE}$	$\overline{WE}$	RDY/$\overline{BUSY}$	输入/输出
读	低	低	高	高阻	输出
维持	高	任意	任意	高阻	高阻
字节写入	低	高	低	低	输入
字节擦除	字节写入之前自动擦除				

5.4 CPU 与存储器的连接

5.4.1 CPU 与总线连接时应考虑的问题

在微型计算机中,CPU 对存储器进行读/写操作时,首先要由 CPU 发出地址信号,然后发出相应的读/写控制信号,最后才能在数据总线上交流信息。所以,CPU 与存储器的连接,实际上就是地址总线、数据总线和控制总线的连接,在连接时应注意以下问题。

1. CPU 总线的带负载能力

CPU 在设计时,一般输出线只能驱动一个标准 TTL 负载。对于 MOS 存储器,其直流负载很小,主要是电容负载,故在小系统中,CPU 可以直接与存储器相连;而在较大的系统中,存储器的芯片片数较多,可能会造成 CPU 总线过载,这时应加缓冲器或总线驱动器,以增大总线的驱动能力。

2. CPU 时序与存储器速度之间的配合

CPU 访问存储器的操作都是有固定时序的,由此决定了对存储器存取速度的要求,也就是说,存储器的存取时间要与 CPU 的读/写时序相匹配,否则就无法保证迅速准确地传送数据。一般应尽量根据 CPU 的速度来选择存储器芯片的存取速度,以便简化电路。

3. 存储器的地址分配和片选信号的产生

通常内存分为 ROM 和 RAM 两大部分,而 RAM 又分为系统区(如监控程序或操作系统占用的区域)和用户区,所以要合理分配内存地址空间。另外,一个实际的存储器大都由多片存储器芯片组成,因此需要考虑如何产生片选信号问题,有关内容将在 5.5 节中介绍。

4. 控制信号的连接

应考虑 CPU 的有关控制信号与存储器要求的控制信号(如读、写)相连,以实现所需的控制作用。

5.4.2 存储器器件的选择

微型计算机的内存由半导体存储器器件构件。对于单片机系统,内存又明显地分为程序存储器和数据存储器。此外,这类系统主要用于工业测控、智能仪器仪表等方面,存储器容量不大,因此对存储器器件的选择比较单一。一般选择存储器器件主要包括以下几个方面。

1. 存储器的类型

根据设计意图选定 ROM、RAM。ROM 用于固化程序,对于产品开发宜于选用 EPROM。RAM 有 SRAM 和 DRAM 之分。由于对 SRAM 不需刷新操作,电路连接简单,扩充灵活,可靠性高,而且一般 SRAM 的引脚与同容量的 EPROM 兼容,因此在存储器容量较小的系统中广泛选用 SRAM。

2. 存储器芯片的容量

一般根据系统和用户程序的规模确定整个存储器的容量。由于单片存储器芯片容量有限,往往需要多片组成,因此对于单片机系统,通常选择单片容量较大、位数不需扩展的存储器芯片。

3. 存储器的速度

存储器的速度必须和 CPU 的读/写速度相匹配。因此，通常把 CPU 对存储器速度的要求作为选定存储器芯片型号的重要条件之一。一般应尽量根据 CPU 的速度来选定存储器芯片的速度，一方面使电路连接简单，另一方面同时也可充分发挥 CPU 的高速功能。

4. 存储器的功耗

在用电池供电的系统中，功耗是一个很重要的问题。一般，对功耗要求高的场合，应选用 CMOS 型器件。

选择存储器器件时，除考虑上述几个方面外，还应考虑存储器的价格、芯片封装形式等。

5.4.3 常用存储器芯片

下面主要是针对单片机系统，介绍一些常用的存储器芯片和接口芯片。

1. 常用的只读存储器芯片

通常选用 EPROM 作程序存储器，特别用途时也可采用 E^2PROM。典型的 EPROM 芯片有 2716、2732、2764、27128、27256 等，后四种的引脚图如图 5.4.1 所示。各引脚的含义、工作方式均可参照 2716 芯片。需要注意的是，不同的 EPROM，其编程电压 V_{PP} 亦不相同；编程使用时，应按厂家的要求加上相应电压。各芯片运行时，都是接 +5 V 电源，其容量和编程电压示于表 5.4.1 中。

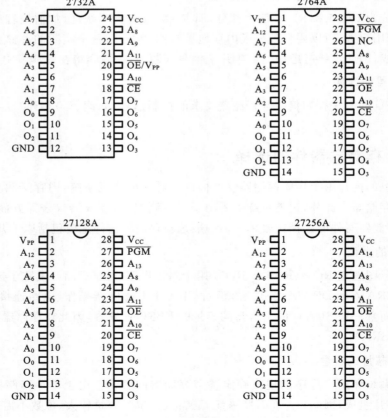

图 5.4.1　常用 EPROM 芯片的引脚图

表 5.4.1 常用 EPROM 的 V_{PP} 值

型 号	容量	V_{CC}	V_{PP}（读）	V_{PP}（编程）
2732/2732A	4KB	+5V	低	+25V/+21V
2764/2764A	8KB	+5V	+5V	+21V/+12.5V
27128/27128A	16KB	+5V	+5V	+21V/+12.5V
27256	32KB	+5V	+5V	+12.5V

2. 常用的读/写存储器芯片

单片机系统常用 SRAM 作片外数据存储器，典型的 SRAM 芯片有 6116、6264、62128、62256、62512。6264 芯片的引脚如图 5.4.2 所示，它的工作方式见表 5.4.2。

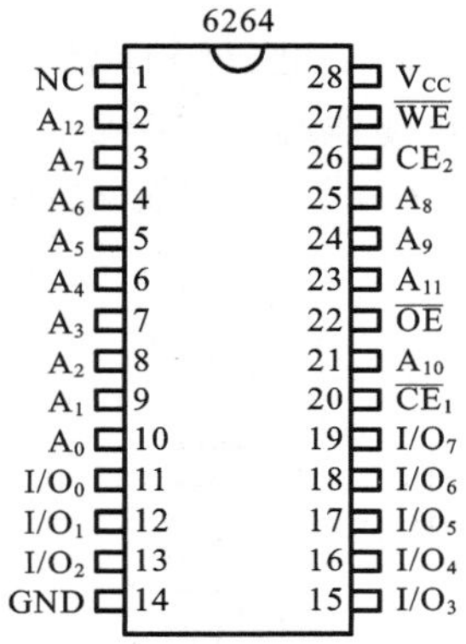

图 5.4.2 6264 芯片的引脚图

表 5.4.2 6264 芯片的操作方式

$\overline{WE}$	$\overline{CE_1}$	CE_2	$\overline{OE}$	方 式	$D_0 \sim D_7$
×	高	×	×	未选中（掉电）	高阻
×	×	低	×	未选中（掉电）	高阻
高	低	高	高	输出禁止	高阻
高	低	高	低	读	D_{OUT}
低	低	高	高	写	D_{IN}
低	低	高	低	写	D_{IN}

5.4.4 存储器连接常用接口电路

1. 总线缓冲器

缓冲器主要用于 CPU 总线的缓冲，以增加总线驱动负载的能力。常用的有单向缓冲器 74LS244 和双向缓冲器 74LS245，都是三态逻辑缓冲器，分别如图 5.4.3(a)、(b)所示。在图 5.4.3(a)中，一片 244 分为两组，每组 4 位，对应输入分别为 $1A_1 \sim 1A_4$ 和 $2A_1 \sim 2A_4$；对应输出分别为 $1Y_1 \sim 1Y_4$ 和 $2Y_1 \sim 2Y_4$；$\overline{G_1}$ 和 $\overline{G_2}$ 分别是两组的三态使能控制端，低电平有效。若把 $\overline{G_1}$ 和 $\overline{G_2}$ 相连接，则一片 244 即为一个 8 位的单向缓冲器。这种缓冲器常用于地址或控制信号的缓冲。

245 是一个 8 位双向缓冲器，图 5.4.3(b)中，$\overline{G}$ 为使能控制端，低电平有效；DIR 为方向控制端。当 $\overline{G}=0$、DIR=0 时，数据由 B 到 A；当 $\overline{G}=0$、DIR=1 时，则数据由 A 到 B。当 $\overline{G}=1$ 时，A 和 B 均处于高阻态。245 常用作数据缓冲器，也可用作单向缓冲器，用于地址或控制信号的缓冲。

2. 地址锁存器

由于 MCS-51 的 P0 口是分时复用的地址/数据线，因此必须利用地址锁存器将地址信号从地址/数据总线中分离出来，得到低 8 位地址 $A_0 \sim A_7$。这种锁存器也可作为数据锁存器，锁存 CPU 输出的数据。

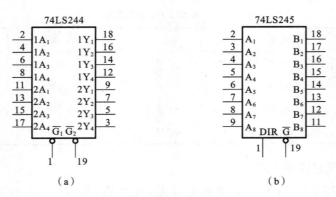

图 5.4.3　三态缓冲器

(a) 单向缓冲器；(b) 双向缓冲器

　　常用的地址锁存器,有带三态缓冲输出的 8D 锁存器 74LS373、8282 和 8D 锁存器 74LS273,它们的引脚如图 5.4.4 所示。图中,$\overline{OE}$ 是锁存器三态门输出使能端。$\overline{OE}=0$ 时,锁存器输出;$\overline{OE}=1$ 时,输出呈高阻态。G、STB 和 CLK 是选通脉冲输入端,选通脉冲有效时,数据输入 $D_0 \sim D_7$ 被锁存;CLR 为清 0 端,CLR=0 时,锁存器被清 0。

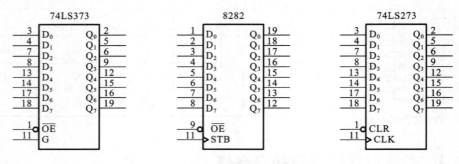

图 5.4.4　地址锁存器

3. 地址译码器

　　地址译码器用于对存储器和 I/O 口地址译码,产生片选信号。常用的地址译码器有 74LS138,其引脚见图 5.4.5,功能见表 5.4.3。

表 5.4.3　74LS138 的功能表

G_1	$\overline{G}_{2A}$	$\overline{G}_{2B}$	C	B	A	$\overline{Y}_0$	$\overline{Y}_1$	$\overline{Y}_2$	$\overline{Y}_3$	$\overline{Y}_4$	$\overline{Y}_5$	$\overline{Y}_6$	$\overline{Y}_7$
1	0	0	0	0	0	0	1	1	1	1	1	1	1
1	0	0	0	0	1	1	0	1	1	1	1	1	1
1	0	0	0	1	0	1	1	0	1	1	1	1	1
1	0	0	0	1	1	1	1	1	0	1	1	1	1
1	0	0	1	0	0	1	1	1	1	0	1	1	1
1	0	0	1	0	1	1	1	1	1	1	0	1	1
1	0	0	1	1	0	1	1	1	1	1	1	0	1
1	0	0	1	1	1	1	1	1	1	1	1	1	0
0	×	×	×	×	×				输出全为1				
×	1	×	×	×	×				输出全为1				
×	×	1	×	×	×								

图 5.4.5　74LS138 的
引脚图

5.5 MCS-51 存储器的扩展

MCS-51 单片机内部集成的 ROM、RAM、I/O 口、定时器/计数器以及中断结构等硬件资源有限,为了满足复杂的工业测控系统的要求,常常需要扩展单片机的外部功能。本节将介绍 MCS-51 存储器的扩展方法,其他功能的扩展将在后续相应章节中介绍。

5.5.1 程序存储器的扩展

5.5.1.1 程序存储器的扩展方法

在 MCS-51 系列中,8051/8751 片内含有 4 KB 的 ROM/EPROM;8031 片内不含 ROM 或 EPROM,通常利用外接 EPROM 芯片的方法扩展程序存储器。

MCS-51 的 I/O 端口提供如下三类总线。

(1) 地址总线。P0 口提供 $A_0 \sim A_7$ 低 8 位地址线,P2 口提供 $A_8 \sim A_{15}$ 高 8 位地址线,因此 $A_0 \sim A_{15}$ 组成 16 位地址总线,可寻址 64 KB 的程序存储器存储空间。

(2) 数据总线。由 P0 口分时提供 $D_0 \sim D_7$ 8 位数据总线,传送信息。

(3) 控制总线。MCS-51 访问外部程序存储器所使用的控制信号有以下几种。

ALE:用做低 8 位地址锁存器的选通脉冲,以便把 P0 口分时提供的 $A_0 \sim A_7$ 锁存起来。

$\overline{\text{PSEN}}$:外部程序存储器读控制信号。

MCS-51 程序存储器的基本扩展电路如图 5.5.1 所示。

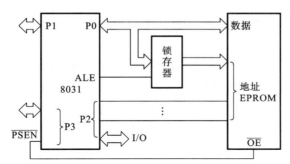

图 5.5.1 MCS-51 **程序存储器的扩展电路**

MCS-51 访问外部程序存储器的时序如图 5.5.2 所示。

由于 MCS-51 单片机中程序存储器与数据存储器是严格分开的,因此对程序存储器操作的时序分为两种情况:一种是不执行 MOVX 指令;另一种是执行 MOVX 指令。

图 5.5.2(a)所示的是不执行 MOVX 指令的情况。这时,P2 口输出高 8 位地址 PCH,P0 口作为地址线输出低 8 位地址 PCL。作为数据线,要由 P0 口输入指令代码。由于 P0 口是地址/数据分时复用的,因而要用 ALE 来锁存 P0 口输出的地址 PCL。在访问外部程序存储器的一个机器周期内,ALE 出现两个正脉冲,即允许地址锁存器两次有效,在下降沿时刻锁存出现在 P0 口上的低 8 位地址 PCL,然后 P0 口变为输入方式,准备输入指令代码。在每个机器周期内,$\overline{\text{PSEN}}$ 出现两次低电平作为读信号,用于读取由 PCL 和 PCH(即 $A_0 \sim A_{15}$)所指定的外部程序存储单元中的指令。

图 5.5.2(b)所示的是执行 MOVX 指令的情况。当系统中有外部数据存储器,在执行

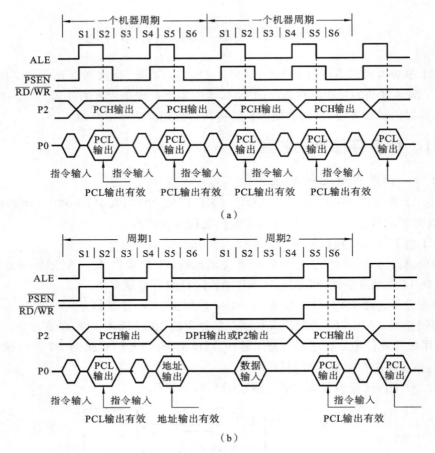

图 5.5.2　访问外部程序存储器的操作时序
(a) 不执行 MOVX 指令时；(b) 执行 MOVX 指令时

MOVX 指令时，16 位地址应指向数据存储器。在指令输入以前，P2 口、P0 口输出的地址 PCH、PCL 指向程序存储器；在指令输入并判定是 MOVX 指令后，在该机器周期 S5 状态中 ALE 锁存的 P0 口地址并不是程序存储器的低 8 位地址，而是数据存储器的低 8 位地址。若执行的是 MOVX A,@DPTR 或 MOVX@DPTR,A 指令，则该地址就是 DPL(数据指针低 8 位)，同时在 P2 口上出现的是 DPH(数据指针高 8 位)。若执行的是 MOVX A,@Ri 或 MOVX@Ri,A 指令，则该地址就是 Ri 的内容，而 P2 口提供的是数据存储器高 8 位地址的内容。这时，在同一机器周期内将不再出现 $\overline{PSEN}$ 有效信号，在下一个机器周期内也不再出现 ALE 有效信号；而当 $\overline{RD}/\overline{WR}$ 有效时，P0 口将输入/输出数据存储器的数据。由此可见，只有在执行 MOVX 指令时的第二个机器周期期间，地址总线指向数据存储器。

5.5.1.2　程序存储器扩展电路

下面介绍几个典型的 EPROM 扩展电路。

1. 扩展 4 KB EPROM

图 5.5.3 是扩展 4 K 字节 EPROM 的线路图。图中，地址锁存器采用 74LS373，三态控制端 $\overline{OE}$ 接地，373 的输出常通，G 端与 ALE 相连，每当 ALE 下跳变时，373 锁存低 8 位地址 $A_0 \sim A_7$ 并输出。

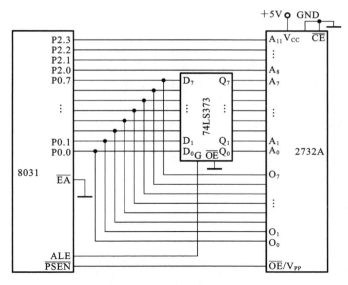

图 5.5.3 扩展 4 KB EPROM 电路

2732 是 4 KB EPROM,有 12 根输入地址线 $A_0 \sim A_{11}$ 分别与 373 的 $Q_0 \sim Q_7$(即 $A_0 \sim A_7$)和 $P2.0 \sim P2.3$ 相连,由于系统中只扩展一片 EPROM,故 2732 的片选端 $\overline{CE}$ 接地,即该片总是被选中。当 8031 发出 16 位地址时,其中 $A_0 \sim A_{11}$ 就可选中 2732 片内 4 KB 存储器中的某个单元。

单片机的 $\overline{PSEN}$ 与 2732 的 $\overline{OE}/V_{PP}$ 相连,当 $\overline{PSEN}$ 有效时,把 2732 中的指令或数据送入 P0 口数据线。

2. 扩展 16 KB EPROM

扩展较大容量的存储器有两种方法:一是采用单片容量大的存储器;二是采用多片同型号较小容量的存储器。

图 5.5.4 是用两片 2764(8 KB)扩展 16 KB EPROM 的方案。当 P2.5(A_{13})为 0 时,选中 2764(A)芯片,A_{13} 经反相器后变为 1,使 2764(B)芯片未选中。当 A_{13} 为 1 时,则选中 2764

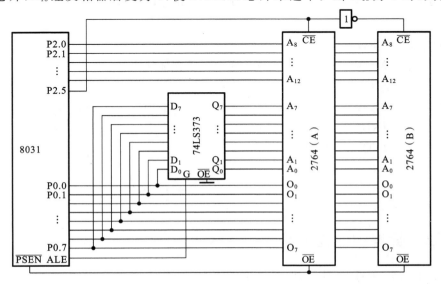

图 5.5.4 扩展 16 KB EPROM 电路

(B),而未选中 2764(A)。

3. 扩展 2 KB E²PROM

扩展 2 KB E²PROM 的连接如图 5.5.5 所示。图中,8031 的 $\overline{\text{WR}}$ 与 2817A 的 $\overline{\text{WE}}$ 相连;此外,$\overline{\text{PSEN}}$ 和 $\overline{\text{RD}}$ 相与后作为读信号和 2717A 的 $\overline{\text{OE}}$ 相连。因此,无论是 $\overline{\text{PSEN}}$ 有效或是 $\overline{\text{RD}}$ 有效,都能使 $\overline{\text{OE}}$ 有效,8031 可对 2817A 进行读/写操作。这是一种把 E²PROM 既作为片外程序存储器,又作为片外数据存储器,两种存储器空间合并的连接方法。

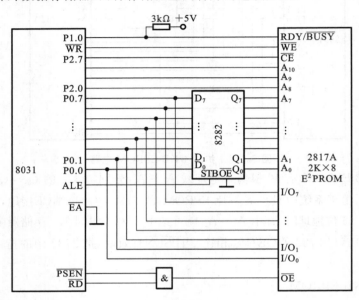

图 5.5.5　扩展 2 KB E²PROM 电路

图 5.5.5 中,2817A 的 RDY/$\overline{\text{BUSY}}$ 接至 8031 的 P1.0,因此,8031 可采用查询方式对 2817A 的写操作进行管理。

例如,若将 2817A 的 7F00H～7FFFH 共 256 个单元依次写入 0,1,…,FFH,则可编写如下程序:

```
          ORG    0100H
          MOV    DPTR,#7F00H      ;置地址指针
          MOV    A,#0
LOOP:     MOVX   @DPTR,A          ;A 的内容写入 2817A 中
WAIT:     JNB    P1.0 WAIT        ;一个字节未写完,等待
          INC    DPTR
          INC    A
          JNZ    LOOP             ;未写完,继续
          RET
```

5.5.2　数据存储器的扩展

5.5.2.1　数据存储器的扩展方法

MCS-51 片内含有 128B 的数据存储器 RAM,主要用作工作寄存器、堆栈、软件标志和数

据缓冲器。对于简单的测控系统,用它存放运算的中间结果,容量是够用的。但对于大量数据采集处理系统,则需要在片外扩展 RAM。

MCS-51 单片机系统的数据存储器可扩展到 64 KB,常用片外连接 RAM 的方法扩展数据存储器。

MCS-51 扩展外部数据存储器所用的地址总线、数据总线与外接 ROM 时相同,只有读/写控制线不同。外接 RAM 时,由 P3.7 和 P3.6 分别提供$\overline{RD}$、$\overline{WR}$控制信号。

需要说明的是,虽然程序存储器和数据存储器都可扩展到 64 KB 存储空间,但由于程序存储器的读控制信号$\overline{PSEN}$与数据存储器的读/写控制信号$\overline{RD}$、$\overline{WR}$是相互独立的,不会同时有效,故各自的 64 KB 地址空间是相互独立的,地址空间分别为 0000H~FFFFH。

MCS-51 数据存储器的基本扩展电路如图 5.5.6 所示。图中,P0 口为 RAM 的复用地址/数据线,控制线只使用$\overline{WR}$、$\overline{RD}$,而不使用$\overline{PSEN}$。MCS-51 在对外部 RAM 读/写期间,CPU 产生$\overline{RD}/\overline{WR}$信号。

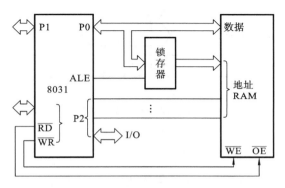

图 5.5.6　扩展外部 RAM 电路原理图

MCS-51 单片机读/写外部数据存储器的时序如图 5.5.7 所示。

图 5.5.7(a)为外部数据存储器读周期,P2 口输出外部 RAM 的高 8 位地址($A_8 \sim A_{15}$),P0 口分时传送低 8 位地址和数据。当地址锁存信号 ALE 为高电平时,P0 口输出地址 $A_0 \sim A_7$ 有效,ALE 下降沿将此地址打入地址锁存器中;接着 P0 口变为输入方式,读信号$\overline{RD}$有效,选通外部 RAM 相应存储单元的内容送到 P0 口上,由 CPU 读入。

图 5.5.7(b)为外部数据存储器写周期,其操作过程与读周期类似。写操作时,在 ALE 下降到低电平后,$\overline{WR}$信号才有效,CPU 通过 P0 口把数据写入相应的 RAM 单元中。

从图 5.5.7 还可看出,在对外部数据存储器进行读/写操作时,程序存储器读选通信号$\overline{PSEN}$始终为高电平,因此 CPU 只与外部数据存储器 RAM 传送数据,而程序存储器不能读出。

在单片机应用系统中,可用 SRAM、DRAM 或 E^2PROM 作外部数据存储器,但通常选用 SRAM。由于对它不需要考虑定时刷新问题,因而与单片机接口简单。常用的 SRAM 有 6116、6264、62128。

随着存储技术的不断发展,近年来出现了一种新型的集成动态随机存储器 iRAM。它将一个完整的动态 RAM 系统(包括动态刷新硬件逻辑)集成到一块芯片上,从而兼有静态 RAM 和动态 RAM 的优点:价廉、功耗低、接口简单。Intel 公司提供的 iRAM 有 2186 和 2187,其单片容量都是 8 KB,单一＋5 V 电源供电。

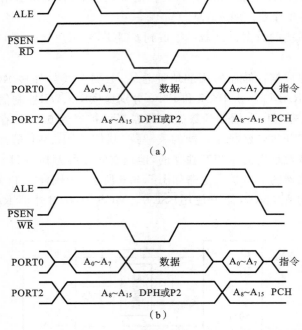

图 5.5.7　MCS-51 访问外部数据存储器的时序波形图

(a) 读；(b) 写

5.5.2.2　静态 RAM 的扩展

图 5.5.8 是 2 KB 的外部数据存储器扩展电路。6116 是 2 KB 的 SRAM 芯片。图中，P2.7 作为 6116 的片选信号，P0 口和 P2.0～P2.2 共 11 根地址线接 6116 的 A_0～A_{10}，因此，6116 的地址范围为 7800H～7FFFH。8031 在访问 6116 时可用以下指令：

　　　MOVX @DPTR，A

　　　MOVX A，@DPTR

当外部数据存储器容量小于 256 B 时，还可用 MOVX A，@Ri 和 MOVX @Ri，A 指令。执行此类指令仅访问低 8 位地址单元，此时高 8 位地址线 P2 口不变化，仍可作通用 I/O 口使用。

5.5.2.3　存储器地址译码方法

由上述可知，CPU 与存储器连接的一个重要问题是，存储器地址的分配和片选信号的产生。它们决定了存储器在内存空间中的位置。解决片选信号的问题就是要正确处理存储器地址译码问题。一般来说，地址译码有下述两种方法。

1. 线选法

所谓线选法，就是把单独的地址线（通常是未用的高位地址线的某一根）作为片选信号接到存储器的片选端上，只要该信号为低电平，就可选中相应的存储器芯片。这种方法的特点是连线简单，不需专门设计逻辑电路，但芯片之间的地址不连续，存储空间没有充分利用。此外，每个存储单元地址不是唯一的，存在着地址重叠区，重叠区的个数为 2^n，其中 n 为与存储器芯片地址线未连的高位地址线根数。一般对小系统，由于扩展的存储器芯片不多，因此这种线选法有实用价值。

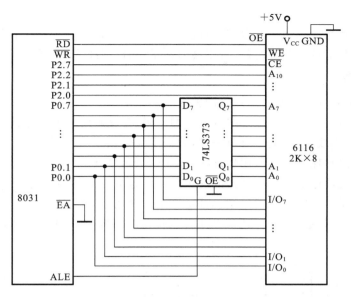

图 5.5.8 扩展 2 KB RAM 电路

图 5.5.9 表示单片机片外扩展 16 KB 数据存储器和 16 KB 程序存储器的电路。6264 和 2764 都是 8 KB 的存储器,它们都有 13 根地址线 $A_0 \sim A_{12}$。现用剩余 3 根地址线 $A_{13} \sim A_{15}$ 分别作片选信号,A_{13}(P2.5)连 2764(1)和 6264(1)的片选端,A_{14}(P2.6)连 2764(2)和 6264(2)的片选端,可得对应的存储空间:

2764(1):程序存储空间 4000H~5FFFH

2764(2):程序存储空间 2000H~3FFFH

6264(1):数据存储空间 4000H~5FFFH

6264(2):数据存储空间 2000H~3FFFH

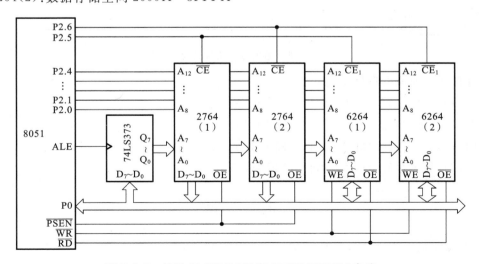

图 5.5.9 扩展 16 KB RAM 和 16 KB EPROM 电路

图 5.5.9 中,对 2764(1)来说,还有两根地址线 $A_{14} \sim A_{15}$ 未用,所以它可以有四个地址区间:0000H~1FFFH、4000H~5FFFH、8000H~9FFFH、C000H~DFFFH。这四个存储区是

重叠的,例如,地址 0000H、4000H、8000H、C000H 都对应 2764(1)中的同一个地址单元,即地址重叠了,其他几片与此类似。所以用线选法实现片选,其存储单元地址不是唯一的。此外应注意,在同一时刻只能选中某一芯片,否则会引起错误,使系统无法工作。

2. 地址译码法

地址译码法又有部分译码和全译码两种方式。

部分译码是指,未用的高位地址线部分参加译码,其译码输出分别连到不同的片选端。这种方法的特点类似于线选法,地址有重叠区,地址空间分散。

全译码是指,除存储器芯片所用地址线与 CPU 的地址线对应相连外,未用的地址线全部参加译码,通过地址译码器产生存储器的片选信号。这种方法的特点是存储器地址没有重叠区,存储单元地址是唯一的。一般微型机都是采用这种地址译码方法。

图 5.5.10 表示采用地址全译码法产生片选信号扩展存储器的一个例子。图中,74LS139是 2 线-4 线译码器。

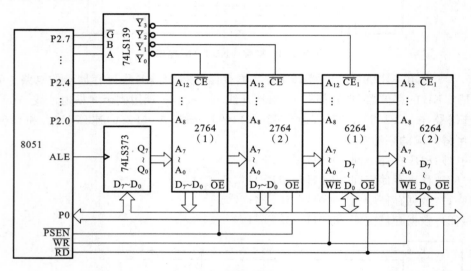

图 5.5.10　地址译码法片选信号电路

各存储芯片对应的存储空间如下。

2764(1):程序存储空间 0000H～1FFFH($\overline{Y_0}$)

2764(2):程序存储空间 2000H～3FFFH($\overline{Y_1}$)

6264(1):数据存储空间 4000H～5FFFH($\overline{Y_2}$)

6264(2):数据存储空间 6000H～7FFFH($\overline{Y_3}$)

习　　题

5.1 半导体存储器有哪几种类型?各自有什么特点?

5.2 半导体存储器的两个重要指标是什么?

5.3 若用 Intel 2114(1 K×4 位)扩展成 8 K×8 位的 RAM,试问需要几片 2114?应如何连接?

5.4 试用 2 片 2764EPROM 扩展 8031 的程序存储器,设计扩展电路,并指出程序存储器的地址范围。

5.5 产生存储器片选信号有哪几种方法？各自有什么特点？

5.6 试选用合适的 RAM 芯片扩展 8031 的外部数据存储器（4 KB），并设计扩展电路。

5.7 试用 74LS138 译码器设计一个译码电路，分别选中 4 片 2764 和 2 片 6264，且列出各芯片所占的地址空间范围。

5.8 试设计以 8031 为主机，具有 16 KB EPROM 和 8 KB RAM 的存储器电路，并指出各存储器芯片的地址范围。

5.9 用一片 74LS138 作地址译码器，产生存储器片选信号。若 74LS138 的 G_1 接高电平，$\overline{G_{2A}}$ 接低电平，$\overline{G_{2B}}$ 与 A_{15} 相连，C、B、A 分别与 A_{14}、A_{13}、A_{12} 相连。试写出译码器输出 $\overline{Y_0} \sim \overline{Y_7}$ 分别对应的地址范围是多少？

自　测　题

5.1　填空题

1. RAM 6264 芯片的地址线为 $A_{12} \sim A_0$，其存储容量为＿＿＿＿＿。

2. 可用紫外线擦除后改写的存储器 EPROM 经擦除后，各单元的内容应为＿＿＿＿＿。

3. 为实现内外程序存储器的衔接，应使用＿＿＿＿＿信号进行控制。

4. MCS-51 可提供＿＿＿＿＿和＿＿＿＿＿两种存储器、最大存储空间可达＿＿＿＿＿的两个并行存储器扩展系统。

5. 在存储器编址技术中，不需要额外增加电路，但却能造成存储映像区重叠的编址方法是＿＿＿＿＿法，能有效利用存储空间、适用于大容量存储器扩展的编址方法是＿＿＿＿＿法。

6. 64 KB 的 SRAM 存储器芯片需要＿＿＿＿＿根地址线和＿＿＿＿＿根数据线。

5.2　选择题（在各题的 A、B、C、D 四个选项中，选择一个正确的答案）

1. MCS-51 单片机在对程序存储器进行读控制时，有效信号是（　　）。
   A. $\overline{RD}$　　　　B. $\overline{PSEN}$　　　　C. $\overline{WR}$　　　　D. $\overline{RD}$和$\overline{PSEN}$

2. 在 MCS-51 中，为实现 P0 口线的数据和低位地址复用，应使用（　　）。
   A. 地址锁存器　　B. 地址寄存器　　C. 地址缓冲器　　D. 地址译码器

3. MCS-51 单片机在对数据存储器进行写控制时，有效信号是（　　）。
   A. $\overline{PSEN}$　　　　B. $\overline{EA}$　　　　C. ALE　　　　D. $\overline{WR}$

4. 用 RAM 2114（1 K×4 位）扩展成 8 KB 的存储器系统，所需 2114 的片数和片选信号数为（　　）。
   A. 16、16　　　B. 8、8　　　　C. 8、16　　　　D. 16、8

5. 在使用译码法同时扩展多片数据存储器芯片时，不能在各存储芯片间并行连接的信号是（　　）。
   A. 读写信号（$\overline{RD}$和$\overline{WR}$）　　　　B. 地址译码输出信号
   C. 数据信号　　　　　　　　　　　　D. 高位地址信号

5.3　问答题

1. 已知 8031 最小系统采用的一片 2716 程序存储器芯片（2 KB），其片选信号$\overline{CE}$端与 P2.6 相连，试问占用了多少组重叠的地址范围？写出最小的一组和最大的一组地址。

2. 题图所示的是 2 片 2764、1 片 6264 与 8031、74373 的接线图，采用线选法将 A_{15}、A_{14}、

A_{13} 分别与 2764、6264 的 $\overline{CE}$ 连接,试写出 2764、6264 各芯片的地址范围。

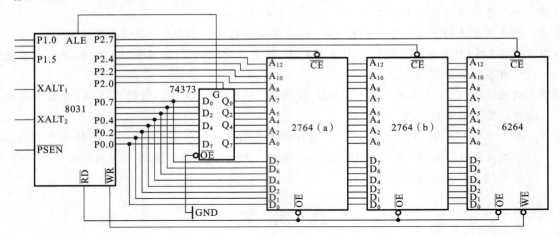

题 5.3.2 图

3. 题图所示的是 8031 与 3 片 2764、2 片 6264 的接线图,采用地址全译码法将 2764、6264 的 $\overline{CE}$ 与 74138 的输出端连接,试正确连线及确定存储器芯片的地址范围。

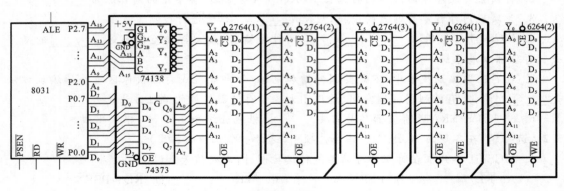

题 5.3.3 图

第6章 中断系统

中断技术是计算机在实时处理和实时控制中不可缺少的一个很重要的技术。而中断系统是为使微型机具有对外界异步发生的事件能够及时处理的功能而设置的。一台微型机的中断系统是否完善,是反映其功能强弱的一个重要标志。

本章首先介绍中断的基本概念,然后着重介绍 MCS-51 的中断系统。

6.1 概　　述

6.1.1 中断概念

计算机在执行程序的过程中,由于 CPU 之外的某种原因,有必要尽快地中止该程序的执行,转而去执行相应的处理程序,待处理程序结束之后,再返回来继续执行从断点处开始的原程序。这种程序在执行过程中由于外界的原因而被中间打断的情况称为"中断"。

中断之后,CPU 执行的处理程序,称为中断服务程序,而把中断之前原来运行的程序称为主程序。主程序被断开的位置(地址)称为断点。能够向 CPU 发出中断申请的来源,称为中断源,它是引起 CPU 中断的原因。中断源向 CPU 要求服务的请求称为中断请求,或中断申请。

CPU 响应中断,进行中断处理类似于调用子程序。其区别在于,由于引起中断的原因是随机发生的,因而转向中断服务程序进行中断处理也是随机的;而调用子程序,则是在程序中事先安排好的。

微型机引进中断后,有如下优点。

(1) 实现分时操作。CPU 在启动外设之后,继续执行主程序,同时外设也开始工作。当外设需要服务时,便向 CPU 发出中断申请,CPU 转去为外设作短暂的服务,中断处理完毕又返回执行主程序,外设也继续工作。这样就解决了快速的 CPU 与慢速的外设之间的矛盾,CPU 可以和多个外设同时工作,大大提高了 CPU 的利用率。

(2) 实现实时处理。所谓实时,就是指物理事件发生的真实时间。实时处理,就是指计算机对外来信号的响应要及时,或者说对外来的信息要在限定的时间内对其进行处理,否则会丢失信息,产生错误的处理。微型机用于实时控制时,现场的各种参数、状态信息在任何时刻均可发出中断请求,要求 CPU 及时进行处理,引进中断后就能迅速作出响应处理。一般来说,实现实时任务的手段就是采用中断。

(3) 及时处理故障。微型机在运行过程中,出现一些事先无法预料的故障是难免的,如电源突变、运算溢出等,采用中断,计算机便可自行处理而无须停机。由于中断请求是随机输入的,因中断错误而引起事故的再现性极差,所以对于中断故障方面的查错和测试比较困难。因此,在利用中断技术时,无论是在硬件设计或软件编制方面更应确保正确无误。

6.1.2 中断源

中断源是提出中断申请的来源。中断源通常可分为以下几种。

1. 设备中断

由计算机系统各组成部分的外部设备发出的中断申请，称为设备中断。如键盘、打印机、A/D 转换器等。

2. 定时时钟

定时提出中断申请。例如，在定时控制或定时数据采集系统中，由外部时钟电路定时，一旦到达规定的时间，时钟电路就向 CPU 发出中断申请。

3. 故障源

目前，微型机的内存 RAM 是采用半导体存储器，所以在电源掉电时，需要接入备用电源供电电路，以便保护存储器 RAM 中的信息。一般的做法是，在直流电源上并联电容，当电容电压因电源掉电下降到一定值时就发出中断申请，CPU 响应中断执行保护现场信息的操作。

4. 程序性中断源

例如，为调试程序而设置断点、单步工作等。

对于每个中断源，不仅要求能发出中断请求信号，而且这个信号还要能保持一定的时间，直至 CPU 响应这个中断请求后才能而且必须撤销这个中断请求信号。这样既不会因 CPU 未及时响应而丢失中断申请信号，也不会出现多次重复中断的情况。所以，要求每个中断源的接口电路中有一个中断请求触发器。另外，在实际系统中，往往有多个中断源，为了增加控制的灵活性，在每个中断源的接口电路中还设置了一个中断屏蔽触发器，由它控制该中断源的中断申请信号能否送到 CPU。

6.1.3　中断系统的功能

为了满足上述各种情况下的中断要求，中断系统一般应具有如下功能。

1. 实现中断及返回

当某一中断源发出中断申请时，若 CPU 允许响应这个中断请求，则 CPU 在现行指令执行完后，把断点处的 PC 值（即下一条要执行指令的地址）、有关寄存器的内容和标志位的状态推入堆栈保存下来（称为保护断点和保护现场），然后再转到相应的中断服务程序的入口，同时清除中断请求触发器。当中断服务程序执行完以后，再恢复被保留的寄存器的内容和标志位的状态（称为恢复现场），并将断点地址从堆栈中弹出到 PC 中，使 CPU 返回断点处，继续执行主程序。这一过程如图 6.1.1 所示。

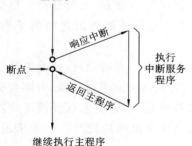

图 6.1.1　中断过程示意图

2. 实现中断优先权排队

通常在系统中有多个中断源，有时出现两个或多个中断源同时提出中断请求的情况，这就要求 CPU 既能区分各个中断源的请求，又能确定首先为哪一个中断源服务。为了解决这一问题，用户事先根据事件处理的紧迫性和实时性给各中断源规定了优先级别，即规定了中断源享有的先后不同的响应权利，称为中断优先权。CPU 按中断优先权的高低逐次响应中断的过程称为中断优先权排队。当有两个或多个中断源同时提出中断请求时，CPU 能识别出优先权高的中断源，并响应它的中断请求，待处理完后，再响应优先权低的中断源。

3. 实现中断嵌套

当 CPU 响应某一中断源请求而进行中断处理时,若有优先权级别更高的中断源发出中断申请,则 CPU 应能中断正在执行的中断服务程序,保留这个程序的断点(类似于子程序嵌套),响应优先权级别高的中断,在高级中断处理完后,再返回被中断的中断服务程序,继续原先的处理,这个过程就是中断嵌套。优先权低的中断不能中断优先权高的中断处理。所以,当 CPU 正在进行某一优先权的中断处理时,如果有同级或优先权级别低的中断源提出中断申请,则 CPU 暂不响应这个中断申请,

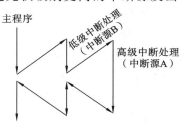

图 6.1.2 中断嵌套示意图

直至正在处理的中断服务程序执行完以后才去处理新的中断申请。中断嵌套示意图如图 6.1.2 所示。

6.2 MCS-51 的中断系统

中断系统是指实现中断的功能部件。中断过程的实现是在硬件基础上再配以相应的软件而完成的。不同的计算机,因硬件结构和指令不相同,因而具有不同的中断系统。MCS-51 的中断系统主要由四个与中断有关的特殊功能寄存器、中断入口、顺序查询逻辑电路等组成。MCS-51 的中断系统结构如图 6.2.1 所示。图中,特殊功能寄存器 TCON 和 SCON 中的相关位为中断源寄存器,IE 为中断允许控制寄存器,IP 为中断优先级控制寄存器。该中断系统有五个中断源,具有两个中断优先级,可实现两级中断嵌套。中断源的排列顺序由中断优先级控制寄存器 IP 和顺序查询逻辑电路共同决定。每个中断源有固定的中断入口地址(亦称矢量地址)。

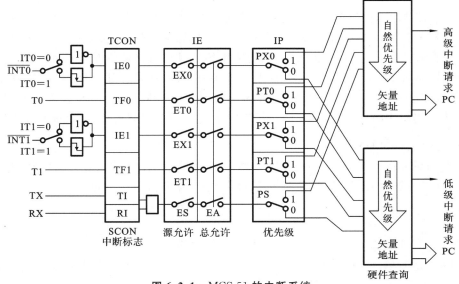

图 6.2.1 MCS-51 的中断系统

6.2.1 中断源

6.2.1.1 中断请求源

8051 单片机有五个中断请求源。其中,两个外部中断源(由 $\overline{\text{INT0}}$、$\overline{\text{INT1}}$ 输入);两个片内

定时器/计数器(T0、T1)的溢出中断源 TF0 和 TF1;一个片内串行口接收或发送中断源 RI 或 TI。这些中断请求分别由单片机内的特殊功能寄存器 TCON 和 SCON 的相应位锁存,现分别说明如下。

1. 外部中断源

外部中断源是由 I/O 设备请求信号或掉电故障等异常事件中断请求信号提供的。

(1) $\overline{INT0}$:外部中断 0 请求,由 P3.2 脚输入。通过外部中断 0 触发方式控制位 IT0 (TCON.0),来决定中断输入信号是低电平有效还是负跳变有效。一旦输入信号有效,便使 IE0 标志置 1,向 CPU 申请中断。

(2) $\overline{INT1}$:外部中断 1 请求,由 P3.3 脚输入。通过外部中断 1 触发方式控制位 IT1 (TCON.2),来决定中断输入信号是低电平有效还是负跳变有效。一旦输入信号有效,便使 IE1 标志置 1,向 CPU 申请中断。

2. 内部中断源

内部中断源是由单片机内部定时器溢出和串行口接收或发送数据提出的中断申请。由于这类中断请求是在单片机内部发生的,因此无须在芯片上设置引入端。

(1) TF0:定时器 T0 溢出中断请求。当定时器 T0 产生溢出时,定时器 T0 中断请求标志 TF0 置 1,请求中断处理。

(2) TF1:定时器 T1 溢出中断请求。当定时器 T1 产生溢出时,定时器 T1 中断请求标志 TF1 置 1,请求中断处理。

(3) RI 或 TI:串行口中断请求。当串行口接收或发送完一帧数据时,内部串行口中断请求标志 RI 或 TI 置 1,请求中断处理。

6.2.1.2　中断请求标志

MCS-51 的设计思想是把所有的中断请求都汇集到 TCON 和 SCON 寄存器中,其中外部中断使用采样的方法,把中断请求锁定在 TCON 的相应标志位中,而定时器中断和串行中断请求都发生在芯片内部,可直接去置位 TCON 和 SCON 中各自的中断请求标志位。

特殊功能寄存器 TCON 和 SCON 中与中断源有关的位,其作用有两种:一种是作为触发方式控制位,控制外部中断请求输入信号的有效极性;另一种是作为中断请求标志位,锁存中断源,向 CPU 提出中断申请,直到 CPU 响应中断,才由硬件或软件使相应的标志位清零。

1. TCON 中的中断标志位

TCON 为定时器 T0 和 T1 的控制寄存器,同时也锁存 T0 和 T1 的溢出中断源和外部中断源等。TCON 的字节地址为 88H,也可以位寻址,与中断源有关的位如下:

	D_7	D_6	D_5	D_4	D_3	D_2	D_1	D_0
TCON	TF1		TF0		IE1	IT1	IE0	IT0
位地址(H)	8F		8D		8B	8A	89	88

(1) TF1:定时器 T1 溢出中断标志。T1 被允许计数以后,从初值开始加 1 计数,直至计满溢出时由硬件置 TF1=1,向 CPU 请求中断。此标志一直保持到 CPU 响应中断后,才由硬件自动清 0。也可用软件查询该标志,并由软件清 0。

(2) TF0:定时器 T0 溢出中断标志。其功能、置 1 和清 0 与 TF1 相似。

(3) IE1:外部中断 1 请求标志。当 IE1=1 时,外部中断 1 向 CPU 请求中断;当 CPU 响应该中断时,由硬件自动清 0(边沿触发方式)。如果是电平触发方式,则在 CPU 执行完中断服务程序之前由外部中断源撤销有效电平,使 IE1 清 0。

(4) IT1:外部中断 1 触发方式控制位。当 IT1＝0 时,外部中断 1 控制为电平触发方式。在这种方式下,CPU 在每个机器周期 S5P2 期间采样$\overline{\text{INT1}}$的输入电平,当检测为低电平时,则认为有中断申请,随即使 IE1 标志置 1;当检测为高电平时,则认为无中断申请或中断申请已撤除,随即使 IE1 标志清 0。在电平触发方式中,外部中断输入 INT1(P3.3)必须保持低电平,直到 CPU 响应该中断为止,并且在该中断服务程序执行完毕之前,外部中断请求信号必须撤除;否则,将产生另一次中断。

当 IT1＝1 时,外部中断 1 控制为边沿触发方式。在这种方式下,CPU 在每一个机器周期的 S5P2 期间采样$\overline{\text{INT1}}$(P3.3)的输入电平,如果相继的两次采样中,一个周期内采样到$\overline{\text{INT1}}$为高电平,接着的下一个周期内采样到$\overline{\text{INT1}}$为低电平,则使 IE1 置 1。此时表示外部中断 1 正在向 CPU 申请中断,IE1 标志一直保持到该中断被 CPU 响应时为止,才由硬件自动清 0。因为每个机器周期内采样一次外部中断输入电平,所以采用边沿触发方式时,为保证 CPU 在两个机器周期内检测到中断请求信号由高到低的负跳变,外部中断源输入的高电平和低电平时间必须保持在 12 个振荡周期以上。

(5) IE0:外部中断 0 请求标志,其功能与 IE1 类似。

(6) IT0:外部中断 0 触发方式控制位,其功能与 IT1 类似。

2. SCON 中的中断标志

SCON 是串行口控制寄存器,它的字节地址是 98H,也可以位寻址,其低 2 位为锁存串行口的接收中断和发送中断标志。

							D_1	D_0
SCON							TI	RI
位地址(H)							99	98

(1) TI:串行口发送中断标志。串行口每发送完一帧数据,便由内部硬件使 TI 置 1,表示串行口发送器向 CPU 申请中断。

应该注意,CPU 响应发送器中断请求时,并不清除 TI,所以必须在中断服务程序中用 CLRTI 或 ANL SCON,#0FDH 等指令清除 TI。

(2) RI:串行口接收中断标志。串行口每接收完一帧数据,由内部硬件置位 RI,使 RI＝1,表示串行口接收器向 CPU 申请中断。

同样,CPU 响应接收器中断请求时,不会清除 RI,必须由用户在中断服务程序中用软件使 RI 清 0。

MCS-51 单片机复位后,TCON、SCON 中各位均清零。

6.2.2　中断控制

6.2.2.1　中断允许和禁止

MCS-51 单片机中,特殊功能寄存器 IE 为中断允许寄存器,通过向 IE 写入中断控制字,控制 CPU 对中断源的开放和屏蔽,以及每个中断源是否允许中断。中断允许寄存器 IE 的字节地址是 A8H,也可以位寻址,它的格式如下:

	D_7			D_4	D_3	D_2	D_1	D_0
IE	EA	—	—	ES	ET1	EX1	ET0	EX0
位地址(H)	AF			AC	AB	AA	A9	A8

(1) EA:CPU 中断总允许位。当 EA＝1 时,CPU 开放中断,而每个中断源是否允许还是禁止,分别由各自的允许位确定;当 EA＝0 时,CPU 屏蔽所有的中断申请,称为关中断,或禁止中断。

(2) ES:串行口中断允许位。ES＝1,允许串行口中断;ES＝0,禁止串行口中断。

(3) ET1:定时器 T1 中断允许位。ET1＝1,允许 T1 中断;ET1＝0,禁止 T1 中断。

(4) EX1:为外部中断 1 中断允许位。EX1＝1,允许外部中断 1 中断;EX1＝0,禁止外部中断 1 中断。

(5) ET0:定时器 T0 中断允许位。ET0＝1,允许 T0 中断;ET0＝0,禁止 T0 中断。

(6) EX0:外部中断 0 中断允许位。EX0＝1,允许外部中断 0 中断;EX0＝0,禁止外部中断 0 中断。

由上述可知,MCS-51 单片机通过寄存器 IE 对中断允许实行 2 级控制:EA 作为总控制位,而各中断源的中断允许位为分控制位。当总控制位为"禁止"时,则不管分控制位状态如何,整个中断系统为禁止状态;当总控制位为"允许"时,开放中断系统,这时由各分控制位设置各自中断的允许或禁止。

MCS-51 复位后,IE 清 0,中断系统处于禁止状态。由用户程序使 IE 中相应的位置 1 或清 0,实现允许或禁止各中断源的中断请求。注意,欲使某一个中断源允许中断,则必须同时使 CPU 开中断。控制字的写入,可用位操作指令(SETB bit;CLR bit)或字节操作指令(MOV IE,# DATA;ANL IE,# DATA;MOV IE,A 等)来实现。

6.2.2.2　中断优先级设定

MCS-51 有两个中断优先级,可用软件设置每个中断源为高优先级中断或低优先级中断,实现二级中断嵌套。

高优先级中断源可中断正在执行的低优先级中断服务程序,除非在执行低优先级中断服务程序时设置了 CPU 关中断或禁止某些高优先级中断源的中断。同级或低优先级的中断源不能中断正在被执行的中断服务程序,一直到中断服务程序执行完毕,遇到返回指令 RETI,返回主程序后再执行下一条指令时才能响应新的中断申请。为此 MCS-51 的中断系统内部设有两个(用户不能访问)优先级状态触发器;其中一个触发器指示某高优先级的中断正在执行,所有后来的中断都将被阻止;另一个触发器指示某低优先级的中断正在执行,所有同级的中断都将被阻止,但不阻止优先级较高的中断。

特殊功能寄存器 IP 是中断优先级寄存器,锁存各中断源优先级的控制位,控制本中断源是高优先级中断还是低优先级中断,用户可用软件设定。IP 寄存器的字节地址为 B8H,也可以位寻址,它的格式如下:

				D_4	D_3	D_2	D_1	D_0
IP	—	—	—	PS	PT1	TX1	PT0	PX0
位地址（H）				BC	BB	BA	B9	B8

(1) PS:串行口中断优先级控制位。PS＝1,设定串行口中断为高优先级中断;PS＝0,设定串行口中断为低优先级中断。

(2) PT1:定时器 T1 中断优先级控制位。PT1＝1,设定定时器 T1 为高优先级中断;PT1＝0,设定定时器 T1 为低优先级中断。

(3) PX1:外部中断 1 中断优先级控制位。PX1＝1,设定外部中断 1 为高优先级中断;

PX1＝0,设定外部中断 1 为低优先级中断。

（4）PT0:定时器 T0 中断优先级控制位。PT0＝1,设定定时器 T0 为高优先级中断;PT0
＝0,设定定时器 T0 为低优先级中断。

（5）PX0:外部中断 0 中断优先级控制位。PX0＝1,设定外部中断 0 为高优先级中断;
PX0＝0,设定外部中断 0 为低优先级中断。

当系统复位后,IP 全部清 0,将所有中断源设置为低优先级中断。

如果 CPU 同时接收到两个不同优先级的中断,则处理高优先级中断请求。如果 CPU 同
时接收到几个同一优先级的中断源的中断请求,则 CPU 通过内部硬件查询逻辑电路,按查询
顺序确定该响应哪个中断请求。在同一级优先级中,优先级排列顺序如下:

中断源	同一级中的优先级
外部中断 0	最高
定时器 T0 中断	
外部中断 1	
定时器 T1 中断	
串行口中断	最低

这种排列顺序,在实际应用中很方便。如果重新设置了优先级,则顺序查询逻辑电路将会
相应改变排列顺序。例如,如果给 IP 中设置的优先级控制字为 12H,则 PS 和 PT0 均为高优
先级中断,但当这两个中断源同时发出中断申请时,CPU 将优先响应优先级高的 PT0 的中断
申请。

这种“同一级中的优先级”只能解决相同优先级中断同时请求中断的情况,而不能中断正
在执行的同级优先级的中断。

6.2.3　中断处理过程

由前述可知,一个完整的中断过程包括中断申请、中断响应、中断处理、中断返回。上面已经
讨论了 MCS-51 中断源的问题,下面将介绍它的中断响应、中断处理及中断返回的有关问题。

6.2.3.1　中断响应

中断响应是指,在 CPU 响应中断的条件得到满足后,CPU 对中断源中断请求的回答。这
时,CPU 应实现保护断点和寻找中断源,把程序转向申请中断的中断源服务程序的入口地址。

1. CPU 响应中断的条件

CPU 响应中断的条件如下:

（1）首先要有中断源发出中断申请;

（2）CPU 是开放中断的,即中断总允许位 EA＝1,CPU 允许所有中断源申请中断;

（3）申请中断的中断源的中断允许位为 1,即此中断源可以向 CPU 申请中断。

以上是 CPU 响应中断的基本条件。如果上述条件满足,则 CPU 会响应中断。但是,若
有下列任何一种情况存在,则中断响应会被阻止。

（1）CPU 正在处理相同级的或更高优先级的中断。

（2）现行机器周期不是所执行的指令的最后一个机器周期,即在执行的指令完成之前,任
何中断请求都得不到响应。这样就可保证必须是现行指令执行完后才可响应中断。

（3）正在执行的指令是 RETI 或是访问 IE 或 IP 的指令,此时不会马上响应中断请求,而

是在执行 RET1 或访问 IE 或 IP 之后,至少需要再执行一条其他指令,才会响应新的中断申请,以便保证能正确返回。

　　若存在上述任何一种情况,CPU 将丢弃中断查询结果;否则,将在紧接着的下一个机器周期内执行中断查询结果,响应中断。

　　CPU 在每个机器周期的 S5P2 期间对各中断源采样,设置相应的中断标志位,并在下一个机器周期 S6 期间按优先级顺序查询各中断标志,如查询某个中断标志为 1,将在再下一个机器周期 S1 期间按优先级进行中断处理。但是,如果中断是由于上述三种情况之一未被及时响应,则当上述阻止中断的条件被撤销之后,中断标志却已经消失了,那么,这次中断申请就不再会被响应。即是说,CPU 不会记住某一中断申请曾经有效但没有被响应的事件。

2. 中断响应过程

　　如果中断响应条件满足,且不存在阻止中断响应的情况,则 CPU 将响应中断。CPU 响应中断时,先置位相应的优先级状态触发器,用于指示 CPU 开始处理的中断优先级别,然后由中断系统通过硬件生成长调用指令 LCALL,CPU 执行此指令,清除中断请求源申请标志(但 TI 和 RI 不清 0),把断点地址压入堆栈保护起来,然后将被响应的中断入口地址装入程序计数器 PC 中,使 CPU 转向该中断入口地址,以执行中断服务程序。各中断源的中断入口地址分配如下:

中断源	中断入口地址
外部中断 0	0003H
定时器 T0 中断	000BH
外部中断 1	0013H
定时器 T1 中断	001BH
串行口中断	0023H

　　由上述可见,各中断源的中断入口地址之间只相隔 8 个字节,一般的中断服务程序是容纳不下的,因而在实际应用中,通常是在中断入口地址处存放一条无条件转移指令(LJMP addr 16),addr 16 就是中断服务程序的入口地址。这样,可以使中断服务程序灵活地安排在 64 KB 程序存储器的任何空间内。

6.2.3.2　中断处理和中断返回

图 6.2.2　中断服务程序流程图

　　中断服务程序从入口地址开始执行,直到返回指令 RETI 为止。这个过程称为中断处理,或中断服务。中断处理的具体内容,因中断源的要求不同而各不相同。中断服务程序的一般流程如图 6.2.2 所示。

　　一般微处理器在响应某一中断后会自动地关中断,而 MCS-51 单片机不具备这种功能,必须在中断服务程序中用软件关中断。这样,可以保证本中断服务程序的迅速执行,而不会被更高的优先级中断源中断。

　　所谓"现场",是指进入中断服务程序入口地址之前,有关寄存器(如累加器 A,PSW 及其他寄存器)中的内容。如果在中断服务程序中,也会用到这些寄存器,就会破坏它原来寄存器中的内容,一旦返回主程序,就会造成主程序的混乱。因此,进入中断服务程序后,应首先保护现场,然后再执行中断服务程序。在返回主程序之前,应恢复现场。在恢复现场之后,中断返回之前,用软件开中断,以便 CPU 响应新的中断申请。

RETI 指令是中断服务程序结束的标志。所以,中断服务程序的最后一条指令必须是中断返回指令 RETI。CPU 执行这条指令之后,对中断响应时置 1 的优先级状态触发器清 0,然后将堆栈中保护的断点地址弹出到程序计数器 PC 中,于是 CPU 返回断点处继续执行主程序。

图 6.2.2 反映了中断服务程序的一般编写步骤。还需说明的是,如果现场信息不需要保护,则保护现场和恢复现场都可省去。此外,对 MCS-51 单片机中断嵌套的实现,除了通过硬件和软件来实现中断优先级外,还必须通过中断服务程序中编程的配合来实现。通常为了使现场信息不致受到破坏或者造成混乱,一般在保护现场和恢复现场时,CPU 不能响应新的中断请求。所以,在编写中断服务程序时,要注意在保护现场之前关中断,在保护现场之后再开中断,即允许有更高优先级的中断打断它,恢复现场之前也要关中断,恢复现场之后、中断返回之前再开中断。这时,中断服务程序的编写格式如下:

```
CLR     EA              ;关中断
PUSH    ACC             ;保护现场
PUSH    B
 ⋮
SETB    EA              ;开中断
 ⋮                      ;中断服务
CLR     EA              ;关中断
 ⋮
POP     B               ;恢复现场
POP     ACC
SETB    EA              ;开中断
RETI                    ;中断返回
```

6.2.3.3　中断请求的撤除

CPU 响应某中断请求后,在中断返回之前,必须撤除中断请求,否则会错误地引起另一次中断发生。

对定时器 T0 或 T1 的中断,由于 CPU 在响应中断后,内部硬件自动清除了相应的中断请求标志 TF0 或 TF1,所以无须采取其他措施。

对于边沿触发的外部中断,CPU 在响应中断后,也是由硬件自动清除相应的中断请求标志 IE0 或 IE1,因此也无须采取其他措施。

对于电平触发的外部中断,虽然 CPU 响应中断后,中断请求标志 IE0(或 IE1)也会自动撤销,但中断请求信号的低电平可能继续存在,在以后机器周期采样时,又会使已清"0"的 IE0(或 IE1)置"1",错误地引起又一次中断。所以对电平触发方式的外部中断,除了中断标志位自动清"0"外,应在中断响应后立即撤销 $\overline{INT0}$ 或 $\overline{INT1}$ 引脚上的低电平信号。一种可采用的方法如图 6.2.3 所示。

由图 6.2.3 可见,当有外部请求信号时,D 触发器锁存,输出 Q=0,即表示外部有中断请求输入信号。CPU 响应中

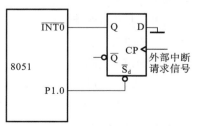

图 6.2.3　中断请求电路

断后,通过 P1.0 输出一个负脉冲,使 D 触发器置为"1",即使 $\overline{INT0}$(或 $\overline{INT1}$)由低电平变为高电平,撤销了外部中断请求输入信号。为此,只需在中断服务程序中增加如下两条指令:

```
ANL   P1,#0FEH        ;P1.0 输出低电平,Q=1,撤销 INT0 中断请求信号
ORL   P1,#01H         ;P1.0 输出高电平
```

注意,D 触发器的异步控制端 $\overline{S}_d$ 是低电平有效,所以在非使用时,应使 $\overline{S}_d=1$,即 P1.0 输出高电平。

对于串行口中断,CPU 响应中断后,内部硬件没有清除 TI 或 RI,故这些中断请求标志不会自动清除,必须在中断服务程序中用软件来清除中断请求标志 TI 或 RI。

6.2.3.4　中断响应时间

下面以外部中断响应为例,说明中断响应时间。

CPU 在每个机器周期的 S5P2 期间采样 $\overline{INT0}$ 和 $\overline{INT1}$ 电平并锁存到 IE0 或 IE1 标志位上,而 CPU 要在下一个机器周期才会查询这些标志位,这时如果满足中断响应条件,CPU 便接着执行硬件长调用指令 LCALL,转到相应的中断入口。调用指令本身需 2 个机器周期,这样,从外部中断请求有效到开始执行中断服务程序的第一条指令之间至少需要 3 个机器周期,这是最短的响应时间。

如果遇到中断响应受阻的情况,则需要更长的响应时间。例如,当一个同级或更高级的中断正在处理,则附加的等待时间取决于正在进行的中断服务程序。如果正在执行的指令还没有进行到最后的机器周期,则所需的附加时间不会多于 3 个机器周期,因为最长的乘法、除法指令也只需 4 个机器周期;如果正在执行 RETI 或访问 IE、IP 的指令,则附加的等待时间不会多于 5 个机器周期(完成正在执行的指令最多还需 1 个机器周期,加上执行最长的指令需 4 个机器周期)。这样,在只有一个中断源的情况下,外部中断响应时间总是在 3～8 个机器周期之间。

6.2.3.5　中断初始化及应用举例

由上述可知,MCS-51 中断系统的功能,实际上是由 4 个与中断有关的 SFR(TCON、SCON、IE、IP)进行管理的。单片机复位后,这 4 个寄存器均复位清 0,因此,用户必须对这些寄存器中的相关位进行预置,它是在程序初始化时设定的。

中断初始化步骤如下:

(1) 开中断:中断总允许位(EA)置"1",相应中断源的中断允许位置"1";

(2) 对外部中断,应选定中断触发方式,确定电平触发或负边沿触发;

(3) 对多个中断源,需设定中断优先级。

用于中断控制的 4 个寄存器既可进行字节寻址,又可进行位寻址,因此对位状态的设置既可以使用字节操作指令,又可用位操作指令。使用后者比较简便,因为用户无须记住各控制位在寄存器中的确切位置,而各控制位的名称是比较容易记住的。

例如,选用外部中断 $\overline{INT0}$,电平触发,高优先级,中断初始化程序如下:

```
SETB  EA        ;置中断总允许
SETB  EX0       ;INT0 中断源允许
CLR   IT0       ;电平触发方式
SETB  PX0       ;设定 INT0 为高优先级
```

例 6.3.1　利用中断方法实现单片机的单步执行方式。

解　单步执行方式是指单片机在按键"单步"控制下一条一条地执行用户程序中指令的方

式,即按一次"单步"键就执行一条指令,它是单片机的基本工作方式之一,往往在调试用户程序时采用。

设以按键产生的脉冲作为外部中断源$\overline{INT0}$,不按键时$\overline{INT0}$为低电平,按一次键,$\overline{INT0}$为一个正脉冲信号。此外,在程序初始化时,应定义$\overline{INT0}$为电平触发方式,即低电平有效。

编写外部中断0的中断服务程序如下:

```
LOOP1： JNB  P3.2,LOOP 1  ;若INT0=0,则等待
LOOP2： JB   P3.2,LOOP2   ;若INT0=1,则等待
        RETI
```

这样,在没有按"单步"键时,$\overline{INT0}=0$,中断请求有效,单片机响应中断,转入中断服务程序后,就在第一条指令处"等待",只有按一次"单步"键,产生正脉冲,使$\overline{INT0}=1$,才能转到第二条指令,又处于"等待";当正脉冲结束后,$\overline{INT0}=0$,转而执行第三条指令,返回主程序后,至少需要再执行一条指令,然后才会响应新的中断请求。因此,单片机从上述外部中断0的中断服务程序返回到用户程序后,能且只能执行一条指令,由于这时$\overline{INT0}$已为低电平,$\overline{INT0}$中断请求有效,单片机又一次中断有效,进入中断服务程序去等待,从而实现了程序的单步运行。

例6.3.2 图6.2.4中,P1.0～P1.3输入开关状态,P1.4～P1.7输出驱动发光二极管 LED,使其显示开关的状态(开关合上时,相应 LED 亮;否则不亮),采用中断方法实现。

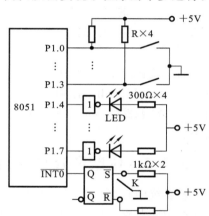

图 6.2.4 中断请求电路

解 每来回拨动一次开关 K,就产生一个下降沿的中断请求信号,通过$\overline{INT0}$向 CPU 申请中断,程序如下:

```
         ORG  0000H      ;CPU 复位入口
         AJMP MAIN
         ORG  0003H      ;INT0中断入口
         AJMP EXINT
         ORG  0030H      ;主程序
MAIN： SETB EA           ;中断总允许
       SETB EX0          ;外部中断0允许
       SETB IT0          ;边沿触发
HERE： SJMP HERE          ;等待中断
         ORG  0200H      ;中断服务程序
EXINT：MOV P1,#0FH       ;发光二极管灭,P 1.0～P1.3 为输入
       MOV A,P1          ;输入开关状态
       CPL  A
       SWAP A
       MOV P1,A          ;开关状态输出
       RETI
```

6.3 中断源扩展

MCS-51 为用户提供了两个外部中断请求输入线$\overline{INT0}$和$\overline{INT1}$。在实际应用中,外部中断

源可能多于两个,这时就需要对外部中断源进行扩展连接。本节将介绍多中断源扩展的几种方法。

6.3.1　定时器作外部中断源

MCS-51 有两个定时器/计数器,若设定为计数方式,计数初值为满量程,则从 T0(P3.4) 或从 T1(P3.5)引脚输入一个负跳变信号,T0 或 T1 计数器加 1,产生溢出中断。利用这个特性,可以把 P3.4 和 P3.5 作为外部中断请求输入线,而定时器的溢出中断标志 TF0 和 TF1 作为外部中断请求标志,T0 和 T1 的中断入口地址作为扩展的外部中断源的中断入口地址。

例如,定时器 T0 设置为方式 2(自动恢复常数),即外部事件计数方式,TH0、TL0 初值均为 FFH,允许 T0 中断,CPU 开放中断,则初始化程序如下:

```
MOV   TMOD,#06H        ;置 T0 为工作方式 2
MOV   TL0,#0FFH        ;置计数器初值
MOV   TH0,#0FFH
SETB  TR 0            ;启动 T0
SETB  ET0            ;允许 T0 中断
SETB  EA             ;开中断
      ⋮
```

当连接在 P3.4 上的外部中断请求输入线上的电平发生负跳变时,TL0 加 1,产生溢出,置位 IF0,向 CPU 发出中断申请,同时 TH0 的内容 FFH 送 TL0,即 TL0 恢复初值。这样,P3.4 相当于边沿触发的外部中断源输入端;P3.5 与此类似。于是,用这种方法扩展了两个外部中断源。

6.3.2　中断和查询结合的方法

若系统中有多个外部中断请求源,则可以按它们的轻重缓急程度进行排队,把其中最高优先级的中断源直接输入到 $\overline{INT0}$,其余的中断源输入线经集电极开路门线与后再和 $\overline{INT1}$ 连接,同时还分别连到一个 I/O 口,以供查询。

例如,有 5 个外部中断源,其中 IR0 优先级最高,其次为 IR1、IR2、IR3、IR4。它们的扩展连接如图 6.3.1 所示。

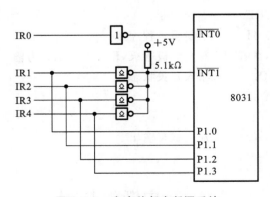

图 6.3.1　多个外部中断源系统

设在 CPU 响应中断之前,中断源输入信号(IR1~IR4)保持有效,并且在执行该中断服务

程序返回前取消,则INT1的中断服务程序如下:

```
INT1：  PUSH    PSW             ;保护现场
        PUSH    ACC
        JB      P1.0,IR1        ;查询中断源
        JB      P1.1,IR2
        JB      P1.2,IR3
        JB      P1.3,IR4
INTIR： POP     ACC             ;恢复现场
        POP     PSW
        RETI
IR1：   ⋮                       ;IR1 中断服务程序
        AJMP    INTIR
IR2：   ⋮                       ;IR2 中断服务程序
        AJMP    INTIR
IR3：   ⋮                       ;IR3 中断服务程序
        AJMP    INTIR
IR4：   ⋮                       ;IR4 中断服务程序
        AJMP    INTIR
```

6.3.3 用优先编码器扩展外部中断源

当外部中断源较多而其响应速度又要求很高时,采用软件查询的方法进行中断优先权排队常常满足不了实时要求。为此,可采用优先编码器实现对外部中断源进行优先权排队。

习　　题

6.1　什么是中断? 什么是中断源?

6.2　微型计算机引进中断技术后有什么好处?

6.3　MCS-51 提供了哪几种中断源? 在中断管理上各有什么特点?

6.4　MCS-51 响应中断的条件是什么? CPU 响应中断时,不同的中断源,其中断入口地址各是多少?

6.5　MCS-51 的中断处理程序能否存储在 64 KB 程序存储器的任意区域? 若可以则如何实现?

6.6　MCS-51 的外部中断有哪两种触发方式? 它们对触发脉冲或电平有什么要求? 应如何选择和设定?

6.7　MCS-51 单片机的中断系统中有几个优先级? 如何设定?

6.8　试编写一段对 MCS-51 单片机中断系统初始化程序,使之允许 $\overline{INT0}$、$\overline{INT1}$、T0、串行口中断,且使 T0 中断为高优先级中断。

6.9　试简述 8031 应用系统中外部中断源的扩展方法。若扩展 8 个中断源,应如何确定优先级?

自 测 题

6.1 填空题

1. MCS-51 可提供_____个内部中断源和_____个外部中断源。

2. 在 CPU 响应中断后,需由外部硬件清除相应的中断请求标志的中断是_____。

3. 在 CPU 响应中断后,不能由内部硬件自动清除相应的中断请求标志,必须在中断服务程序中用软件来清除中断请求标志的中断是_____。

4. MCS-51 单片机的中断系统有_____个优先级,中断优先级别由_____寄存器管理。

5. CPU 响应中断后,产生长调用指令 LCALL,执行该指令的过程包括:首先把_____的内容压入堆栈,以进行断点保护,然后把长调用指令的 16 位地址送_____,使程序的执行转向规定的中断入口地址。

6. MCS-51 系列单片机的中断系统中规定:同级中断不能相互中断。如果几个同级的中断源同时向 CPU 申请中断,CPU 则按硬件排定如下优先次序:_____、_____、_____、_____、_____。

6.2 选择题(在各题的 A、B、C、D 四个选项中,选择一个正确的答案)

1. 下列有关 MCS-51 中断优先级控制的叙述中,错误的是( )。

 A. 低优先级不能中断高优先级,但高优先级能中断低优先级

 B. 同级中断不能嵌套

 C. 同级中断请求按时间的先后顺序响应

 D. 同时同级的多中断请求,将形成阻塞,系统无法响应

2. 单片机响应中断或子程序调用时,发生入栈操作。入栈的是( )值。

 A. PSW B. PC C. SBUF D. DPTR

3. 下列条件中不是 CPU 响应中断的条件是( )。

 A. 中断源发出中断申请 B. CPU 开放中断

 C. 申请中断的中断允许位为 1 D. CPU 正在执行相同级或更高级的中断

4. 在 MCS-51 中,需要外加电路实现中断撤除的是( )。

 A. 定时中断 B. 边沿触发方式的外部中断

 C. 串行中断 D. 电平触发方式的外部中断

5. 中断查询,查询的是( )。

 A. 中断请求信号 B. 中断标志位

 C. 外部中断方式控制位 D. 中断允许控制位

6. 在中断流程有"关中断"的操作,对于外部中断 0,要关中断应复位中断允许寄存器的
 ( )。

 A. EA 位和 ET0 位 B. EA 位和 EX0 位

 C. EA 位和 ES 位 D. EA 位和 EX1 位

第7章 输入和输出

微型计算机通过输入设备和输出设备与外界交换信息,而 CPU 是通过输入/输出(I/O)接口电路和驱动程序与外设连接并实现其管理的。本章首先介绍 I/O 接口的基本概念、I/O 的控制方式,然后介绍 MCS-51 的并行 I/O 口及其扩展方法。

7.1 概　　述

7.1.1 I/O 接口电路的功能

在微型机应用中,输入装置通过 I/O 接口电路把程序、数据或现场采集到的各种信息输入计算机,计算机的处理结果和控制信息要通过 I/O 接口电路传送到输出装置,以便显示、打印或实现各种控制。

CPU 对外设的操作类似于对存储器的读/写操作,但它们之间有很大的差异。由前述知道,存储器用于存储信息,品种有限,只有随机存取存储器和只读存储器;功能单一,一次传送一个字节或一个字,且与 CPU 速度匹配。因此,存储器可以直接与 CPU 总线相连。然而外设的品种多,功能多样,传送信息的形式和规律也不一定相同,且外设的速度比 CPU 的速度低得多。因此,外设一定要通过 I/O 接口电路才能与 CPU 相连。所谓 I/O 接口电路,就是指为使 CPU 与 I/O 设备相连接而专门设计的逻辑电路,简称接口电路。

一般来说,I/O 接口电路的主要功能如下。

1. 地址译码

由译码器对地址进行译码,指定外设的端口,以便 CPU 对寻址的外设进行读/写操作。

2. 数据缓冲和锁存

CPU 通过总线与多个外设打交道。但是,各输入装置的数据线都不能直接挂到 CPU 的数据总线上,必须经输入缓冲器接到数据总线上;否则,会出现几个输入装置同时占用数据总线,发生"总线冲突",以至 CPU 不能正常工作。缓冲电路便于实现在同一时刻 CPU 只与一个外设交换信息,即只有被选中的外设与 CPU 交换信息。

微型机传送信息的速度,一般远远高于外设的工作速度。当计算机向外设输出信息时,外设还来不及立即将信息处理完毕。例如,点阵式打印机打印一个字符约需 10 ms,而计算机输出一个字符只需 10 μs 左右。因此,在输出接口电路中应设置数据锁存器,以便及时地把 CPU 输出的数据锁存起来,然后再由外设进行处理。

3. 信息转换

外设送往计算机的信息应该转换成计算机所能接收的数字量,而计算机输出的信息应该转换成外设所要求的信号。因此,I/O 接口电路应能实现信息的转换。例如:串行、并行数据的互相转换;电压、电流的转换;电平的转换;模/数转换;数/模转换等。

4. 通信联络

为了协调 CPU 与外设之间的信息交换,CPU 需要通过 I/O 接口电路以一定的方式与外设进行通信联络,以保证不丢失信息。

为了进行通信联络,I/O 接口电路传送的信息除了数据之外,还要提供外设状态信息,以及 CPU 对外设的启停控制信号等。

7.1.2 I/O 接口的构成

一个典型的 I/O 接口如图 7.1.1 所示,其中有数据端口、状态端口和控制端口。CPU 通过这些端口与外部设备之间进行信息的传送。通常将信息按各自的作用分成以下三种。

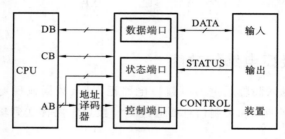

图 7.1.1 I/O 接口的基本构成

1. 数据信息

数据信息是最基本的一种信息,按其数据的表示形式又可以分为以下几种。

1)数字量

用 8 位二进制数或是以 ASCII 码表示的数据或字符。

开关量是表示"0"和"1"两个状态的量,实际上它可表示为一位或多位二进制数字量。

脉冲量也是一种数字量,计数脉冲、定时脉冲等在计算机控制系统中也很常见。

2)模拟量

当微型机用于控制、检测或数据采集时,大量的现场信息是连续变化的物理量(如温度、压力、流量、位移等),这些物理量经过传感器变换成电量,并经放大得到模拟电压或电流,这些模拟量必须再经过 A/D 转换后,把它们变成数字量才能输入计算机。计算机的输出也必须先经过 D/A 转换,把数字量变成模拟量后再去控制执行机构。

2. 状态信息

状态信息反映了外部设备当前所处的工作状态,作为计算机与外设交换信息的联络信号。例如,输入设备的"准备就绪",输出设备的"忙"信号等。CPU 根据外设的状态,决定是否输入或输出数据。

3. 控制信息

控制信息是在传送过程中,CPU 发送给外设的命令,用于控制外设的工作。例如,控制设备的启动或停止等。

数据信息、状态信息和控制信息是不同性质的三类信息,应通过不同的端口分别传送。也就是说,CPU 送往外设的数据或者外设送往 CPU 的数据放在数据端口的数据寄存器中,从外设送往 CPU 的状态信息放在状态端口的状态寄存器中,而 CPU 送往外设的控制信息要送到控制端口的控制寄存器中。对 CPU 来说,状态信息、控制信息也是一种数据信息,通过数据总线送往 CPU 或从 CPU 输出，CPU 可以通过不同的指令或访问不同的端口来区分它们。

7.1.3　I/O 端口的地址分配

接口部件中能被 CPU 直接访问的寄存器通常称为端口，每个端口分配一个端口地址，CPU 通过对端口地址的访问发送命令，读取状态或输入、输出数据。因此，一个接口可以有几个端口，如上面所述有数据端口、状态端口和控制端口，CPU 与外设之间就是通过 I/O 端口来沟通的。要实现对这些端口的访问，就应该对端口编址。有以下两种编址方式。

1. I/O 端口和存储器统一编址方式

在这种编址方式中，I/O 端口和存储器共用一个地址空间，端口与存储器统一编址，即把每个 I/O 端口当做一个存储单元，给它分配存储空间的一个地址。因此，CPU 用访问存储器的指令对 I/O 端口进行读/写操作。

这种方式的主要优点是：CPU 无需专用的 I/O 指令和接口信号，能以丰富的访问存储器指令来访问 I/O 端口，处理能力强。但是端口占用了存储器的地址，指令的执行时间较长。

2. I/O 端口独立编址方式

这种方式是端口地址与存储器地址分开编址。对 I/O 端口独立编址，需要专门的 I/O 指令和接口信号访问 I/O 端口。这种方式的主要优点是：处理速度较快，端口地址不占用存储空间，各自都有完整的地址空间。

以上两种 I/O 端口编址方式在微型机中都有使用，但对 MCS-51 系列单片机只能使用 I/O 端口和存储器统一编址方式。

7.2　微型机与外设之间的数据传送方式

微型机与外设之间的数据传送方式可归纳为三种：程序传送、中断传送和直接存储器存取（DMA）传送。

7.2.1　程序传送

程序传送，是指 CPU 与外设之间的数据传送在程序控制下进行的一种方式，它又分为无条件传送和条件传送两种。

7.2.1.1　无条件传送

这种传送方式的特点是，数据能否进行传送只取决于程序的执行，而与外设的条件（即状态）无关。也就是说，在需要进行传送时，认为外设已处于"准备就绪"状态，程序执行 I/O 指令，CPU 就立即与外设进行数据传送。

无条件传送方式，一般用于对固定的输入/输出装置传送单个信息。例如，读开关数据，驱动继电器、驱动七段显示器等。

这种传送方式的优点是，接口电路和程序设计都非常简单。其传送的工作原理如图 7.2.1 所示。图中，由于来自输入设备的数据保持时间相对于 CPU 的接收速度要长得多，所以输入数据不需用锁存器来锁存，而直接使用三态缓冲器与数据总线相连。

对输出设备，一般都需要用锁存器来锁存 CPU 送出的数据，使其保持一定的时间，以便与外设的动作相适应。

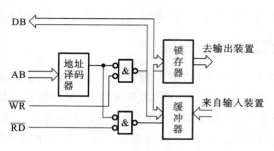

图 7.2.1　无条件传送方式的工作原理

例如,设输入缓冲器和输出锁存器的端口地址为 0100H,数据传送程序如下:

```
        MOV   DPTR,#0100H
        MOVX A,@DPTR                ;输入数据
        ⋮
        MOVX @DPTR,A                ;输出数据
```

7.2.1.2　条件传送

条件传送又称查询传送(polling)。传送前,CPU 读取外设的状态,并加以测试判断,如果外设"准备就绪",则 CPU 就向外设传送数据;如果外设未"准备就绪",则不进行数据传送,CPU 转而继续查询外设的状态。

所谓"准备就绪",对于输入设备而言,即输入数据寄存器已满,准备好新数据供 CPU 读取;对于输出设备而言,即输出数据寄存器已空,原有数据已被使用,可以接收 CPU 送来的新数据。

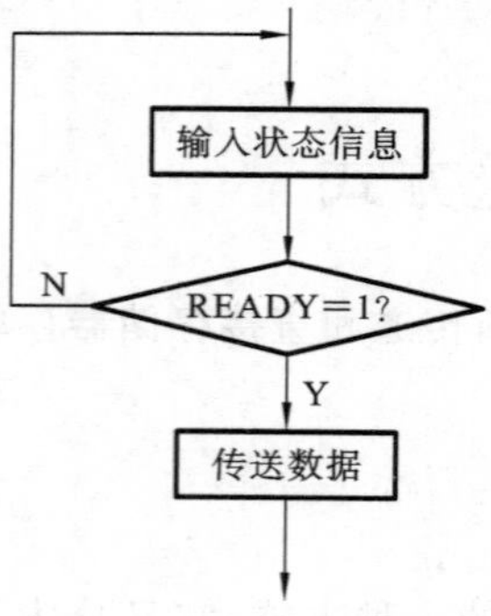

以查询方式传送数据的流程图如图 7.2.2 所示。由图可见,以查询方式传送数据的步骤如下:

(1) CPU 读取外设状态信息;

(2) CPU 检测外设状态是否满足"准备就绪"条件,如果不满足,则回到(1)继续读取状态信息;

(3) 如果外设状态为"准备就绪",则传送数据。

以查询方式输入的接口电路如图 7.2.3 所示。输入设备准备好后发一个选通信号 $\overline{STB}$。它一方面把输入设备准备传送的数据存入锁存器;另一方面使 D 触发器置 1,作为准备好的一个状态信号。数据信息和状态信息从不同的端口经过数据总线送到 CPU。当 CPU 要从外设输入数据时,先读入状态信息,检测数据是否准备好,若准备就绪,就执行传送指令读取数据,同时使状态信息(READY)清 0,以便下一个数据传送。

图 7.2.2　查询式传送数据流程图

例如,图 7.2.3 中,设状态口地址为 0100H,数据口地址为 0101H,采用查询式输入程序如下:

```
        MOV   DPTR,#0100H
TEST:   MOVX A,@DPTR               ;读状态信息
        JNB   ACC.7,TEST           ;测试状态,未准备就绪,转 TEST
        INC   DPTR
        MOVX A,@DPTR               ;读输入数据
```

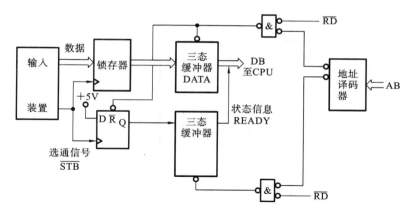

图 7.2.3　查询式输入接口电路

以查询方式输出的接口电路如图 7.2.4 所示。当 CPU 要向外设输出数据时,CPU 应先读取外设的状态信息,如果外设不忙(BUSY＝0),则表明可以向外设输出数据,CPU 执行传送指令,把数据送出;否则,CPU 就继续查询等待。

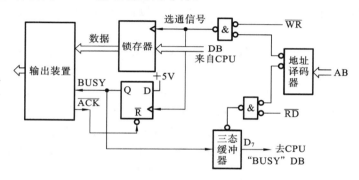

图 7.2.4　查询式输出接口电路

当输出设备把 CPU 输出的数据接收以后,发出一个 $\overline{\text{ACK}}$ 应答信号,使 D 触发器清 0,表示外设已空;当 CPU 读取这个状态信息并判断外设已空时,便执行输出操作,由地址信号和写信号产生选通信号把 CPU 输出的数据打入锁存器,同时使 D 触发器置 1。D 触发器的输出信号(BUSY),一方面为外设提供了一个联络信号,通知外设,输出数据已准备好,可供提取;另一方面告诉 CPU,当前外设处于"忙"状态,从而阻止 CPU 输出新的数据。

例如,图 7.2.4 中状态口地址为 0100H,数据口地址为 0101H,采用查询式输出程序如下:

```
        MOV   DPTR,#0100H
TEST:   MOVX A,@DPTR              ;读状态信息
        JB    ACC.7,TEST         ;测试状态,未准备就绪,转 TEST
        INC   DPTR
        MOV   A,40H               ;取数据
        MOVX @DPTR,A              ;输出数据
```

图 7.2.5 是采用查询方式的一个数据采集系统的接口电路。现要求用查询方式分别对 8 路模拟信号轮流采样一次,并依次把结果存入数据存储区。

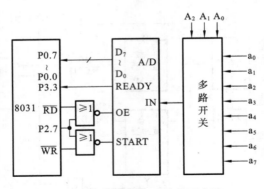

图 7.2.5　数据采集系统接口电路

图 7.2.5 中,a_0、a_1、$\cdots$、a_7 为 8 路模拟量输入端,A_2、A_1、A_0 给出被选择的模拟通道的地址。当多路开关的 $A_2 A_1 A_0 = 000 \sim 111$ 时,依次选择 $a_0 \sim a_7$ 中的一个模拟量输入作为多路开关输出送 A/D 转换器。START 为 A/D 转换启动信号,正脉冲有效,由单片机的 P2.7(A_{15})和写信号$\overline{WR}$控制。READY 是 A/D 转换器的状态信息,A/D 转换结束时,READY=1。OE是 A/D 转换器输出使能信号,正脉冲有效,此时可以读取 A/D 转换结果,它由 P2.7 和 $\overline{RD}$控制。

图 7.2.6　数据采集程序流程图

数据采集程序流程图如图 7.2.6 所示。根据流程图编写程序如下:

```
MAIN:MOV    R1,#DATA       ;置数据区首地址
     MOV    DPTR,#7FF8H    ;P2.7=0,指向通道0
     MOV    R7,#8          ;置通道数
LOOP:MOVX   @DPTR,A        ;启动 A/D 转换
     MOV    R2,20H         ;延时
DLY: DJNZ   R2,DLY
TEST:JNB    P3.3,TEST      ;测试 READY
     MOVX   A,@DPTR        ;读取转换结果
     MOV    @R1,A          ;存结果
     INC    DPTR
     INC    R1
     DJNZ   R7,LOOP        ;全部采样完否? 未完,继续
```

条件传送比无条件传送可靠,但在查询方式下,CPU 要不断地读取状态信息和进行测试,若外设未准备好,则必须等待继续查询,这样就要大量占用 CPU 的时间,所以 CPU 的利用率低。另外,在实时性能要求较高的场合,查询方式难以满足实时要求。

7.2.2　中断传送

为了提高 CPU 的运行效率和使系统具有实时性能,可采用中断传送方式。在这种传送方式下,每个外设都具有请求 CPU 服务的主动权,可以随机地向 CPU 提出中断申请,而 CPU又能在每一条指令执行的结尾阶段检查外设是否有中断请求。因此,如果没有中断申请发生,

CPU 可以与外设同时工作,执行与外设无关的操作。一旦外设需要服务,就主动向 CPU 发出中断请求,CPU 便可暂时中止当前执行的程序,而转去为外设服务,进行一次数据传送;服务完以后,CPU 返回断点继续执行原来的程序。这样,CPU 不必浪费大量的时间去轮流查询各个外设的状态,从而可大大提高 CPU 的工作效率,同时也使系统具有很强的实时性能。

7.2.3　直接存储器存取传送

计算机同外设交换信息,实际上是计算机的内存同外设交换信息,因为信息是存入内存的。计算机输出时,CPU 从内存中读取数据,然后通过输出接口将信息传送给外设;输入时,由外设经过输入接口把信息经 CPU 装入内存。

中断传送方式虽然大大提高了 CPU 的利用率,但它仍是由 CPU 通过程序传送,每次传送前要保护断点,保护现场,传送后又要恢复现场和断点,因而需要执行多条指令。通常用中断方式传送一个字节数据需要几十微秒,甚至更多的时间,这对于一个高速输入/输出设备及需要成组交换数据的场合(例如磁盘与内存间的信息交换),就显得速度太慢了。

直接存储器存取(DMA——direct memory access)是一种由专门的硬件 DMA 控制器(简称 DAMC)来控制的传送方式。在 DMAC 的控制下,外设接口可直接与内存进行高速的数据传送,而不必经过 CPU,于是进行传送时就不必作保护现场、恢复现场之类的额外操作。DMA 方式主要是通过硬件来实现的,因而传送速率很高,数据传送的速度基本上取决于外设和存储器的速度。DMA 方式特别适用于大批量数据的高速传送。

7.3　MCS-51 的并行 I/O 口

MCS-51 单片机有 4 个双向 I/O 并行口 P0～P3,每个口有 8 位引线。在片外无存储器扩展的系统中,这 4 个口的每一位都可独立作通用输入/输出线。在片外有存储器扩展的系统中,P2 口作为高 8 位地址线输出,P0 口分时作为低 8 位地址线和双向数据线。此外,P3 口具有双功能。

图 7.3.1(a)～(d)分别给出了 P0～P3 口中的某一位结构。由图可见,每个口都是由锁存器(即 SFR 中的 P0～P3)、驱动器和缓冲器组成,而其中每一位的输出锁存器(相当于 P0～P3 中的一位)由 D 触发器组成;每一位的输出驱动器由场效应管 FET 组成;每一位的输入缓冲器由 2 个三态门组成,用以控制不同的读入操作。

P1、P2、P3 口内部有上拉电阻,它代替了 P0 口中的场效应管 T_1,输出缓冲器不是三态的,所以称为准双向口,而 P0 口内部无上拉电阻,它的输出缓冲器是由两个场效应管(T_1、T_2)组成的三态门,所以 P0 口作为系统数据总线使用时,可以保证在数据传送时,芯片内外接通,不进行数据传送时,芯片内外处于隔离状态,因此,P0 口是真正的双向 I/O 口。

1. P0 口

P0 口的某一位结构图如图 7.3.1(a)所示,它由 1 个输出锁存器、2 个输入三态缓冲器、1 个输出驱动器和控制电路组成。

P0 口受内部控制信号的控制,可由多路开关分别切换到 I/O 口和地址/数据总线两种工作状态。当控制信号为 0 时,封锁与门,使 T_1 截止,同时使多路开关把输出锁存器的 $\overline{Q}$ 与 T_2 的栅极接通,此时,P0 切换到内部总线,即 I/O 口状态;当控制信号为 1 时,使多路开关切断了

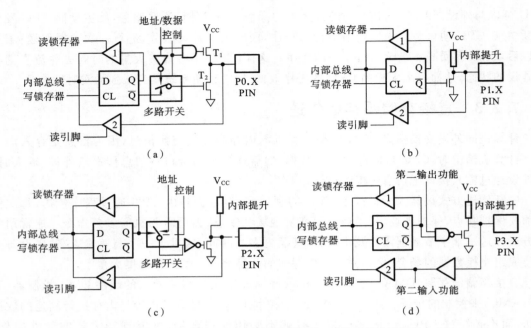

图 7.3.1 P0～P3 口中一位锁存器和输入/输出驱动器结构

(a) P0 口;(b) P1 口;(c) P2 口;(d) P3 口

$\overline{Q}$ 与 T_2 栅极的连接,地址/数据经反相器与 T_2 的栅极相连,此时,P0 口为地址/数据总线工作状态。

1) P0 口作 I/O 口使用

当 P0 口作输出口时,在 CPU 来的"写锁存器"脉冲(为 D 触发器的时钟 CL 输入)作用下,CPU 通过内部总线把数据写入锁存器中,由于内部总线和 P0 口的引脚线是同相的,所以内部总线上的数据立即输出到 P0 口的引脚上。此时,由于场效应管 T_1 是截止的,因而输出级是漏极开路电路。因为内部无上拉电阻,若驱动 NMOS 管或其他拉电流负载时,则需要外接上拉电阻。

当 P0 口作输入口时,有两种不同的读操作,分别由"读引脚"和"读锁存器"信号来控制。

一种是读引脚,即读取口引脚上的外部输入信息,该口锁存器必须先为 1,从而关断 T_2。当 CPU 执行一条由口输入的指令时,"读引脚"脉冲把三态门 2 打开,于是引脚上的外部数据通过三态输入缓冲器 2 传送到内部总线,这类操作由传送指令实现。

"读引脚"的指令一般都是以某一 I/O 口或 I/O 口的某一位为源操作数的指令。例如,执行指令 MOV A,P0 的过程是:读 P0 口引脚上的输入数据,送累加器 A 中。

另一种是读锁存器,即读口锁存器的状态。CPU 的某些指令是先将口原来数据读入,经过运算修改后再重新把结果写入口锁存器输出,通常把这种操作称为读—改—写。如果引脚正好驱动一个晶体管基极,若输出值为 1 使三极管导通,则此时三极管基极电位为低电平,即把口引脚输出的高电平拉低。如果这时仍直接读口引脚信号,那么将会把原输出的"1"信号读成"0"信号,发生错误。因此,这时必须采用读输出锁存器来代替读引脚。这样,由于原输出值在锁存器中已锁存,CPU 执行一次读—改—写操作,由"读锁存器"信号把三态门 1 打开,于是锁存器的输出 Q 经三态输入缓冲器 1 传送到内部总线,即使引脚电平发生变化,也不会出现上述可能的错误。

在 ANL，ORL，XRL；JBC；CPL；INC，DEC；DJNZ；MOV；CLR，SETB 等指令中，当目的操作数为某一 I/O 口或 I/O 口的某一位时，这些指令均执行一次读—改—写操作，所以有时把它们称为读—改—写指令。

例如，执行一条"ORL P0，A"指令的过程是：CPU 先读入 P0 口锁存器中的内容，再和累加器 A 中的内容逻辑或，结果送回 P0 口。

又如，执行"INC P0"指令的过程是：CPU 先读入 P0 口锁存器中的内容，再加 1，结果送回 P0 口。

2）P0 口作地址/数据总线使用

当从 P0 口引脚输出地址/数据信息时，由于 CPU 内部发出的控制信号为 1，打开与门，同时使多路开关把 CPU 内部地址/数据线与驱动场效应管栅极反相接通。由图 7.3.1（a）可见，T_1、T_2 处于反相，构成了推拉式的输出电路，使其带负载能力大大增加，T_1 也正是为此而设置的。当从 P0 口引脚输入数据信息时，其输入信号从引脚通过输入缓冲器进入内部总线。

P0 口作地址/数据总线时，可直接驱动 MOS 电路而不必外接上拉电阻。P0 口的每一位可以驱动 8 个 LSTTL 负载。

2. P1 口

P1 口是一个准双向口，作通用 I/O 口使用，其某一位结构如图 7.3.1（b）所示。输出驱动部分与 P0 口不同，内部有上拉电阻（实际上该电阻也是一个场效应管）。

P1 口的每一位可以分别定义为输入线或输出线。作输出线时，若将"1"写入某一位锁存器，则 $\overline{Q}$ 端输出为 0，使驱动器截止，该位的输出引脚由内部上拉电阻拉成高电平，输出"1"；若将"0"写入某一位锁存器，则 $\overline{Q}$ 端输出为 1，使驱动器导通，该位引脚输出低电平，即输出"0"。作输入线时，必须先向对应的锁存器写入 1，由此关断驱动器，这时该位引脚由内部上拉电阻拉成高电平，也可由外部电路拉成低电平，CPU 读 P1 引脚状态时实际上就是读出外部电路的输入信息。

例如，下面程序将在 P1.0 引脚与输出 5 个周期的方波。

```
        MOV     R2,#10
L1：    CPL     P1.0
        DJNZ    R2,L1
```

P1 口的每一位可以驱动 4 个 LSTTL 负载。

3. P2 口

P2 口的某一位结构如图 7.3.1（c）所示。P2 口也有两种功能。当 P2 口作通用 I/O 口时，多路开关使输出锁存器的 Q 端与驱动器的栅极相连构成一个双向口。同样，P2 口作输入时，也必须使锁存器预先置 1。

在系统扩展外部存储器时，内部控制信号为 1，使地址与驱动器相连，P2 口输出高 8 位地址（$A_{15} \sim A_8$）。若外接程序存储器，当 CPU 访问片外程序存储器时，程序计数器的高 8 位 PCH 通过 P2 口输出 $A_{15} \sim A_8$。由于 CPU 访问外部程序存储器是连续不断的，P2 口要不断送出高 8 位地址，因此这时 P2 口无法再作通用 I/O 口。当访问片外数据存储器时，如果执行 MOVX@DPTR 类指令，则由 16 位地址指针的高 8 位 DPH 通过 P2 口输出 $A_{15} \sim A_8$。在读/写周期内，P2 口锁存器仍保持原来的口数据，在访问片外 RAM 周期结束后，多路开关自动切换到锁存器 Q 端。若片外数据存储器在 256 个字节范围内，则可用 MOVX @Ri 类指令访问片外 RAM,P2 口不受该指令影响,仍可作通用 I/O 口。

P2 口的每一位可以驱动 4 个 LSTTL 负载。

4. P3 口

P3 口的某一位结构如图 7.3.1(d)所示。P3 口为多功能口。第一功能作通用 I/O 口,这时第二输出功能保持高电平,打开与非门,锁存器的输出可通过与非门送至驱动器输出引脚;输入时,仍必须先对锁存器置 1,引脚上的外部信号通过三态输入缓冲器送入内部总线。

P3 口用于第二功能(详见表 2.3.1)情况下输出时,锁存器输出 Q 为 1,打开与非门,第二输出功能内容通过与非门和驱动器送至引脚;输入时,引脚的第二功能信号通过缓冲器送到第二输入功能端。

P3 口也能驱动 4 个 LSTTL 负载。

7.4　MCS-51 并行接口的扩展

在 MCS-51 应用系统中,大多数情况是需外部扩展存储器的,这时单片机本身提供给用户使用的 I/O 口线不多,只有 P1 口和部分 P3 口线。因此,在大部分 MCS-51 单片机应用系统设计中,都不可避免地要进行 I/O 口的扩展。

在 MCS-51 系统中,I/O 口是和外部数据存储器统一编址的。因此,用访问片处 RAM 的指令(MOVX)来访问片外的 I/O 口,对其进行读/写操作。

I/O 口扩展方式主要有总线扩展法和串行口扩展法,扩展 I/O 口所用芯片主要有通用可编程接口芯片和不可编程接口芯片(如 TTL、CMOS 锁存器、缓冲器电路等)两大类。本节将介绍 MCS-51 并行接口的扩展方法。

7.4.1　用 TTL 芯片扩展并行 I/O 口

7.4.1.1　总线扩展法

在单片机应用系统中,经常采用 TTL 电路或 CMOS 电路锁存器和三态门作为 I/O 口扩展芯片,这类 TTL 芯片常用的有:373、273、244、245 等。一般通过 P0 口扩展。

图 7.4.1 是采用 74LS244 作扩展输入、74LS273 作扩展输出的 I/O 口扩展电路,图中,P0 口为双向数据线,既能从 244 输入数据,又能将数据传送给 273 后输出。

P2.0 作为输入、输出控制信号,当 P2.0 和 $\overline{RD}$ 同时有效时,通过 244 输入按键的数据;当 P2.0 和 $\overline{WR}$ 同时有效时,P0 口通过 273 输出数据显示。

设扩展输入口和输出口的端口地址为 FEFFH,若需实现的功能是按下任一键,对应的 LED 发亮,则可编程序如下:

```
        MOV     DPTR,# 0FEFFH
LOOP:   MOVX    A,@DPTR              ;输入开关状态
        MOVX    @DPTR,A             ;输出开关信息
        SJMP    LOOP
```

7.4.1.2　串行口扩展法

在 MCS-51 应用系统中,若串行口未被占用,这时可用串行口的工作方式 0 来扩展并行 I/O 口。它不占用片外 RAM 的地址,是一种简单实用的方法。

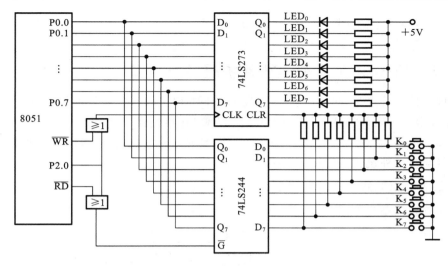

图 7.4.1　简单的 I/O 接口扩展电路

用串行口扩展并行 I/O 口常用的芯片是移位寄存器,如 74LS164、74LS165 等。

下面举例说明用 74LS164 扩展并行 I/O 口的方法。

图 7.4.2 为利用 74LS164 扩展两个 8 位输出口的接口电路。74LS164 是 8 位串行输入、并行输出的移位寄存器。

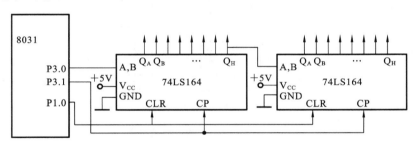

图 7.4.2　利用 74LS164 扩展并行输出口

MCS-51 单片机串行口工作在方式 0 的发送状态,串行数据由 P3.0(RXD)送出,移位时钟由 P3.1(TXD)送出,在移位时钟脉冲的作用下,串行口发送缓冲器的数据一位一位地移入 74LS164 中。需要指出的是,由于 74LS164 本身无并行输出控制端,因而在串行输入过程中,其输出端的状态会不断变化,所以在一些应用场合中,应在 74LS164 的输出端再增加一级三态门控制,以便保证在串行输入结束后再输出数据。

下面是将 RAM 缓冲区 30H、31H 的内容经串行口由 74LS164 并行输出的子程序:

```
START:MOV   R7,#02H          ;设置要发送的字节数
      MOV   R0,#30H          ;设地址指针
      MOV   SCON,#0          ;置串行口方式 0
SEND: MOV   A,@R0
      MOV   SBUF,A           ;启动串行口发送
WAIT: JNB   TI,WAIT          ;一帧数据未发送完,等待
      CLR   TI
      INC   R0               ;取下一个数据
```

```
DJNZ  R7,SEND
RET
```

7.4.2　用 8255A 可编程器件扩展并行接口

可编程器件的特点是,可以通过软件设置不同的工作方式,作为连接 CPU 和外设的接口,不需要或很少需要外加硬件,使用十分灵活方便,通用性强。

8255A 是 Intel 系列的可编程并行接口芯片,具有三个 8 位的并行口,有 3 种工作方式,可作为单片机与多种外设连接的接口电路。

7.4.2.1　8255A 的内部结构

8255A 的内部结构如图 7.4.3 所示。

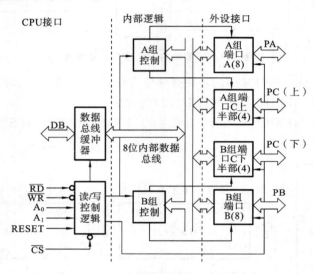

图 7.4.3　8255A 的内部结构图

8255A 由以下四个部分组成。

1. 数据端口 A、B、C

端口 A:具有一个 8 位数据输出锁存/缓冲器和一个 8 位数据输入锁存器。所以,用端口 A 作为输出或输入时,数据均可以锁存。

端口 B:具有一个 8 位数据输出锁存器/缓冲器和一个 8 位数据输入缓冲器。所以,端口 B 作为输入时,数据不会得到锁存;作输出时,数据可以锁存。

端口 C:具有一个 8 位数据输出锁存器/缓冲器和一个 8 位数据输入缓冲器。

在使用中,端口 A 和端口 B 常作为独立的 I/O 端口,而端口 C 则配合端口 A 和端口 B 的工作。端口 C 也可以作为独立的 I/O 口使用。

2. A 组控制和 B 组控制

这是两组根据 CPU 的命令字控制 8255A 的工作方式的电路。每组控制电路,一方面接收来自读/写控制逻辑电路的读/写命令;另一方面接收内部总线上的控制字。

A 组控制电路用来控制 A 口和 C 口的高 4 位($PC_7 \sim PC_4$)的工作方式和读/写操作。

B 组控制电路用来控制 B 口和 C 口的低 4 位($PC_3 \sim PC_0$)的工作方式和读/写操作。

3. 读/写控制逻辑

它用于管理所有的数据、控制字或状态字的传送。它接收 $\overline{CS}$ 及来自系统的地址总线信号 A_1、A_0 和控制总线信号 RESET、$\overline{RD}$、$\overline{WR}$，组合控制各个端口的工作状态。

4. 数据总线缓冲器

这是一个双向三态的 8 位数据缓冲器，用于与系统数据总线相连，以实现系统与 8255A 之间的数据传送。

7.4.2.2　8255A 的引脚

8255A 的引脚如图 7.4.4 所示。8255A 共有 40 个引脚。下面根据功能分类说明。

1. 数据线

数据线有 $D_7 \sim D_0$、$PA_7 \sim PA_0$、$PB_7 \sim PB_0$、$PC_7 \sim PC_0$，均为双向三态。其中，$D_7 \sim D_0$ 与 CPU 数据总线相连，用于传送 CPU 与 8255A 之间的命令和数据；$PA_7 \sim PA_0$、$PB_7 \sim PB_0$、$PC_7 \sim PC_0$ 分别与 A、B、C 三个端口相对应，用于 8255A 与外设之间传送数据。

2. 寻址线

寻址线 $\overline{CS}$、A_1 和 A_0，用于选择 8225A 的三个端口和控制寄存器。

$\overline{CS}$：片选信号，输入，低电平有效。有效时表示选中本片。

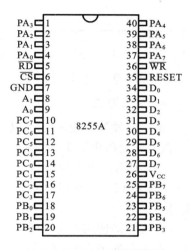

图 7.4.4　8255A 的引脚图

A_1 和 A_0：输入，通常与系统地址总线的 A_1 和 A_0 对应相连。当 $\overline{CS}$ 有效时，A_1 和 A_0 的四种组合 00、01、10、11 分别选择 A、B、C 口、控制寄存器，所以一片 8255A 共有四个 I/O 地址。

3. 控制线

$\overline{RD}$：读信号，输入，低电平有效。当 $\overline{RD}$ 为低电平时，表示 CPU 对 8255A 进行读操作。

$\overline{WR}$：写信号，输入，低电平有效。当 $\overline{WR}$ 为低电平时，表示 CPU 对 8255A 进行写操作。

RESET：复位信号，输入，高电平有效。当 RESET 为高电平时，8225A 内部所有寄存器清 0，各端口都自动设置为输入方式，24 条 I/O 引脚均为高阻态。

4. 电源和地线

采用单一 +5 V 电源。

8255A 的控制信号和传输动作之间的关系如表 7.4.1 所示。

表 7.4.1　8255A 的控制信号和传输动作对应关系

$\overline{CS}$	A_1	A_0	$\overline{RD}$	$\overline{WR}$	传 输 说 明
0	0	0	0	1	A 口数据→数据总线
0	0	1	0	1	B 口数据→数据总线
0	1	0	0	1	C 口数据→数据总线
0	0	0	1	0	数据从数据总线→A 口

$\overline{CS}$	A_1	A_0	$\overline{RD}$	$\overline{WR}$	传 输 说 明
0	0	1	1	0	数据从数据总线→B 口
0	1	0	1	0	数据从数据总线→C 口
0	1	1	1	0	数据从数据总线→控制寄存器
1	×	×	×	×	$D_7 \sim D_0$ 进入高阻态
0	1	1	0	1	非法
0	×	×	1	1	$D_7 \sim D_0$ 进入高阻态

7.4.2.3　8255A 的工作方式

8255A 有三种基本工作方式：方式 0、方式 1、方式 2，下面分别加以说明。

1. 工作方式 0

这是一种基本输入/输出方式。在这种方式下，三个端口都可以设定为输入口或者输出口，没有固定的用于应答的联络信号。方式 0 的基本特点概括如下：

（1）具有两个 8 位端口（A 口、B 口）和两个 4 位端口（C 口的上半部分和下半部分）；

（2）任何一个端口都可作为输入口或输出口，各端口的输入、输出可构成 16 种不同的组合。

方式 0 的使用场合有两种：一种是无条件传送；另一种是查询传送。

在无条件传送时，不需要应答信号，即 CPU 不需查询外设的状态，CPU 可以通过简单的传送指令对任一个端口进行读/写操作。

在以查询方式传送时，需要应答信号。此时，将 A 口和 B 口作为数据端口，把 C 口的 4 个数位（高 4 位或低 4 位均可）规定为输出口，用来输出一些控制信号，而把 C 口的另外 4 个数位规定为输入口，用来读入外设的状态。这样一来，利用 C 口配合 A 口和 B 口的输入/输出操作。

2. 工作方式 1

方式 1 是一种选通式输入/输出方式。它与方式 0 相比，最重要的差别是：A 口和 B 口用方式 1 进行输入/输出传送时，要利用 C 口提供的有固定对应关系的选通信号和应答信号。这种对应关系不是程序可以改变的，除非改变工作方式。方式 1 的特点如下：

（1）三个端口分为两组，即 A 组和 B 组，每一组包括一个 8 位的数据端口（A 口或 B 口）和一个 4 位的控制/状态端口（C 口的上半部或下半部）；

（2）每一个 8 位数据端口均可作为输入或输出。

下面简要介绍方式 1 输入/输出时的控制联络信号。

方式 1 输入时的控制信号如图 7.4.5 所示，各控制信号的功能如下。

$\overline{STB}$：选通输入，低电平有效。它是由外设送来的输入信号，当 $\overline{STB}$ 有效时，8255A 接收外设送来的一个 8 位数据，送入输入缓冲器。

IBF：输入缓冲器满信号，高电平有效。它是 8255A 输出的状态信号，当 IBF 有效时，表示当前已有一个新的数据在输入缓冲器中。IBF 信号由 $\overline{STB}$ 信号的下降沿置位，由 $\overline{RD}$ 信号的上升沿复位。

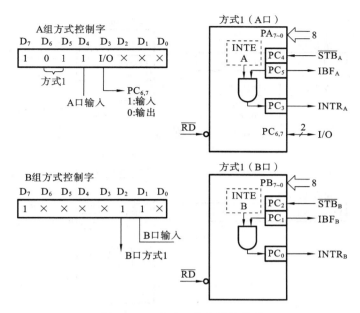

图 7.4.5　方式 1 输入联络信号

INTR:中断请求信号,高电平有效,由 8255A 输出,向 CPU 发中断请求。当 $\overline{STB}$、IBF、INTE(中断允许)均为高电平时,INTR 才置位变为高电平。也就是说,当选通信号结束,将一个数据送入输入缓冲器中,又允许中断时,由 INTR 向 CPU 申请中断。在 CPU 响应中断读取输入缓冲器中的数据时,INTR 由 $\overline{RD}$ 的下降沿复位。

INTE A:A 口中断允许信号。它是一个控制 A 口中断允许或中断屏蔽的信号。INTEA 有效,允许 A 口中断;否则,屏蔽 A 口中断。它没有外部引出端,由 PC_4 的置位/复位来控制;PC_4 置位时,INTE A=1;PC_4 复位时,INTE A=0。

INTE B:B 口中断允许信号。它与 INTE A 不同的是,由 PC_2 的置位/复位来控制。

方式 1 输出时的控制信号如图 7.4.6 所示。各控制信号说明如下。

$\overline{OBF}$:输出缓冲器满信号,低电平有效。它是 8255A 输出给外设的联络信号。$\overline{OBF}$ 有效时,表示 CPU 已把数据输出到指定端口,用于通知外设可以取走。它是由 $\overline{WR}$ 的上升沿置 0 (有效),由外设的响应信号 $\overline{ACK}$ 的下降沿置 1(无效)。PC_7 作 A 口的 $\overline{OBF}_A$ 输出端,PC_1 作 B 口的 $\overline{OBF}_B$ 输出端。

$\overline{ACK}$:外设的响应信号,低电平有效,它是外设将数据取走后,输入给 8255A 的一个应答信号。PC_6 作 A 口的 $\overline{ACK}_A$ 输入端,PC_2 作 B 口的 $\overline{ACK}_B$ 输入端。

INTR:中断请求信号,高电平有效,表示数据已被外设取走,请求 CPU 继续输出数据。中断请求的条件是,$\overline{ACK}$、$\overline{OBF}$ 和 INTE 为高电平,INTR 由 $\overline{WR}$ 的下降沿复位。PC_3 为 A 口的 $INTR_A$ 输出端,PC_0 为 B 口的 $INTR_B$ 输出端。

INTE A:A 口中断允许信号,由 PC_6 的置位/复位来控制。

INTE B:B 口中断允许信号,由 PC_2 的置位/复位来控制。

在许多采用中断方式进行传送的场合,如果外设能为 8255A 提供选通信号或者接收数据的应答信号,则常常使 8255A 的端口设置为工作方式 1。

3.　工作方式 2

方式 2 也称双向传送方式,仅 A 口有工作方式 2。在这种方式下,A 口成为双向数据端

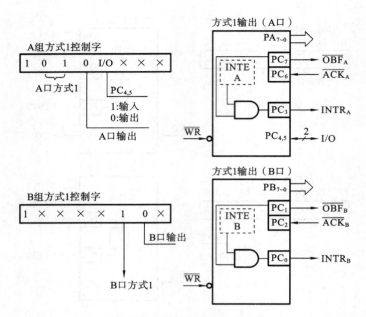

图 7.4.6 方式 1 输出联络信号

口,既可以作为输入端口,又可以作为输出端口。其特点体现在以下两个方面:

(1) 方式 2 只适用于端口 A;

(2) 端口 C 的 5 位控制信号用作 A 口的 8 位双向数据输入/输出的控制/状态信号。

当 A 口工作于方式 2 时,C 口中的 $PC_3 \sim PC_7$ 分别作为控制/状态信号,如图 7.4.7 所示。各控制信号的功能说明如下。

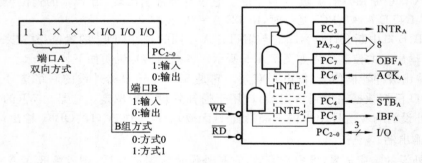

图 7.4.7 方式 2 联络信号

$INTR_A$:中断请求信号,高电平有效。在输入、输出方式时,可用于向 CPU 发中断请求。

$\overline{STB}_A$:是由外设送来的选通输入信号,低电平有效,用于将外设送到 A 口的数据打入输入锁存器。

IBF_A:输入缓冲器满信号,是 8255A 送往 CPU 的状态信息,可供 CPU 查询。

$\overline{OBF}_A$:输出缓冲器满信号,是 8255A 输出给外设的联络信号,表示 CPU 已把数据输出到 A 口。

$\overline{ACK}_A$:外设响应信号。它使 A 口的输出缓冲器开启,送出数据;否则,输出缓冲器处于高阻状态。

$INTE_1$:中断允许信号。当 $INTE_1$ 为 1 时,允许 8255A 的 INTR 向 CPU 发中断请求信

号,用以通知 CPU 向 8255A 的 A 口输出一个数据;当 $INTE_1$ 为 0 时,则屏蔽中断请求。$INTE_1$ 由 PC_6 的置位/复位为控制。

$INTE_2$:中断允许信号。当 $INTE_2$ 为 1 时,A 口的输入处于中断允许状态;当 $INTE_2$ 为 0 时,A 口的输入处于中断屏蔽状态。$INTE_2$ 由 PC_4 的置位/复位来控制。

方式 2 是一种双向工作方式,如果一个并行外设既可以作输入设备,又可以作输出设备,并且输入、输出动作不会同时进行,那么,将这个外设和 8255A 的端口 A 相连,并使 A 口工作在方式 2 是非常合适的。

7.4.2.4　8255A 的编程

8255A 是可编程接口芯片,因此,必须通过编程来设定它相应的工作方式,这就是对可编程器件进行初始化程序设计。所谓初始化程序设计,实际上就是根据工作要求,按照控制字的格式,对控制寄存器写入相应的命令字。一旦 CPU 执行初始化程序,那么可编程接口芯片就能按设计意图进行工作了。所以,进行初始化程序设计的关键,就是要掌握控制字的格式和功能。

1. 8255A 的控制字

8255A 的控制字有两个:方式控制字和 C 口置位/复位控制字。

1) 方式控制字

方式控制字用于确定各端口的工作方式和数据传送方向,方式控制字的格式和定义如图 7.4.8 所示。

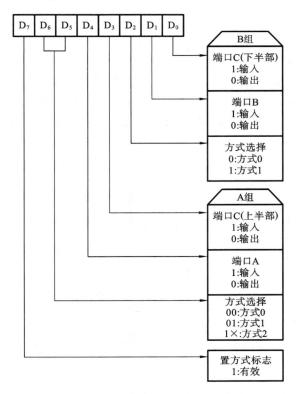

图 7.4.8　8255A 的方式控制字

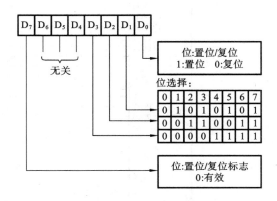

图 7.4.9　C 口按位操作控制字

2) C 口置位/复位控制字

C 口置位/复位控制字的格式和定义如图 7.4.9 所示。由图可知,C 口还具有位控制功能,它可以通过置位/复位控制字将其任一位置"1"或清"0",以实现某些控制功能。

2. 8255A 的初始化程序设计

8255A 中的控制寄存器很少,所以初始化程序设计简单。对于方式 0,如果不要设定 C 口的联络信号,则只需设置方式控制字;如果要设定 C 口的某些位为联络信号,则还应设定 C 口的置位/复位控制字。对于方式 1 和方式 2,因为都用到了控制信号,所以必须设置两个控制字,即设置方式控制字和 C 口置位/复位控制字。

例如,设 8255A 控制口的地址为 FF7FH,要求 8255A 工作于方式 0,且 A 口为输入,B 口和 C 口为输出,不用联络信号,则初始化程序如下:

```
MOV     A,#90H              ;置方式控制字
MOV     DPTR,#0FF7FH
MOVX    @DPTR,A
```

又如,设 8255A 的控制口地址为 7FFFH,要求 8255A 工作于方式 1,其中 A 口输入,B 口输出,并采用中断请求,则初始化程序如下:

```
MOV     DPTR,#7FFFH
MOV     A,#0BCH             ;置 A 口输入,B 口输出
MOVX    @DPTR,A
MOV     A,#05H              ;置 PC₂(即 INTE B)为 1
MOVX    @DPTR,A
```

7.4.2.5 8031 和 8255A 的接口

8255A 可以直接与 MCS-51 总线接口,其接口电路如图 7.4.10 所示。图中,8255A 的片选信号$\overline{CS}$及口地址选择线 A_1、A_0 分别由 8031 的 P2.7 和 P0.1、P0.0 经地址锁存后提供,所以,8255A 的 A 口、B 口、C 口及控制口的地址分别为 7FFCH、7FFDH、7FFEH、7FFFH。8255A 的$\overline{RD}$、$\overline{WR}$分别与 8031 的$\overline{RD}$、$\overline{WR}$相连,8255A 的 RESET 与 8031 的 RST、相连,都接到 8031 的复位电路上。

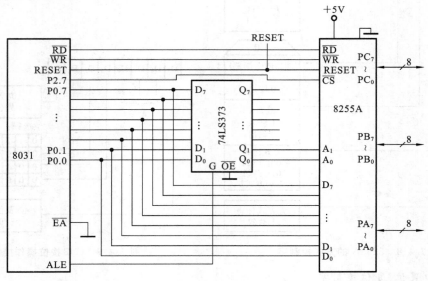

图 7.4.10 8031 与 8255A 的接口电路

例 7.4.1 8255A 的接口电路如图 7.4.11 所示,图中,A 口为输入端口,接有 4 个开关,B 口为输出端口,通过缓冲器接有一个七段 LED 显示器。要求显示器显示开关接通的数字,试编写程序。

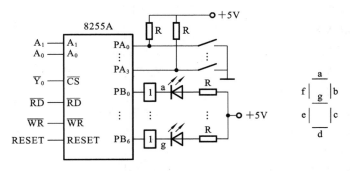

图 7.4.11 8255A 的接口电路和七段显示示意图

解 由图可知,七段发光二极管为共阳极 LED 显示器,若 $PB_0=0$,经缓冲器输出为低电平,则 a 段亮;若 $PB_0=1$,经缓冲器输出为高电平,则 a 段灭。其余各段类推。4 位开关的组合为 0000~1111,即 0~F,为此,可将在 LED 上显示 0~F 的各字符代码列表如下:

显示字符	0	1	2	3	4	5	6	7	8	9	A	B	C	D	E	F
七段代码(H)	C0	F9	A4	B0	99	92	82	F8	80	90	88	83	C6	A1	86	8E

设 8255A 端口地址为 FFF0H~FFF3H。程序如下:

```
            ORG     1000H
            MOV     DPTR,#0FFF3H        ;控制口地址送 DPTR
            MOV     A,#10010000B        ;置 A 口方式 0 输入,B 口方式 0 输出
            MOVX    @DPTR,A
            MOV     DPTR,#0FFF0H        ;A 口地址
            MOVX    A,@DPTR             ;读开关数据
            CPL     A
            AND     A,#0FH              ;屏蔽高 4 位
            ADD     A,#04H              ;修正偏移地址
            MOVC    A,@A+PC             ;查显示字符代码表
            INC     DPTR                ;B 口地址
            MOVX    @DPTR,A             ;输出显示
            SJMP    $
SEGTAB:     DB      0C0H  0F9H  0A4H  0B0H  99H
            DB      92H   82H   0F8H  80H   90H
            DB      88H   83H   0C6H  0A1H  86H
            DB      8EH
```

例 7.4.2 用 8255A 的 PC_4 输出周期为 1 ms 的方波脉冲序列。设 8255A 的端口地址为 80H~83H,试编写程序。

解 由方波的周期为 1 ms 可知,方波的"H""L"电平持续时间各为 500 μs。利用 C 口工

作在置位/复位方式可实现输出要求。程序如下：

```
        ORG     1000H
        MOV     R0,#83H          ;控制口地址
UP:     MOV     A,#09H           ;置 PC4=1,输出"H"电平
        MOVX    @R0,A
        ACALL   DELY             ;延时 500 μs
        MOV     A,#08H           ;PC4=0,输出"L"电平
        MOVX    @R0,A
        ACALL   DELY             ;延时 500 μs
        AJMP    UP
DELY:   MOV     R2,#250
        DJNZ    R2,$
        RET
```

7.4.3　用 8155 可编程 I/O 扩展接口

7.4.3.1　8155 的内部结构和引脚

1. 内部结构

8155 的内部结构如图 7.4.12(a)所示,有两个 8 位并行 I/O 端口 A 和 B,一个 6 位并行 I/O端口 C,256 个字节的静态 RAM,一个 14 位定时器/计数器及其控制逻辑电路。

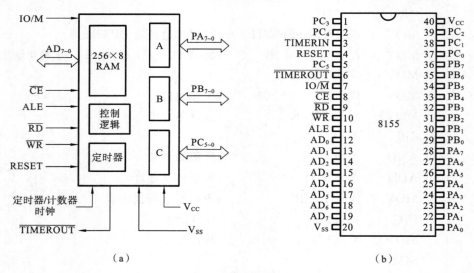

图 7.4.12　8155 的内部结构图和引脚图

(a) 内部结构图;(b) 引脚图

2. 引脚

8155 共有 40 个引脚,如图 7.4.12(b)所示。按其功能特点分类说明如下。

1) 地址数据线 $AD_7 \sim AD_0$

$AD_7 \sim AD_0$ 是低 8 位地址线和数据总线分时复用的,当 ALE=1 时,输入低 8 位地址,否则是数据。因此,8155 可直接与 MCS-51 单片机连接,无需另外增加地址锁存器。

2）端口线 PA$_7$～PA$_0$、PB$_7$～PB$_0$、PC$_5$～PC$_0$

端口线用于 8155 与外设之间传送数据。此外,PC$_5$～PC$_0$ 也可作为 A 口、B 口的控制信号线。

3）地址锁存线 ALE

在 ALE 的下降沿将单片机的低 8 位地址及 $\overline{\text{CE}}$、IO/$\overline{\text{M}}$ 的状态都锁存到 8155 内部寄存器中。

4）RAM 或 I/O 口选择线 IO/$\overline{\text{M}}$

当 IO/$\overline{\text{M}}$=0 时,选中 8155 片内 RAM,AD$_7$～AD$_0$ 为 RAM 的地址(00H～FFH);若 IO/$\overline{\text{M}}$=1 时,选中 8155I/O 接口,AD$_7$～AD$_0$ 为 I/O 口的地址,其分配如表 7.4.2 所示。由表可见,8155 内部有 7 个寄存器,其中命令寄存器和状态寄存器共用一个端口,所以一片 8155 需 6 个端口地址,由片选信号 $\overline{\text{CE}}$ 和地址的低 3 位(A$_2$、A$_1$、A$_0$)加以区分。

表 7.4.2　8155 的 I/O 口地址

AD$_7$～AD$_0$								选中寄存器
A$_7$	A$_6$	A$_5$	A$_4$	A$_3$	A$_2$	A$_1$	A$_0$	
×	×	×	×	×	0	0	0	命令/状态寄存器
×	×	×	×	×	0	0	1	A 口
×	×	×	×	×	0	1	0	B 口
×	×	×	×	×	0	1	1	C 口
×	×	×	×	×	1	0	0	定时器低 8 位
×	×	×	×	×	1	0	1	定时器高 6 位和 2 位计数器方式位

5）片选线 $\overline{\text{CE}}$

$\overline{\text{CE}}$ 为低电平时,选中本片。

6）读、写线 $\overline{\text{RD}}$、$\overline{\text{WR}}$

对 8155 进行读、写操作。

7）定时器/计数器的脉冲输入、输出线 TIMERIN、$\overline{\text{TIMEROUT}}$

TIMERIN 是 8155 计数脉冲信号的输入端,$\overline{\text{TIMEROUT}}$ 是 8155 输出脉冲或方波信号的输出端。

7.4.3.2　工作方式

1. 作存储器 RAM

当 IO/$\overline{\text{M}}$=0 时,8155 只能作 RAM 使用,共 256 个字节单元,其寻址范围由片选线 $\overline{\text{CE}}$ 和 AD$_7$～AD$_0$ 决定,应与系统中片外数据存储器统一编址,使用指令 MOVX 访问。

2. 作 I/O 口

当 IO/$\overline{\text{M}}$=1 时,8155 作 I/O 口。

8155 的 I/O 口工作方式选择,是通过对 8155 命令寄存器写工作方式控制字来实现的,只能写入不能读出。方式控制字的格式如图 7.4.13 所示。

8155 的工作状态由状态寄存器指示,与命令寄存器共地址,只能读出不能写入,由读/写命令加以区别。状态字的格式如图 7.4.14 所示。

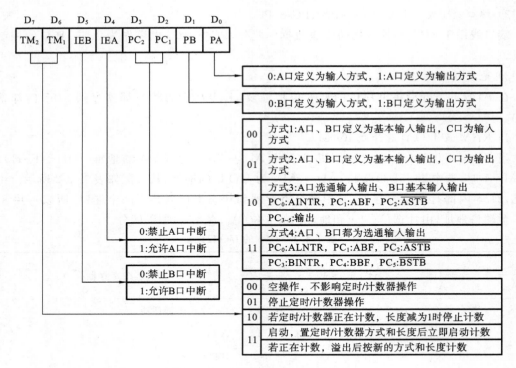

图 7.4.13 8155 的工作方式控制字

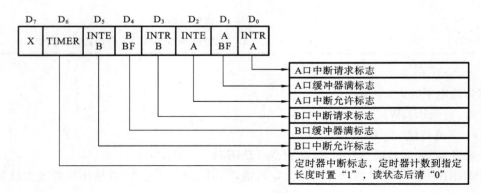

图 7.4.14 8155 的状态字

8155 的 A 口和 B 口功能基本相同,可工作于基本 I/O 方式或选通 I/O 方式。C 口可工作于基本 I/O 方式,也可作为 A 口、B 口的选通方式工作时的状态控制信号线。其工作情况与 8255A 的方式 0、方式 1 时大致相同,控制信号的含义也基本一样。

当 8155 设定为方式 1 和方式 2 时,A 口、B 口、C 口均工作于基本 I/O 方式;设定为方式 3 时,A 口定义为选通 I/O 方式,并且由 PC₀～PC₂ 作 A 口联络信号,C 口其余各位作 I/O 线,此时,B 口仍为基本 I/O 方式;设定为方式 4 时,A 口、B 口均定义为选通 I/O 方式,由 C 口作为 A 口、B 口的联络线,如图 7.4.15 所示。

在 I/O 口设定为输出口时,仍可用对应的口地址进行读操作,读取输出口的内容;设定为输入口时,输出锁存器被清除,无法将数据写入输出锁存器。所以,每次通道由输入方式转为输出方式时,输出端总是低电平。8155 复位时,清除所有输出寄存器,三个端口都为输入方式。

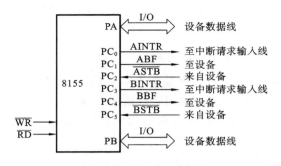

图 7.4.15 8155 在方式 4 时的逻辑结构图

3. 作定时器/计数器

8155 的可编程定时器/计数器可用来定时或对外部事件计数,它实际上是一个 14 位减 1 计数器,通过软件装入计数初值。在 TIMERIN 端输入计数脉冲,计满溢出时,由 $\overline{\text{TIMEROUT}}$ 输出脉冲或方波。当 TIMERIN 接外部脉冲时为计数方式,接系统时钟时为定时方式,但需注意芯片允许的最高计数频率。

计数寄存器的格式如下:

	D_7	D_6	D_5	D_4	D_3	D_2	D_1	D_0
$T_L(04H)$	T_7	T_6	T_5	T_4	T_3	T_2	T_1	T_0

	D_7	D_6	D_5	D_4	D_3	D_2	D_1	D_0
$T_H(05H)$	M_2	M_1	T_{13}	T_{12}	T_{11}	T_{10}	T_9	T_8

其中,$T_{13} \sim T_0$ 为计数长度,因此,可表示的长度范围为 2H~3FFFH。对于 MCS-51 主频为 3 MHz 时,定时时间范围为 $0.66~\mu s \sim 5.46$ ms。

M_1、M_2 用来设置定时器输出方式。定时器有 4 种输出方式:单方波、连续方波、单脉冲、连续脉冲。8155 定时器方式及对应的输出波形如表 7.4.3 所示。

表 7.4.3 8155 的定时器方式及输出波形

M_2	M_1	方 式	定时器输出波形
0	0	单方波	
0	1	连续方波	
1	0	单脉冲	
1	1	连续脉冲	

在使用时需要编程:先把计数长度和输出方式装入计数器中,然后写入命令字,控制计数器的启动或停止。

以计数值是 8 为例,所谓单波方式,是从启动计数开始,前 4 个计数输出为高电平,后 4 个计数输出为低电平。若计数值是 0,则高电平比低电平多一个计数值。

当计数器正在计数时,允许装入新的计数方式和计数长度,但必须再向定时器发出一个启动命令,才能按新设定的方式和长度计数。硬件复位之后,只能停止计数,应注意重新发出启动命令。

7.4.3.3 8031 单片机与 8155 的接口

MCS-51 单片机可以与 8155 直接连接而不需要任何外加逻辑器件。8031 与 8155 的接口方式如图 7.4.16 所示。图中,8031 的 P0 口输出直接与 8155 的 $AD_7 \sim AD_0$ 相连,既作低 8 位地址线又作数据总线,地址的锁存是直接用 ALE 在 8155 内部锁存。8031 的 P2.7 和 P2.0 分别与 8155 的 $\overline{CE}$、$IO/\overline{M}$ 相连。当 P2.7 为低电平时,选中 8155。这时,若 P2.0=1,则访问 8155 的 I/O 口;若 P2.0=0,则访问 8155 的 RAM 单元。由此可知,8155 的地址分配如下。

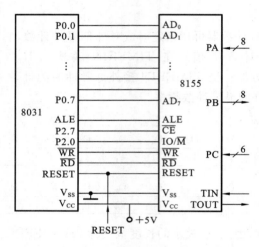

图 7.4.16 8155 和 8031 的接口电路

(1) RAM 字节地址:7E00H~7EFFH。

(2) I/O 口地址:A 口地址为 7F01H,B 口地址为 7F02H,C 口地址为 7F03H,命令/状态口地址为 7F00H,定时器低 8 位地址为 7F04H,定时器高 8 位地址为 7F05H。

若 A 口设定为基本输入方式,B 口设定为基本输出方式,并且用定时器/计数器作方波发生器,要求输出方波的频率为输入时钟频率的 16 分频,因此,计数器的最高 2 位 $M_2M_1=01$,计数器的初值为 16(即 10H),所以计数器的高位字节为 40H,低位字节为 10H,命令字为 C2H。则相应的初始化程序如下:

```
START:MOV   DPTR,#7F04H      ;指向定时器低字节计数器
      MOV   A,#10H           ;赋定时初值
      MOVX @DPTR,A
      INC   DPTR             ;指向定时器高字节计数器
      MOV   A,#40H           ;设定定时器为方式 1
      MOVX @DPTR,A
      MOV   DPTR,#7F00H      ;指向命令寄存器
      MOV   A,#0C2H          ;启动计数器,B 口输出,A 口、C 口输入
      MOVX @DPTR,A
```

习　题

7.1　什么是 I/O 端口？何谓端口地址？I/O 接口的主要作用有哪些？

7.2　CPU 寻址外设端口地址的方法有几种？各有什么特点？MCS-51 是如何寻址外设的？

7.3　微机与外设交换信息有哪几种方式？各自有什么特点？

7.4　MCS-51 四个并行 I/O 口在使用时有哪些特点和分工？

7.5　简述 MCS-51 各个并行 I/O 口的结构特点，在使用时应注意什么？

7.6　MCS-51 的并行 I/O 口信息有哪两种读取方法？读—改—写操作是针对并行 I/O 口的哪一部分进行的？有什么优点？

7.7　8255A 有哪几种工作方式？

7.8　设 8255A 的 A 口按方式 0 输入，B 口按方式 1 输出，C 口上半部按方式 0 输出，C 口下半部按方式 1 输入，试对 8255A 进行初始化程序设计。

7.9　试用 1 片 8255A 和 1 片 273 芯片扩展 8031 应用系统的并行 I/O 口，并设计接口电路。

7.10　8155 有哪几种工作方式？如何进行选择？

7.11　设 8155 的 A 口为选通输出，B 口为基本输入，C 口作为联络控制信号，并启动定时器/计数器，按方式 1 定时工作，定时 5 ms。试对 8155 编写初始化程序。

7.12　试用 8155 芯片扩展 8031 应用系统的 RAM、并行 I/O 口和定时器/计数器，设计接口电路，确定口地址，并编写初始化程序。

自　测　题

7.1　填空题

1. I/O 端口的编址方式有_____和_____。

2. MCS-51 单片机扩展的 I/O 口编址采用_____方式，使用_____指令访问 I/O 口。

3. 在单片机系统中，为实现数据的 I/O 传送，可使用 3 种控制方式，即：_____方式、_____方式和_____方式。

4. 在查询和中断两种数据输入输出控制方式中，效率较高的是_____。在实时性要求高的场合，应采用_____方式。

5. 8255A 有三个数据口，其中 A 口和 B 口只能作为数据口使用，而 C 口则既可作为_____口使用，又可作为_____口使用。

6. 与 8255A 比较，8155 的功能有所增强，主要表现在 8155 具有_____单元的_____和一个_____位的_____。

7.2　选择题（在各题的 A、B、C、D 四个选项中，选择一个正确的答案）

1. 下列功能中不是由 I/O 接口实现的是（　　）。

　　A. 速度协调　　　B. 数据缓冲和锁存　　　C. 数据转换　　　D. 数据暂存

2. 在接口电路中的"端口"通常是指一个（　　）。

　　A. 已赋值的寄存器　　　　　　　　　B. 数据寄存器

　　C. 可编址的寄存器　　　　　　　　　D. 既可读又可写的寄存器

3. 如果把 8255A 的 A1、A0 分别与 MCS-51 单片机的 P0.1、P0.0 连接，则 8255A 的 A、

B、C 口和控制寄存器的地址可能是(　　)。

    A. ××00H～××03H　　　　　　　　B. 00××H～03××H

    C. 0×××H～3×××H　　　　　　　　D. ×00×H～×03×H

4. 在 8155 芯片中,决定口和 RAM 单元编址的信号是(　　)。

    A. AD7～AD0 和 $\overline{\text{WR}}$　　　　　　　　B. AD7～AD0 和 $\overline{\text{CE}}$

    C. AD7～AD0 和 IO/$\overline{\text{M}}$　　　　　　　　D. AD7～AD0 和 ALE

5. MCS-51 的并行 I/O 口信息有两种读取方法,一种是读引脚,还有一种是(　　)。

    A. 读锁存器　　　　B. 读数据　　　　　　C. 读 A 累加器　　D. 读 CPU

7.3　阅读程序,回答问题

1. 已知 8255A 的口地址为 7FF0H～7FF3H,阅读下述程序,回答问题:

(1) 执行 1～3 条指令后,要求 A、B、C 三个端口各干什么?

(2) 已知 A 口=FFH,B 口=78H,C 口=7FH,(30H)=32H,执行 4～9 条指令后,A 口、B 口、C 口,(30H)中的值发生了什么变化?

```
        ORG    8000H
    1   MOV    DPTR,#7FF3H
    2   MOV    A,0A6H
    3   MOVX   @DPTR,A
    4   MOV    DPTR,#7FF1H
    5   MOVX   A,@DPTR
    6   MOV    30H,A
    7   MOV    DPTR,#7FF0H
    8   MOV    A,#79H
    9   MOVX   @DPTR,A
```

2. 已知 8255A 的口地址为 7FF0H～7FF3H,单片机时钟频率为 12 MHz,其机器周期为 1 μs,执行下述程序,从 8255A 的输出口线产生什么样的信号,是正脉冲或负脉冲? 持续时间为多少?

```
        ORG    2000H
        MOV    DPTR,#7FF3H
        MOV    A,#0A6H
        MOVX   @DPTR,A
        MOV    DPTR,#7FF0H
        MOV    A,0FH
        MOVX   @DPTR,A
        NOP                    ;延时 1 μs
        NOP                    ;延时 1 μs
        MOV    A,#0EH          ;延时 1 μs
        MOVX   @DPTR,A         ;延时 2 μs
        MOV    A,#06H
        MOVX   @DPTR,A
        NOP                    ;延时 1 μs
```

```
MOV     A,#07H          ;延时 1 μs
MOVX    @DPTR,A         ;延时 2 μs
END
```

7.4 编程题

1. 某单片机系统用 8255A 扩展 I/O 口,设其 A 口为方式 1 输入、B 口为方式 1 输出,C 口余下的口线用于输出。试确定其方式控制字;设 A 口允许中断、B 口禁止中断,试确定出相应的置位/复位控制字。

2. 假定 8255A 的口地址为 7FF0H~7FF3H,要求 A 口为选通方式 1 输入口,B、C 口两个为基本方式 0 输出口,将输入数据暂存于 30H 单元中,而将 31H 单元的值写入到 B 口中,试编写初始化程序。

3. 已知 8255A 的口地址为 7FFCH~7FFFH,要求从 PC$_4$ 输出一个正脉冲,脉冲宽度为 6 μs,由 PC$_6$ 输出一个负脉冲,其脉冲宽度为 4 μs。试编写该程序。

第8章　定时器/计数器

用单片机实现定时的途径有三种:软件定时、硬件定时和可编程定时器定时。

软件定时靠执行一个循环程序进行时间延迟,以达到定时。这种定时方法不需外加硬件电路,定时时间精确,但占用 CPU 的时间。因此,在定时时间较长时不宜选用。

对于定时时间较长的场合,通常选用硬件定时。这种方法的定时全部由硬件电路完成,不占用 CPU 的时间。但在调整定时值大小时,必须改变电路元件参数。

可编程定时器的定时功能,是通过对系统时钟脉冲计数来实现的。编程时必须设定计数初值,若改变计数初值,也就改变了定时时间。这种方法使用灵活方便。由于可编程定时器采用计数方式实现定时,因此,它兼有对外部事件脉冲计数的功能。

8.1　MCS-51 的定时器

MCS-51 单片机的内部有两个 16 位可编程定时器/计数器 T0 和 T1(简称定时器 T0、T1),它们具有计数和定时两种功能以及四种工作方式。定时器 T0(T1)的核心是一个加 1 计数器,它由 8 位寄存器 TH0 和 TL0(TH1 和 TL1)组成,可被编程为 13 位、16 位、两个分开的 8 位等不同的结构。计数器的输入脉冲源可以来自外部脉冲源或系统时钟振荡器,计数器对输入脉冲进行递增计数。MCS-51 单片机有两个引脚(P3.4 和 P3.5)分别是两个定时器的计数输入端,引入外部事件脉冲信号。定时和计数的工作原理示意图如图 8.1.1 所示。

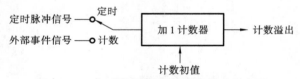

图 8.1.1　定时器/计数器的工作原理示意图

1. 计数原理

所谓计数是指对外部事件进行计数。预先给计数器装入一个计数初值,然后每来一个外部脉冲输入,计数器就加 1,当计数器计满回零(由全"1"变为全"0",称为计数器溢出)时,能产生溢出中断请求。

设计数初值为 x,计数器在初值 x 的基础上加 1 计数,若 CPU 读取计数器的当前值为 N_c,由此可得出计数器实际的计数值为

$$N = N_c - x$$

2. 定时原理

如图 8.1.1 所示,当计数脉冲接入周期变化的脉冲信号,计数器从某个初值 x 开始加 1 计数,到计满回零的瞬间产生溢出中断,表示定时时间到。定时时间计算如下:

$$t = (M - x) \times T$$

式中,t 为定时时间;

M 为计数器的模；

x 为计数初值；

T 为计数脉冲的周期。

模 M 是指计数器从 0 开始计数到溢出时的最大计数值，即 $M=2^n$。

例如，8 位计数器　　　　　$M=2^8=256$

13 位计数器　　　　$M=2^{13}=8192$

16 位计数器　　　　$M=2^{16}=65536$

由于 MCS-51 单片机定时脉冲频率为系统晶振频率 f_{OSC} 的 12 分频，所以 $T=\dfrac{1}{f_{OSC}}\times 12$，正好为一个机器周期。

例如，$f_{OSC}=12$ MHz，则 $T=1$ μs。

由上述分析可知，定时时间与计数器的位数、系统晶振频率和计数初值相关。当计数初值 $x=0$ 时，则定时时间最大。MCS-51 单片机，计数器的位数和定时器工作方式有关：方式 0，计数器为 13 位；方式 1，计数器为 16 位；方式 2 和方式 3，计数器为 8 位。

设单片机晶振频率 $f_{OSC}=12$ MHz，则最大定时时间分别为：

方式 0　　　　　　　　　　　$t_{max}=2^{13}\times 1$ μs$=8.192$ ms

方式 1　　　　　　　　　　　$t_{max}=2^{16}\times 1$ μs$=65.536$ ms

方式 2、3　　　　　　　　　　$t_{max}=2^8\times 1$ μs$=0.256$ ms

8.1.1　定时器的控制

寄存器 TCON 和 TMOD 用于定时器/计数器的控制。其中，TMOD 用于设定定时器/计数器的功能和工作方式；TCON 用于控制定时器 T0、T1 的启动和停止计数，同时锁存定时器/计数器的状态。用户可用软件对 TCON 和 TMOD 进行写入或更改，但系统复位时，TCON 和 TMOD 的所有位清零。

8.1.1.1　定时器控制寄存器 TCON

定时器控制寄存器 TCON 具有中断控制和定时控制两种功能。TCON 的字节地址是 88H，也可以进行位寻址，它的格式如下：

	D_7	D_6	D_5	D_4	D_3	D_2	D_1	D_0
TCON	TF1	TR1	TF0	TR0	IE1	IT1	IE0	IT0
位地址（H）	8F	8E	8D	8C	8B	8A	89	88

其中，低 4 位与外部中断有关，参与中断控制，已在第 6 章的 6.2.1 节中作过详细介绍，这里不再赘述。下面只介绍高 4 位字段的定时功能。

TF1、TF0：定时器 T1、T0 的溢出中断标志位。

当定时器从初值开始递增计数至计满溢出时，由单片机内部硬件对 TF1(TF0)置“1”。使用中断方式时，此位作定时器溢出中断标志位，向 CPU 请求中断，在 CPU 响应中断，转向中断服务程序后，TF 位由硬件自动清“0”；使用查询方式时，TF 位作定时器状态位供查询，但要注意在查询有效后应以软件方法（如 CLR TF1）及时将该位清“0”。

TR1、TR0：定时器 T1、T0 的运行控制位。

该位由软件置位或复位，用于启动或停止定时器工作。

TR1(TR0)＝1,启动定时器 T1(T0)工作；

TR1(TR0)＝0,停止定时器 T1(T0)工作。

例如,用位操作指令来设定 TR 和查询 TF 位。

```
SETB   TR1        ;启动定时器 T1 工作
SETB   TR0
CLR    TR1        ;停止定时器 T1 工作
CLR    TR0
JBC    TF1,L1     ;查询 TF1 为 1 则转 L1,且 TF 清零
```

8.1.1.2　定时器方式寄存器 TMOD

寄存器 TMOD 用于设定定时器/计数器的工作方式。它不能按位寻址,其内容只能用字节传送指令来设置。TMOD 的字节地址为 89H,它的格式如下：

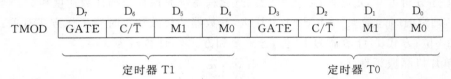

其中,高 4 位用于定时器 T1 的工作方式控制,低 4 位用于定时器 T0 的工作方式控制。各位定义如下：

GATE:门控制位。

门控位 GATE 用于确定外部中断请求信号 $\overline{INT1}$($\overline{INT0}$)是否参与对定时器 T1(T0)的控制。

当 GATE＝0 时,定时器只受运行控制位 TR 的控制,由 TR1(TR0)启动或停止定时器 T1(T0)工作。

当 GATE＝1 时,定时器同时受 TR 和 $\overline{INT1}$($\overline{INT0}$)的控制。此时,TR1(TR0)＝1 准备条件,由 $\overline{INT1}$($\overline{INT0}$)上升沿启动定时器 T1(T0)工作,否则停止工作。

以上说明:GATE＝0 时,定时器/计数器的运行不受外部输入引脚的控制;GATE＝1 时,定时器/计数器的运行受外部引脚输入电平的控制。因此,通常称前者为内部控制,后者为外部控制。

C/$\overline{T}$:定时方式或计数方式选择位。

当 C/$\overline{T}$＝1 时,定时器/计数器为计数方式,计数脉冲从外部引脚输入(T0 为 P3.4,T1 为 P3.5)。

当 C/$\overline{T}$＝0 时,定时器/计数器为定时方式,计数脉冲是内部脉冲,其计数脉冲的周期等于机器周期。

M1、M0:工作方式选择位。

定时器的工作方式由 M1、M0 两位的状态确定,其对应关系如表 8.1.1 所示。

表 8.1.1　定时器/计数器的工作方式选择

M1	M0	工作方式	功 能 说 明
0	0	方式 0	13 位定时器/计数器
0	1	方式 1	16 位定时器/计数器
1	0	方式 2	具有自动重新装入常数的 8 位定时器/计数器
1	1	方式 3	定时器 T1 停止计数,定时器 T0 分为两个 8 位计数器(TL0 和 TH0)

例如,设定时器 T1 为定时,工作方式 1,内部控制,其方式控制字 TMOD 应为 10H,用指令 MOV TMOD,#10H 即可实现。

8.1.2 定时器/计数器的工作方式

通过编程设置寄存器 TMOD 中的控制位 C/$\overline{T}$,可以选择定时器或计数器方式。同时,M1、M0 的不同取值对应定时器内 TH 和 TL 硬件上的 4 种不同组合,从而形成了定时器/计数器的 4 种工作方式。

8.1.2.1 定时工作方式 0

当 M1M0=00 时,定时器/计数器工作在方式 0,此时为 13 位计数器结构,它由 TH 的 8 位和 TL 的低 5 位构成,TL 的高 3 位不用。图 8.1.2 是定时器 T1 在方式 0 下的逻辑结构图(定时器 T0 与该图基本相同,只是用 TR0、TF0 和 $\overline{INT0}$ 代替图 8.1.2 中的 TR1、TF1 和 $\overline{INT1}$)。

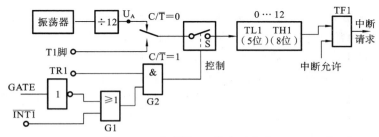

图 8.1.2 定时器 T1 的定时方式 0

在图 8.1.2 中,当 C/$\overline{T}$=0 时,T1 工作于定时方式,多路开关接通振荡脉冲的 12 分频器输出 U_A,13 位计数器对 U_A 计数;当 C/$\overline{T}$=1 时,T1 工作于外部事件计数方式,多路开关接通外部计数脉冲的输入端 T1(P3.5),当外部计数脉冲发生由"1"变"0"的负跳变时,13 位计数器加 1。

在方式 0 下,无论工作在定时方式,还是计数方式,TL 的低 5 位计满溢出时,向 TH 进位;13 位计数器计满溢出时,向定时器溢出中断标志位 TF1 进位,使 TF1 置位。

在 MCS-51 单片机的应用中,应注意门控位 GATE 的作用:

(1) GATE=0 时,GATE 信号封锁了或门 G1,禁止 $\overline{INT1}$ 信号输入,同时打开与门 G2,定时器 TR1 的状态直接控制计数脉冲的输入或断开。若 TR1=1,接通模拟开关 S,定时器 T1 工作;若 TR1=0,则断开模拟开关 S,定时器 T1 停止工作。

(2) GATE=1 且 TR1=1 时,外部输入引脚 $\overline{INT1}$ 信号控制计数脉冲的接通或断开。若 $\overline{INT1}$=1,定时器 T1 工作;若 $\overline{INT1}$=0,定时器 T1 停止工作。这种情况通常用于测量外部输入信号的脉冲宽度。

8.1.2.2 定时工作方式 1

当 M1M0=01 时,定时器/计数器工作在方式 1。在方式 1 中,16 位计数器由两个 8 位寄存器 TH 和 TL 组成。其中 TL 计满溢出时,向 TH 进位;16 位计数器计满溢出时,向定时溢出中断标志位进位,使 TF0(TF1) 置 1。方式 1 时的逻辑电路结构和控制与方式 0 基本相同。只是计数器的位数不同,方式 1 为 16 位计数器结构,而方式 0 为 13 位计数器结构。

8.1.2.3 定时工作方式 2

当 M1M0=10 时,定时器/计数器工作在方式 2。

在方式 0 和方式 1 中,计数器计满溢出后,使其值为 0,因此,在循环定时或计数应用中,必须反复预置计数初值,这不但会影响定时精度,而且也会给程序设计带来不便。方式 2 的设置就解决了这一问题。在方式 2 中,定时器/计数器具有自动重新装入计数初值的功能。定时器 T1 在方式 2 时的逻辑结构如图 8.1.3 所示。

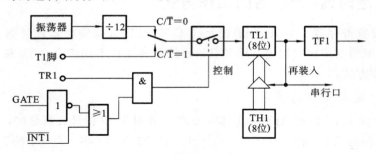

图 8.1.3　定时器 T1 的定时方式 2

在图 8.1.3 中,定时器 T1 是一个可自动重新装入计数初值的 8 位计数器,TL1 作为 8 位加 1 计数器,TH1 为常数寄存器,存放 8 位计数初值。初始化时,软件编程将初值分别送到 8 位寄存器 TH1 和 TL1 中,定时器启动工作后,计数器 TL1 递增计数。当 TL1 计满溢出时,一方面使 TF1 置位,另一方面,及时将常数寄存器 TH1 中的初值重新装入 TL1,使计数器从初值重新开始计数。这种工作方式省去了用户程序中重新装载初值的部分,能获得高精度的定时时间。当定时器作串行口波特率发生器时,常选用定时方式 2。

8.1.2.4　定时工作方式 3

当 M1M0＝11 时,定时器/计数器工作在方式 3。在前三种工作方式下,定时器 T0、T1 的功能和使用完全相同,但在工作方式 3 下,T0、T1 两个定时器的功能和使用就不同了。

在方式 3 下,定时器 T0 分成为两个独立的 8 位计数器 TH0 和 TL0,如图 8.1.4 所示。其中,TL0 既可设定为定时方式,也可设定为计数方式工作,并且仍由 TR0 控制其启动或停止以及采用 TF0 存放溢出中断标志,相应的引脚信号也归它使用。而 TH0 只能按定时方式工作。由于 TR0 和 TF0 已被 TL0 占用了,因此,TH0 只能借用 T1 的控制位 TR1 和 TF1,即用 TR1 去控制 TH0 计数器的启动和停止,用 TF1 去存放 TH0 的计数溢出中断标志。这样一来,对定时器 T1 而言,就没有控制位可用了。

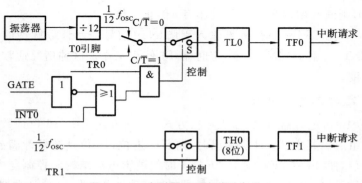

图 8.1.4　定时器 T0 的定时方式 3

在 T0 置为方式 3 时,由于 T1 的控制位(TR1,TF1)被 T0 借用,所以 T1 不能工作于方式 3,但它仍可工作在方式 0、方式 1 或方式 2。这时,T1 工作在方式 2,作串行口的波特率发生器是最合适的,只要设置好工作方式,便可自动运行;使 T1 置成工作方式 3,就可令它停止工作。

8.1.3　定时器/计数器的应用程序设计

8.1.3.1　计数初值的计算

1. 定时方式下的计数初值

由前述知道,定时器/计数器工作在定时方式,其定时时间 t 和计数器位数 n、计数初值 x 及系统的晶振频率 f_{osc} 满足下述关系:

$$t=(2^n-x)\times\frac{12}{f_{osc}}$$

或

$$t=(2^n-x)\times T$$

式中,T 为机器周期,$T=\dfrac{12}{f_{osc}}$

方式 0:$n=13$,$2^{13}=8192$

方式 1:$n=16$,$2^{16}=65536$

方式 2、3:$n=8$,$2^8=256$

由此可计算出定时方式下的计数初值 x:

$$x=2^n-\frac{f_{osc}}{12}\times t$$

或

$$x=2^n-t/T$$

2. 计数方式下的计数初值

定时器/计数器工作在计数方式时,计数初值可分两种情况确定。

(1) 已知计数脉冲的个数 C,则可按下式计算计数初值 x:

$$x=M-C=2^n-C \quad （M 为计数器的模）$$

例如,用定时器 $T0$ 以方式 2 实现计数,要计 100 个脉冲的计数初值为

$$x=2^8-100=156=9CH$$

(2) 未知计数脉冲的个数,这时计数初值可任意设定。但要注意,计数初值不能超过对应工作方式时计数器的最大值。

由于计数器是加 1 计数,如果将计数初值设定为"0",那么,在定时器/计数器运行过程中读取的计数器的值就是实际的计数值。这样简化了计算和编程。

8.1.3.2　初始化编程

定时器/计数器初始化程序设计的基本步骤如下:

(1) 根据定时时间或计数要求,确定计数初值;

(2) 确定工作方式,对寄存器 TMOD 写入方式控制字;

(3) 预置定时或计数的初值 x;

(4) 根据需要开放定时器/计数器的中断;

(5) 启动定时器/计数器工作。

8.1.3.3　应用举例

1. 定时方式 0 的应用

已知单片机晶振频率 $f_{osc}=6$ MHz,要求由 P1.0 端输出一个周期为 500 μs 的连续方波信号,用定时器 T1 以方式 0 实现定时,采用查询方式完成。

1）确定计数初值

欲连续输出周期为 500 μs 的方波信号，只需在 P1.0 端连续交替输出高、低电平各为 250 μs 的电平信号，所以定时时间为 250 μs。

定时方式 0 为 13 位计数器结构，根据下式

$$250 \times 10^{-6} = (2^{13} - x) \times \frac{12}{6 \times 10^6}$$

求得计数初值　　　　　　　　$x = 8067 = 1111110000011B$

其中，高 8 位装入 TH1，即 TH1＝0FCH；低 5 位(高 3 位为 0)装入 TL1，即 TL1＝03H。

2）向寄存器 TMOD 写入方式控制字

由 T1 为定时方式，工作在方式 0，可知 C/$\overline{T}$＝0，M1M0＝00；为实现定时器的运行控制，取 GATE＝0；定时器 T0 未用，有关位设定为 0，所以方式控制字为 00H。

3）向寄存器 TCON 写入控制字，启动定时器 T1

TCON 中的 TR1 位控制定时器 T1 的运行，用 TR1＝1 启动定时器 T1。

4）编写程序

```
            ORG     100H
            MOV     TMOD,#00H          ;置 T1 为定时方式 0
            MOV     TH1,#0FCH          ;置计数初值
            MOV     TL1,#03H
            MOV     IE,#00H            ;禁止中断
            SETB    TR1                ;启动定时器
LOOP：      JB      TF1,LOOP1          ;查询计数溢出位 TF1
            AJMP    LOOP
LOOP1：     MOV     TH1,#0FCH          ;重新置计数初值
            MOV     TL1,#03H
            CLR     TF1                ;计数溢出标志位清 0
            CPL     P1.0               ;输出值取反
            AJMP    LOOP
```

2. 定时方式 1 的应用

定时方式 1 与定时方式 0 基本相同，只是定时方式 1 改用了 16 位计数器。当定时时间较长时，可以选用这种定时方式。

利用定时器 T1 的定时方式 1，以中断方式由 P1.0 端输出周期为 500 μs 的方波信号(假设单片机的晶振频率 f_{osc}＝6 MHz)。

1）确定计数初值

对应定时方式 1 的 16 位计数器结构，有

$$(2^{16} - x) \times 2 \times 10^{-6} = 250 \times 10^{-6}$$

求得计数初值 $x = 1111111110000011B$，故 TH1＝FFH，TL1＝83H。

2）向寄存器 TMOD 送控制字

定时器 T1 设置为定时方式 1，采用外部控制，其控制字为 90H。

3）程序清单

```
            ORG     001BH                      ;T1 中断入口
```

```
            AJMP      SOFTIM
            ORG       2000H
MAIN:       MOV       TMOD,#90H          ;设定时器 T1 为定时方式 1
            MOV       TH1,#0FFH          ;设置计数初值
            MOV       TL1,#83H
            SETB      EA                 ;开中断
            SETB      ET1                ;定时器 T1 允许中断
            SETB      TR1                ;定时开始
HERE:       SJMP      $                  ;等待中断
中断服务程序:
            ORG       2400H
SOFTIM:     MOV       TH1,#0FFH          ;重新设置计数初值
            MOV       TL1,#83H
            CPL       P1.0               ;输出取反
            RETI
```

3. 定时方式 2 的应用

假设单片机晶振频率 $f_{osc}=6$ MHz,定时器 T1 用于产生 1 ms 定时,T0 用于方式 2 计数,计数器初值赋为 FFH。T0(P3.4)作为外部中断请求输入线,T0(P3.4)发生负跳变时,计数器加 1,并产生溢出标志,向 CPU 请求中断,在 P1.0 端输出 2 ms 的方波信号。

程序如下:

```
            ORG       0000H              ;复位入口
            AJMP      MAIN               ;转主程序
            ORG       000BH              ;T0 中断入口
            AJMP      IT0P               ;转 T0 中断服务程序
            ORG       001BH              ;T1 中断入口
            AJMP      IT1P               ;转 T1 中断服务程序
            ORG       100H               ;主程序
MAIN:       MOV       SP,#60H
            MOV       TMOD,#16H          ;T1 定时方式 1、T0 计数方式 2
            MOV       TL0,#0FFH          ;T0 置初值
            MOV       TH0,#0FFH
            MOV       TL1,#0CH           ;T1 置初值
            MOV       TH1,#0FEH
            CLR       PSW.5              ;标志位清 0
            SETB      ET0                ;允许 T0 中断
            SETB      EA                 ;CPU 开放中断
            SETB      TR0                ;启动 T0
LOOP:       MOV       C,PSW.5            ;检测 T0 是否产生过中断
            JNC       LOOP               ;未产生中断,循环等待
```

```
          SETB    ET1               ;允许 T1 中断
          SETB    TR1               ;启动 T1
HERE：    AJMP    HERE
          ORG     140H              ;T0 中断服务程序
IT0P：    CLR     TR0               ;停止 T0 计数
          SETB    PSW.5
          RETI
          ORG     150H              ;T1 中断服务程序
IT1P：    MOV     TL1,#0CH          ;重置计数初值
          MOV     TH1,#0FEH
          CPL     P1.0              ;P1.0 位取反
          RETI
```

4. 定时方式 3 的应用

设某用户系统中已经使用了两个外部中断源,定时器 T1 作串行口波特率发生器。现要求再增加一个外部中断源,并由 P1.0 输出 5 kHz 的方波,已知系统的 $f_{osc}=12$ MHz。

如前所述,当定时器 T0 工作在方式 3 时,其中 TL0、TH0 可作为 2 个 8 位定时器,或 TL0 作 8 位计数器,而 TH0 作 8 位定时器使用,但应注意,计数初值必须用软件重装。此时,定时器 T1 仍能工作在方式 0、方式 1 或方式 2,由于 TR1 和 TF1 已被 TH0 作为控制位借用,所以 T1 无中断可用,如果工作在方式 2,作串行口波特率发生器,计数初值也可自动重装。

因此,为了不增加硬件开销,将 T0 设置为工作方式 3,其中:TL0 作计数用,把 T0 的引脚 (P3.4)作附加的外部中断输入端,TL0 的初值设定为 FFH,当检测到 T0 引脚由 1 到 0 的负跳变时,TL0 立即产生溢出申请中断;TH0 作定时用,控制 P1.0 输出 5 kHz 的方波。

由 P1.0 输出的方波频率为 5 kHz,所以方波的周期 $T=\dfrac{1}{5\text{ kHz}}=200$ μs。

可知 TH0 定时时间为 $t=\dfrac{200\text{ }\mu s}{2}=100$ μs,根据 $t=(2^8-x)\times\dfrac{12}{f_{osc}}$,可得

计数初值 $x=256-100=156=9\text{CH}$

程序如下:

```
          ORG     0000H             ;复位入口
          AJMP    START
          ORG     000BH             ;TL0 中断入口
          AJMP    TL0INT
          ORG     001BH             ;TH0 中断入口
          AJMP    TH0INT
          ORG     100H
START：   MOV     TMOD,#27H         ;T0 为方式 3,T1 为方式 2
          MOV     TL0,#0FFH         ;装入计数初值
          MOV     TH0,#9CH          ;装入定时初值
          MOV     TL1,#data         ;根据波特率设定常数
          MOV     TH1,#data
```

```
        MOV     TCON,#55H            ;外部中断,边沿触发,启动 T0、T1
        MOV     IE,#9FH             ;开放全部中断
        ⋮
        ORG     100H
TL0INT: MOV     TL0,#0FFH           ;TL0 重装初值
        RETI
TH0INT: MOV     TH0,#9CH            ;TH0 重装初值
        CPL     P1.0
        RETI
```

5. 门控位 GATE 的应用

在一般应用场合,通常将门控位 GATE 设置为"0",使定时器的运行只受 TR1(或 TR0)位的控制。当 GATE 设置为"1"时,定时器的运行将受 TR1(或 TR0)及外部中断 $\overline{INT1}$(或 $\overline{INT0}$)信号的共同控制。例如,只有当 $\overline{INT0}=1$,同时 TR0$=1$ 时,才能启动计数;当 $\overline{INT0}=0$ 时,则停止计数。利用这一特点,可以很方便地用来测试 $\overline{INT0}$ 引脚输入的正脉冲宽度。

设系统 $f_{osc}=12$ MHz,要求将所测得的正脉冲宽度的高 8 位存入片内 RAM 30H 单元、低 8 位存入 31H 单元。外部脉冲由 $\overline{INT0}$(P3.2)引脚输入,T0 作定时器工作方式 1,GATE 设置为"1",测试时,应在 $\overline{INT0}$ 变为低电平时,置 TR0 为 1,一旦 $\overline{INT0}$ 为高电平时,就会启动计数;当 $\overline{INT0}$ 再次变低时,停止计数,此时,T0 中的计数值即为被测正脉冲的宽度。

程序如下:

```
        ORG     200H
        MOV     TMOD,#09H           ;置 T0 的 GATE=1,定时方式 1
        MOV     TL0,#0             ;置初值
        MOV     TH0,#0
        CLR     EA                 ;关中断
        MOV     R0,#30H
HERE1:  JB      P3.2,HERE1          ;等 INT0 为低电平
        SETB    TR0                ;INT0 变低,准备启动 T0
HERE2:  JNB     P3.2,HERE2          ;等 INT0 为高电平,启动 T0
HERE3:  JB      P3.2,HERE3          ;等 INT0 再次变低
        CLR     TR0                ;INT0 变低,停止计数
        MOV     @R0,TH0            ;存入计数值
        INC     R0
        MOV     @R0,TL0
        SJMP    $
```

8.1.3.4 定时器/计数器在应用中应注意的两个问题

1. 定时器/计数器运行中读取计数值

从运行中的定时器/计数器内读取计数值的方法是:先读 THX,后读 TLX,再读 THX,若前后两次读得的 THX 相同,则可以确定读得的内容是正确的;若前、后两次读得的 THX 不相同,则再重复上述过程,直到重读的内容正确为止。下面程序能将读得的 TH0 和 TL0 放置在

R1 和 R0 中。

```
         ORG     300H
RDTIME: MOV     A,TH0           ;读 TH0
         MOV     R0,TL0          ;读 TL0
         CJNE    A,TH0,RDTIME    ;比较两次读得的 TH0,若不等则重读
         MOV     R1,A
         RET
```

2. 定时器/计数器对输入信号的要求

当单片机内部的定时器/计数器工作在定时方式时,计数输入信号来自于内部时钟脉冲,每个机器周期计数器递增计数一次,定时时间由脉冲数乘以计数脉冲间隔时间确定,由于一个机器周期包括 12 个振荡周期,因此,计数速率是系统振荡频率的 1/12。例如,对应晶振频率 $f_{osc}=12$ MHz,计数频率为 1 MHz,输入脉冲的周期间隔为 1 μs。定时的精度取决于内部时钟脉冲的精度。

当定时器/计数器工作在计数方式时,计数脉冲来自于相应的外部输入引脚 T0 和 T1,在每个机器周期的 S5P2 期间,计数器对外部输入信号进行采样,当一个机器周期的采样值为高电平,而下一个机器周期的采样值变为低电平,即输入脉冲有一个由 1 到 0 的负跳变时,计数器加 1。新的计数值在检测到一个跳变后的下一个机器周期的 S3P1 期间出现。由于识别一个从 1 到 0 的跳变需要两个机器周期,因此,最高的计数频率是系统振荡频率的 1/24。并且,为了确保某一给定电平在变化之前至少被采样一次,要求这一电平至少保持一个机器周期。设机器周期为 T_{CY},则对输入信号的要求如图 8.1.5 所示。

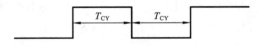

图 8.1.5　定时器/计数器对输入信号的要求

8.2　定时器/计数器的功能扩展

MCS-51 单片机具有体积小、成本低的优点,但在工业控制与测量系统中,常常不能满足实际的需要,必须对外部功能进行扩展。MCS-51 单片机采用常规的外围扩展电路芯片,扩展电路以及扩展方法比较典型。这里仅介绍外部扩展可编程定时器/计数器 8253 的功能及应用。

8.2.1　可编程定时器/计数器 8253 芯片的结构

可编程定时器/计数器 8253 芯片内部具有三个独立的 16 位计数器,每个计数器都是一个可预置数的减 1 计数器,计数频率可达 2.6 MHz,其引脚和内部结构分别如图 8.2.1(a)和(b)所示。1 片 8253 需要 4 个 I/O 口地址,对应 8253 内部的三个计数器和一个共用的控制寄存器,CPU 对 8253 芯片的基本操作见表 8.2.1。每个计数器拥有独立的脉冲输入端 CLK_i(i=0,1,2),计数器对这个引脚输入的脉冲进行计数;计数器输出端 OUT_i(i=0,1,2),每当计数器中的计数值减到 0 时,该引脚上输出一个信号;外部电路通过门控信号 $GATE_i$(i=0,1,2)控制 8253 计数(或定时)的启动、禁止计数等操作。在不同的工作方式中,门控信号 GATE 的作

用如表 8.2.2 所示。

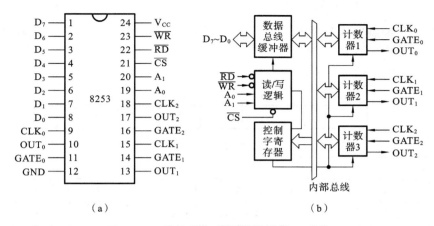

（a）

（b）

图 8.2.1 可编程定时器/计数器 8253 芯片

（a）引脚图；（b）内部结构图

表 8.2.1 CPU 对 8253 的基本操作

$\overline{CS}$	$\overline{RD}$	$\overline{WR}$	A_1	A_0	操　　作
0	1	0	0	0	计数值写入计数器 0
0	1	0	0	1	计数值写入计数器 1
0	1	0	1	0	计数值写入计数器 2
0	1	0	1	1	写控制字寄存器
0	0	1	0	0	读计数器 0
0	0	1	0	1	读计数器 1
0	0	1	1	0	读计数器 2
0	0	1	1	1	不操作
1	×	×	×	×	禁止

表 8.2.2 GATE 信号功能

信号\方式	低电平或负跳变	正　跳　变	高电平
0	禁止计数	—	允许计数
1	—	① 启动计数 ② 在下一个脉冲后使输出变低电平	—
2	① 禁止计数 ② 立即将输出置高电平	启动计数	允许计数
3	① 禁止计数 ② 立即将输出置高电平	启动计数	允许计数
4	禁止计数	—	允许计数
5	—	启动计数	—

8.2.2　8253 的工作方式

由 CPU 写入控制寄存器的控制字确定了 8253 的工作方式、读/写顺序、选择计数器和计数的码制(二进制码还是 BCD 码)。

控制字的格式如下：

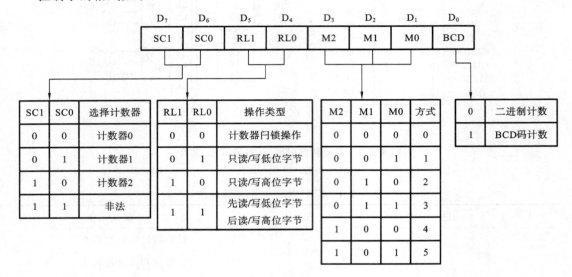

SC1	SC0	选择计数器
0	0	计数器0
0	1	计数器1
1	0	计数器2
1	1	非法

RL1	RL0	操作类型
0	0	计数器闩锁操作
0	1	只读/写低位字节
1	0	只读/写高位字节
1	1	先读/写低位字节 后读/写高位字节

M2	M1	M0	方式
0	0	0	0
0	0	1	1
0	1	0	2
0	1	1	3
1	0	0	4
1	0	1	5

0	二进制计数
1	BCD码计数

控制字中的 M2、M1、M0 定义了 8253 的 6 种工作方式。

8.2.2.1　方式 0

方式 0 是计数结束时产生中断方式,输出波形如图 8.2.2 所示。

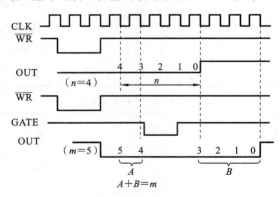

图 8.2.2　方式 0 的操作时序图

在写入方式 0 控制字后,OUT 输出端为低电平,计数初值写入后,计数器开始递减计数,并且计数期间 OUT 端维持低电平;计数器减到零时,OUT 输出高电平,此信号可用来向 CPU 发出中断请求。

在整个计数过程中,GATE 应始终保持为高电平。若 GATE＝0,则暂停计数,待 GATE＝1 后,从暂停时的计数值继续往下递减计数。

若在计数过程中,CPU 对计数器进行写操作,重新装入计数值,将导致如下结果：

(1) 写入第一个字节时,终止现行计数过程；

（2）写入第二个字节时,开始新的计数过程,并按新设定的计数值开始计数。

例如,设 8253 的端口地址是 8000H~8003H,计数器 1 工作在方式 0,8 位二进制计数,计数值为 4,则控制字为 01010000B＝50H,程序如下：

```
MOV    DPTR,#8003H        ;控制寄存器地址送 DPTR
MOV    A,#50H             ;设置控制字
MOVX   @DPTR,A            ;送控制寄存器
MOV    DPTR,#8001H        ;T1 计数器地址送 DPTR
MOV    A,#4               ;设置计数初值
MOVX   @DPTR,A            ;送计数器 1,启动计数
```

8.2.2.2　方式 1

方式 1 是可编程单稳态输出方式,脉冲宽度可编程设定,其操作时序图如图 8.2.3 所示。

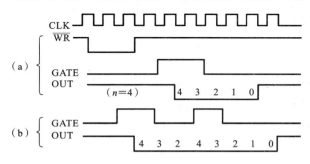

图 8.2.3　方式 1 的操作时序图

在控制字装入后,OUT 输出端为高电平,待写入计数值后,在触发信号 GATE 的上升沿启动计数器,此时 OUT 端立即变为低电平,当递减计数至零时,OUT 又输出高电平。若在 OUT 为低电平期间重新写入新的计数值,不会影响 OUT 端低电平的持续时间,即不会影响单稳态脉冲的宽度,只有当下一个触发脉冲 GATE 出现上升沿时,才使用新的计数值。

在计数过程中,当 GATE 又出现上升沿时,计数器重新装入原设定的计数值,并重新开始计数,实现可重复触发的单稳态输出,增加输出脉冲宽度,如图 8.2.3(b)所示。

例如,设计数器 2 工作在方式 1,8 位二进制计数,计数初值为 4,8253 端口地址为 8000H~8003H,则控制字为 10010010B＝92H,程序如下：

```
MOV    DPTR,#8003H        ;置控制寄存器地址
MOV    A,#92H             ;设置控制字
MOVX   @DPTR,A
MOV    DPTR,#8002H        ;置 T2 计数器地址
MOV    A,#4               ;置计数初值
MOVX   @DPTR,A
```

8.2.2.3　方式 2

方式 2 为速率发生器工作方式,能产生连续的负脉冲信号,OUT 端输出的负脉冲宽度等于一个时钟周期,而脉冲周期由写入计数器的计数值和时钟周期的乘积决定,其操作时序图如图 8.2.4 所示。

在计数期间,GATE 信号变为低电平时,则计数器停止计数,OUT 端仍为高电平；待

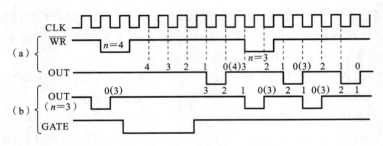

图 8.2.4　方式 2 的操作时序图

GATE 恢复高电平后,计数器将自动装入原设定的计数值,重新开始计数,如图 8.2.4(b)所示。因此,可用 GATE 作为计数器同步启动的控制信号。由于装入控制字后,OUT 输出为高电平,计数器在写入计数值后开始计数,也可以由软件同步启动计数器。

例如,设计数器 0 工作在方式 2,8 位二进制计数,计数初值为 4,8253 的地址同上,则控制字为 00010100B=14H,程序如下:

```
MOV     DPTR,#8003H
MOV     A,#14H
MOVX    @DPTR,A
MOV     DPTR,#8000H
MOV     A,#4
MOVX    @DPTR,A
```

8.2.2.4　方式 3

方式 3 为方波发生器工作方式,能连续输出方波或基本上对称的矩形波信号。其操作时序如图 8.2.5 所示。

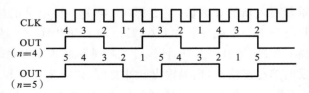

图 8.2.5　方式 3 的操作时序图

方式 3 的操作类似于方式 2,但是,如果计数值 n 为偶数,输出对称方波,则在前 $n/2$ 计数值时输出高电平,后 $n/2$ 计数值时输出低电平;如果计数值 n 为奇数,输出不对称方波,则在前 $(n+1)/2$ 计数值时输出高电平,后 $(n-1)/2$ 计数值时输出低电平。

8.2.2.5　方式 4

方式 4 为软件触发选通工作方式,其操作时序图如图 8.2.6 所示。

装入控制字后,OUT 端为高电平,再写入计数值后开始计数,当递减计数至零时,输出一个宽度等于时钟周期的负脉冲;但计数器停止计数,OUT 端也一直保持为高电平。在计数期间,如果写入新的计数值,不影响当前的计数过程,仅在计到零时,计数器装入新的计数值,并开始计数,一旦计数完毕,计数器便停止工作。在计数期间,GATE 出现低电平时,计数器停止工作,但 GATE 恢复为高电平后,又从原设定的计数值开始重新计数。

例如,计数器 1 工作在方式 4,8 位二进制计数,并且只装入低 8 位计数值(计数初值为

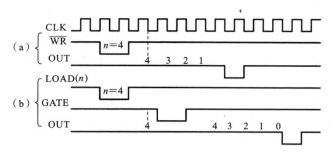

图 8.2.6　方式 4 的操作时序图

4)，程序如下：

```
MOV    DPTR,#8003H      ;置控制寄存器地址
MOV    A,#01011000B     ;置控制字
MOVX   @DPTR,A
MOV    DPTR,#8001H
MOV    A,4              ;低 8 位计数值
MOVX   @DPTR,A
```

8.2.2.6　方式 5

方式 5 为硬件触发选通工作方式，其操作时序如图 8.2.7 所示。

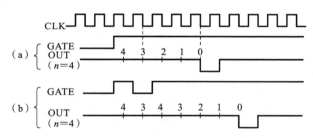

图 8.2.7　方式 5 的操作时序图

装入控制字和计数值后，OUT 端为高电平，在 GATE 的上升沿开始计数，递减计数至零时，输出一个宽度为时钟周期的负脉冲。在计数期间，GATE 变为低电平时，并不禁止计数，但如果 GATE 再次出现上升沿，则将重新按原设定的计数值开始计数。

由上述可知，8253 的 6 种工作方式，都是在写入计数值后才开始计数的，其中方式 0、2、3 和 4 都是在写入计数值后，计数过程立即开始，而方式 1 和方式 5 还需要外部触发启动，才开始计数。

6 种方式中，只有方式 2 和方式 3 可以连续计数，输出序列脉冲，其余 4 种方式都是一次计数，需要重新启动，才能继续工作。在控制系统中，一般方式 0、2 和 3 使用较多。

8.2.2.7　8253 的计数值的读取

CPU 读取 8253 的当前计数值有两种途径：

(1) 用 GATE=0，使被读计数器暂停计数，然后用输入指令读出计数值；

(2) 向 8253 写入控制字，RL1 RL0=00 置计数器为闭锁操作，使当前计数值锁定到锁存器中，再执行读操作。

例如，读取 8253 计数器 2 的 16 位值，存入片内 RAM 30H（高位）和 31H（低位），程序如下：

```
MOV     DPTR,#7FFFH      ;控制寄存器地址送 DPTR
MOV     A,#10000000B     ;计数器锁存命令
MOVX    @DPTR,A
MOV     DPTR,#7FFEH      ;计数器2口地址
MOVX    A,@DPTR          ;读入低8位
MOV     31H,A
MOVX    A,@DPTR          ;读入高8位
MOV     30H,A
```

8.2.2.8　8253 的初始化编程

8253 每个计数器的编程应先写入控制字,后写入计数值。写入各个计数器的控制字时,在顺序上没有限制;但写入计数值时,16 位计数值应分两次写入,并且写入操作必须按照控制字中 RL1、RL0 所规定的顺序进行。

8.2.3　8253 的应用举例

在很多情况下,需要测量脉冲信号的频率、相位和脉冲宽度,这都可以用 8253 来完成。

8.2.3.1　8031 单片机控制 8253 输出的方波信号

图 8.2.8 是一种 8031 单片机与可编程定时器/计数器 8253 芯片的接口连线图,数据线 $D_7 \sim D_0$ 与 8031 的 P0 口相连,A_1、A_0 自 P0 口经 74LS373 锁存后得到,$\overline{CS}$由 P2 口线提供,8253 芯片的读/写线与 8031 单片机的读/写线相连。

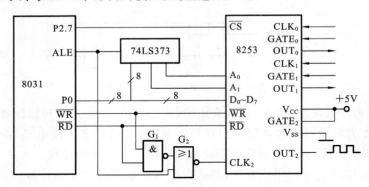

图 8.2.8　8031 与 8253 的接口电路

若 8031 单片机的晶振频率 $f_{osc}=12$ MHz,则 ALE 输出脉冲的频率为 $f_{osc}/6=2$ MHz,即 ALE 通过图中 G_2 门输出频率为 2 MHz 的脉冲信号,该脉冲信号作为 8253 计数器 2 的时钟输入信号,并且 8253 计数器 2 设置成方式 3,计数初值为 2 MHz÷40 kHz=50,则实现 8253 的 OUT_2 输出 40 kHz 方波信号的程序如下：

```
MOV     DPTR,#7FFFH      ;指向控制寄存器
MOV     A,#0B6H          ;设置计数器2输出方波
MOVX    @DPTR,A          ;控制字送入控制寄存器
MOV     DPTR,#7FFEH      ;指向计数器2
MOV     A,#32H           ;50 分频计数值为 0032H
```

MOVX	@DPTR,A	;先写入低 8 位值
CLR	A	;高 8 位值为 00H
MOVX	@DPTR,A	;后写入高 8 位值

上述程序执行后,在 8253 的引脚 OUT_2 输出 40 kHz 的方波信号。

实现 8031 单片机与 8253 芯片接口的另一种连线方式如图 8.2.9 所示。图中,8253 的数据线 $D_7 \sim D_0$ 与 8031 的 P0 口连接,A_1、A_0 由 P0 口经 74LS373 锁存后提供,8253 的 $\overline{RD}$ 信号由 8031 的 $\overline{RD}$ 和 $\overline{CS}$ 信号逻辑或得到,8253 的 $\overline{WR}$ 信号由 8031 的 $\overline{WR}$ 和 $\overline{CS}$ 信号逻辑或得到。在该图所示的接口电路中,软件编程可以实现 8253 方波信号的产生,具体实现程序在此不再介绍。

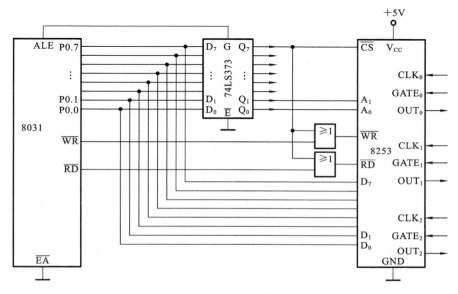

图 8.2.9　8253 与 8031 的接口电路

8.2.3.2　8031 单片机控制 8253 测量脉冲周期

在 8031 单片机应用系统中,用 8253 测量脉冲周期的接口电路如图 8.2.10 所示。

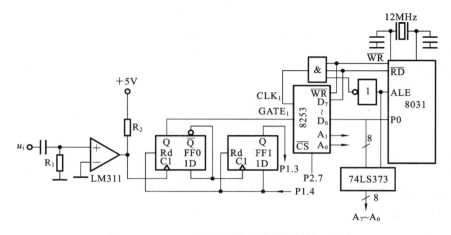

图 8.2.10　8253 用于测量脉冲周期的接口电路

　　图 8.2.10 中的 8253 采用计数器 1 计数,工作方式 0,计数器 1 的时钟由 8031 的 ALE 提供。当 8031 的时钟振荡频率为 12 MHz 时,计数器的输入时钟 CLK_1 频率为 2 MHz。电压比较器 LM311 把输入脉冲转换成矩形波。触发器 FF0 为周期测量控制电路,当 8031 的 I/O 口线 P1.4＝0 时,Q_0＝0,$GATE_1$＝0,使 8253 计数器 1 停止计数,且其初值为 0。当 P1.4 为高电平且输入 u_i 信号的上升沿到达时,FF0 翻转,Q_0 为 1,$\overline{Q}_0$ 由 1 变 0,8253 计数器 1 开始计数。当下一个脉冲前沿到来时,FF0 再翻转为 0 态,Q_0 为 0,计数器 1 停止计数;而 $\overline{Q}_0$ 由 0 变 1,使 FF1 翻转为 1 态,Q_1 为 1,P1.3 引脚也为 1。当 8031 查询到 P1.3 的高电平时,表示测量脉冲周期的工作已完成。读取计数器 1 的计数值,该计数值与 CLK_1 脉冲周期的乘积,就是所测脉冲的周期。

　　测量脉冲周期的程序如下:

```
        ORG    200H
        MOV    DPTR,#7FFFH      ;8253 控制寄存器地址
        MOV    A,#70H           ;置计数器 1 为方式 0
        MOVX   @DPTR,A
        CLR    P1.4             ;周期测量的动态控制(不计数)
TMR:    MOV    DPTR,#7FFDH      ;指向计数器 1 口地址
        CLR    A
        MOVX   @DPTR,A          ;计数器 1 低 8 位清零
        MOVX   @DPTR,A          ;计数器 1 高 8 位清零
        SETB   P1.4             ;允许计数
LOOP:   JNB    P1.3,LOOP        ;等待计数结束
        CLR    P1.4             ;停止计数
        MOVX   A,@DPTR          ;读计数器 1 低 8 位
        CPL    A
        ADD    A,#01H           ;取补
        MOV    B,A              ;送寄存器 B 中保存
        MOVX   A,@DPTR          ;读计数器 1 高 8 位
        CPL    A                ;取补
        ADDC   A,#00H           ;A 和 B 中的内容为测量结果
```

　　由于计数器为递减计数器,而计数器初值为 0,所以读取的计数值为补码。因此,对读取的计数值再次求补,最后得到实际的计数值。

习　　题

8.1　8031 的 T0、T1 用作定时器时,其定时时间与哪些因素有关?

8.2　若 f_{OSC}＝12 MHz,用 T0 产生 1 ms 的定时,可选用哪几种方式? 分别写出定时器的方式控制字和计数初值。

8.3　当 8031 的定时器 T0 用作方式 3 时,由于 TR1 位已被 T0 占用,应如何控制定时器 T1 的开启和关闭?

8.4　设 MCS-51 单片机的晶振频率为 12 MHz,试用单片机的内部定时方式产生频率为

10 kHz 的方波信号。

8.5　设 MCS-51 单片机的晶振频率为 6 MHz,使用定时器 T1 的定时方式 1,在 P1.0 输出周期为 200 μs、占空比为 60% 的矩形脉冲,以查询方式编写程序。

8.6　设 MCS-51 单片机的晶振频率为 6 MHz,以计数器 T1 进行外部事件计数,每计数 100 个外部事件输入脉冲后,计数器 T1 转为定时工作方式,定时 5 ms 后,又转为计数方式,如此周而复始地工作,试编程实现。

8.7　若 f_{OSC}＝12 MHz,现需 1 s 的定时,应如何实现?

8.8　以中断方法设计单片机秒、分脉冲发生器。假定 P1.0 每秒钟产生一个机器周期的正脉冲,P1.1 每分钟产生一个机器周期的正脉冲。

8.9　设 P3.4 输入低频的窄脉冲信号,要求在 P3.4 输入发生负跳变时,P1.0 输出一个 500 μs 的同步脉冲。设 f_{OSC}＝6 MHz,试编写程序。

8.10　8253 有哪几种工作方式? 方式 0、2 和 3 各有什么特点? 其用途如何?

8.11　用 8031 与 8253 构成一个定时计数器,试画出硬件连接图和编写程序。

自 测 题

8.1　填空题

1. MCS-51 单片机内部有定时/计数器_____个,组成它们的专用寄存器是_____。

2. MCS-51 单片机定时/计数器的工作方式有_____种,它们是_____。

3. MCS-51 定时/计数器的内部核心部件为_____。

4. MCS-51 单片机定时/计数器的定时功能是通过对时钟脉冲源的_____来实现的。使用时,必须在编程时设定_____。

5. 当 MCS-51 单片机 T0 用门控方式工作时,启动 T0 工作必须同时满足_____、_____。

6. 当计数器产生计数溢出时,把 TCON 的 TF0(TF1)置位"1"。对计数溢出的处理,在中断方式时,该位作为_____位使用;在查询方式时,该位作为_____位使用。

7. 在定时器工作方式 0 下,计数器为 13 位,如果系统晶振频率为 6 MHz,则最大定时时间为_____。

8.2　选择题(在各题的 A、B、C、D 四个选项中,选择一个正确的答案)

1. 下列定时/计数硬件资源中,用户不能设定使用的是(　　)。
   A. 高 8 位计数器 TH　　　　　　　　B. 低 8 位计数器 TL
   C. 用于定时/计数控制的相关寄存器　　D. 定时器/计数器控制逻辑

2. 与定时工作方式 1 和 0 比较,定时工作方式 2 具备的特点是(　　)。
   A. 计数溢出后能自动重新加载计数初值　B. 增加计数器位数
   C. 提高定时精度　　　　　　　　　　　D. 适于循环定时和循环计数应用

3. 8031 内部定时器工作于方式 0 时,计数器最大计数值为(　　)。
   A. 256　　　　　　　　　　　　　　　B. 65535
   C. 1024　　　　　　　　　　　　　　　D. 8192

4. 计数 100 个脉冲 T0 采用方式 2,计数初值设定为(　　)。
   A. 36H　　　　　　　　　　　　　　　B. 64H

    C. 9CH　　　　　　　　　　　　　　　　D. FF9H

5. 定时器方式 1 下,设系统时钟为 12 MHz,则最大定时时间为(　　　)。

    A. 8192 μs　　　　　　　　　　　　B. 65535 μs

    C. 65536 ms　　　　　　　　　　　D. 65536 μs

6. 如果以查询方式进行定时应用,则应用程序中的初始化内容应包括(　　　)。

    A. 系统复位、设置工作方式、设置计数初值

    B. 设置计数初值、设置中断方式、启动定时

    C. 设置工作方式、设置计数初值、开中断

    D. 设置工作方式、设置计数初值、禁止中断

8.3　阅读程序,回答问题

1. 设系统时钟频率 f＝12 MHz,定时器/计数器 0 的初始化程序和中断服务程序如下:

```
主程序          MOV     TH0,#0DH
               MOV     TL0,#0D0H
               MOV     TMOD,#01H
               SETB    TR0
                       ⋮
中断服务程序     ORG     000BH
               MOV     TH0,#0DH
               MOV     TL0,#0D0H
                       ⋮
               RETI
```

试问:

(1) 该定时/计数器工作于什么方式?

(2) 相应的定时时间或计数值是多少?

(3) 为什么在中断服务程序中要重置定时/计数器的初值?

2. 假定 8253 的口地址为 7FF0H～7FF3H,执行下述初始化程序后,在哪一个计数器,输出什么脉冲? 它的分频系数为多少?

```
               ORG     100H
               MOV     DPTR,#7FF3H
               MOV     A,#0B6H
               MOVX    @DPTR,A
               MOV     DPTR,#7FF2H
               MOV     A,#244
               MOVX    @DPTR,A
               MOV     A,#1
               MOVX    @DPTR,A
               END
```

3. 假定 8253 口地址为 7FF0H～7FF3H,执行下述程序后,从哪一个计数器的 OUT 端输出什么脉冲? 其分频系数为多少?

```
               ORG     200H
```

```
MOV      DPTR,#7FF3H
MOV      A,#74H
MOVX     @DPTR,A
MOV      DPTR,#7FF1H
MOV      A,#64H
MOVX     @DPTR,A
MOV      A,#0
MOVX     @DPTR,A
END
```

4. 假定 8253 的口地址为 7FF0H～7FF3H,执行下述程序后,哪个计数器工作于什么方式? 如果 CLK 脉冲频率为 1 MHz,其输出脉冲宽度为多少 μs?

```
ORG      300H
MOV      DPTR,#7FF3H
MOV      A,#32H
MOVX     @DPTR,A
MOV      DPTR,#7FF0H
MOV      A,#232
MOVX     @DPTR,A
MOV      A,#3
MOVX     @DPTR,A
END
```

8.4　编程题

1. 假定 8253 的口地址为 7FFCH～7FFFH,要求计数器 0 作频率发生器,从 OUT_0 输出脉冲频率为 20 kHz;而计数器 1 作方波发生器,其分频系数为 200,已知 CLK_0、CLK_1 输入脉冲频率为 1 MHz,试编写程序。

2. 假定晶振频率为 12 MHz,要求定时器 T0 用来产生 2 ms 定时中断,试编写程序。

3. 要求定时器 T0,方式 0 计数,由 T0 脚输入脉冲,由 $\overline{INT0}$ 启动 T0 工作,每输入 500 个脉冲后产生溢出中断,试编写程序。

4. 要求定时器 T1,方式 1 计数,从 T1 脚输入脉冲,由内部 TR1 启动 T1 工作,每输入 1000 个脉冲后,产生溢出中断,试编写程序。

第 9 章　串行通信及其接口

串行通信是计算机与外界进行数据传送的一种基本形式。本章在介绍串行通信的基本知识及通信标准的基础上，给出了单片机通信接口电路、程序设计框图和扩展多路串行口的方法。

9.1　概　　述

9.1.1　串行通信的基本概念

9.1.1.1　并行通信和串行通信

计算机与外界进行数据传送（简称通信）有两种方式：并行通信和串行通信。通常根据数据传送的距离决定采用哪种通信方式。

并行通信是指数据各位同时传送。其特点是数据传送速率快、效率高，但数据有多少位就需要多少根数据线，故传送成本高。在集成电路芯片的内部、同一插件板上各部件之间、同一机箱内各插件板之间的数据传送多采用并行通信。并行通信的距离通常小于 30 m。

串行通信是指数据按位顺序传送的通信。其特点是：① 通信线路简单，最多只需要一对传输线就可以实现通信，其通信线既能传送数据信息，又能传送联络控制信息；② 它对信息的传送格式有固定要求，具体分为异步和同步两种信息格式，与此相应有异步通信和同步通信两种方式；③ 在串行通信中，对信息的逻辑定义与 TTL 不兼容，需要进行逻辑电平转换。

9.1.1.2　异步通信和同步通信

1. 异步通信

异步通信的特点是以字符为单位，一个字符一个字符地传送，并且每一个字符要用起始位和停止位作为字符开始和结束的标志。异步通信的一帧数据格式如图 9.1.1 所示。每个字符前面都有一位起始位为低电平（逻辑 0），字符本身由 5～8 位组成，紧接着是一位校验位（也可以无校验位），最后是一位或一位半或两位停止位。停止位后面是不定长度的空闲位。停止位和空闲位都规定为高电平（逻辑 1），这样能保证起始位开始处一定有一个下跳沿。

1）起始位和停止位

起始位标志一个字符传送的开始，当它出现时，告诉接收方数据传送即将开始。停止位标志一个字符的结束，它的出现表示一个字符传送完毕。这样就为通信双方提供了何时开始发送和接收、何时结束的标志。

2）数据位

起始位之后紧接着是数据位。由于字符编码方式的不同，数据位可以是 5、6、7 或 8 位，并规定低位在前、高位在后。

3）奇偶校验位

奇偶校验位只占一位，用于检查字符传送的正确性。奇偶校验方式由用户根据需要选定，

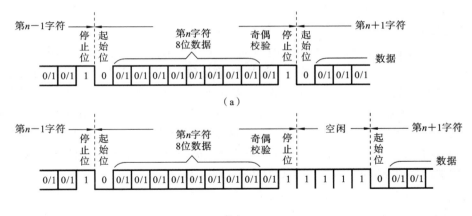

图 9.1.1　异步数据通信字符传送格式

（a）在停止位后接着传送下一个字符；（b）在停止位后不接着传送下一个字符

有奇校验、偶校验和无效校验三种方式。

传送开始后，接收设备不断地检测传送线，确定是否有起始位到来。在一系列的"1"（停止位和空闲位）之后，检测到一个下降沿，并确认有一位数据宽度，就能确定紧跟其后的是数据位、校验位和停止位。按事先约定的数据格式，去掉停止位，并进行奇校验或偶校验，如果不存在奇偶错误，则说明已成功地接收了一个字符。接收设备又继续下一个字符的检测，直到全部数据传送完毕为止。

2. 同步通信

同步通信协议有面向字符同步协议和面向位同步协议。本书只介绍面向位同步协议。这种通信协议所传送的一帧数据可以是任意位，而且它靠约定的位组合模式来标志传送的开始和结束，故称为"面向位（BIT）"的通信协议，它的数据帧格式如图 9.1.2 所示。一帧信息有开始标志、地址场、控制场、信息场、校验场、结束标志等。

8 位	8 位	8 位	≥0 位	16 位	8 位
01111110	A	C	I	FC	01111110
开始标志	地址场	控制场	信息场	校验场	结束标志

图 9.1.2　面向位同步协议的帧格式

1）开始和结束标志

所有信息传送必须以一个标志字符开始，并且以同一个字符结束，这是面向位同步通信协议的最明显特点。这个标志字符是 01111110B，称为标志场。开始标志与结束标志之间构成一个完整的信息单位，称为一帧。所有的信息以帧的形式传送，而标志字符提供了每一帧的边界。接收端通过搜索"01111110"来探知帧的开始和结束，以此建立帧的同步。

2）地址场和控制场

地址场 A 用来规定与之通信的对方站的地址，而控制场 C 可规定若干个命令，A 场和 C 场的数据宽度均为 8 位。

3）信息场

紧接着控制场之后的是信息场 1，它由若干个字节数据组成。并不是每一帧都具有信息场，当信息场为 0 时，该帧是控制命令。

4）帧校验场

在信息场中可能存在与标志场相同的字符，为了区分信息场字符与标志场，采用"0"插入和删除技术。其具体做法是：发送端在发送所有信息（标志字节除外）时，只要遇到连续 5 个"1"，就自动插入 1 个"0"；接收端在接收数据（除标志字节）时，如果连续收到 5 个"1"，就自动将其后的 1 个"0"删除，以恢复数据原来的形式。这种"0"的自动插入和删除由硬件自动完成。该通信协议还规定连续 7 个"1"为失效字符，在接收过程中若出现连续 7 个"1"，说明发送过程出现错误，或是传送过程出现错误，则该帧数据作废，请求发送方重发。在两帧数据之间，发送器可以连续发送标志场，也可以连续发送高电平，即空闲信号。

9.1.1.3 串行通信数据传送方向

串行通信的数据传送方向通常有三种：单向数据传送、半双向数据传送和全双向数据传送。

1. 单向数据传送

单向数据传送简称单工传送，数据只向一个方向传送，其原理图如图 9.1.3(a) 所示。

2. 半双向数据传送

半双向数据传送又称半双工传送。它的特点是，用同一根传送线既作输入又作输出，可以在两个方向传送数据，但通信双方不能同时收发数据。在传送的某一个时刻，一个站发送数据，而另一个站接收数据。要改变数据传送方向，必须进行通信双方的收发设备的收/发开关切换，收/发开关是用软件控制的电子开关，如图 9.1.3(b) 所示。

3. 全双向数据传送

全双向数据传送又称全双工传送。它用两根传送线来发送和接收数据。通信双方能同时进行发送和接收操作，如图 9.1.3(c) 所示。全双工方式无需进行方向切换，没有切换操作所带来的时间延迟，这对那些不允许时间延迟的远程监测和控制系统来说是十分有用的。

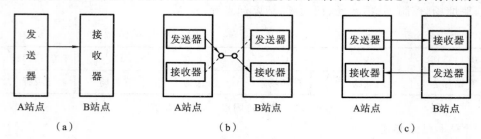

图 9.1.3　串行通信数据传送的方向

(a) 单向数据传送；(b) 半双向数据传送；(c) 全双向数据传送

9.1.1.4 信号的调制与解调

计算机的通信是要求传送数字信号，而在进行远程数据通信时，通信线路往往是借用现成的公用电话网，但是，电话网是为 300～3 400 Hz 间的音频模拟信号设计的，这对二进制数据的传输不适合。为此在发送时需要对二进制信号进行调制，以适合在电话网上传输相应的音频信号。在接收时，需要进行解调还原成数字信号。

采用调制器（modulator）把数字信号转换为模拟信号，送到通信链路上去，而用解调器

(demodulator)再把从通信链路上接收到的模拟信号转换成数字信号。大多数情况下,通信是双向的,调制器和解调器合在一个装置中,这就是调制解调器(MODEM),如图 9.1.4 所示。可见调制器和解调器是进行数据通信所需的设备,因此把它叫做数据通信设备 DCE 或数据装置(data set)。一般,通信链路是电话线,它可以是专设线或者交换线。

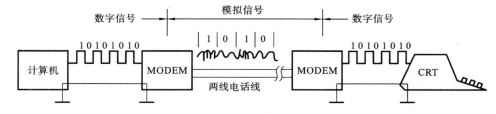

图 9.1.4 调制与解调示意图

调制解调器的类型比较多,有振幅键控(ASK),频移键控(FSK)和相移键控(PSK)。当波特率小于 300 b/s 时,一般采用频移键控(FSK)调制方式,或者称为两态调频。它的基本原理是把"0"和"1"的两种数字信号分别调制成不同频率的两个音频信号,其原理图如图 9.1.5 所示。

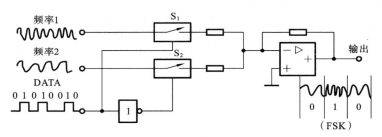

图 9.1.5 频移键控调制原理图

两个不同频率的模拟信号,分别由电子开关 S_1、S_2 控制,在运算放大器的输入端相加,而电子开关由被传输的数字信号(即数据)控制。当信号为"1"时,使电子开关 S_1 导通,送出一串频率较高的模拟信号;当信号为"0"时,使电子开关 S_2 导通,送出一串频率较低的模拟信号,于是在运算放大器的输出端,就得到了调制后的两种频率的音频信号。

9.1.1.5 波特率

波特率(buad rate)反映了串行数据传送的速率,在串行通信中,数据是按位进行传送的,因此,传送速率用每秒钟传送二进制代码的位数来表示,称之为波特率,它的单位是位/秒(bits/second,b/s 或 bps)或波特。

例如,数据按 200 字符/秒传送,而每个字符包含 10 个代码位,则传送的波特率是

$$200 \text{ 字符/秒} \times 10 \text{ 位/字符} = 2000 \text{ 位/秒} = 2000 \text{ 波特} = 2000 \text{ b/s}$$

而每一位代码的传送时间 T_d 为波特率的倒数,即

$$T_d = \frac{1}{2000} \text{ s} = 0.5 \text{ ms}$$

异步通信的数据传送速率在 50~19200 b/s 之间,常用于计算机与终端和打印机之间的通信,也用于直通电报和无线电数据发送等。

9.1.2 串行通信的接口标准

在单片机构成的应用系统中,数据通信主要采用异步串行通信方式,而通信接口的设计必

须标准化,即采用标准接口。目前串行通信接口有 RS-232、RS-449、RS-422、RS-423、RS-485 等多种接口标准。

其中,最常用的一个串行通信标准接口是 EIA RS-232C,这是美国电子工业协会推荐的一种标准(Electronic Industres Association Recommended Standard)。RS-232C 包括按位串行传送的电气和机械方面的规定,适合于短距离或带调制解调器的长距离通信场合。为了提高数据传送速率和通信距离,EIA 又公布了 RS-449、RS-422 和 RS-485 串行通信接口标准。20 mA电流环是一种非标准的串行接口,具有对电气噪声不敏感等优点,因而在串行通信中也得到广泛应用。下面重点介绍串行通信接口标准 EIA RS-232C。

9.1.2.1 RS-232C 的接口信号

RS-232C 串行接口总线采用标准的 25 芯插头座,具有 22 根信号线。RS-232C 的引脚符号及功能如表 9.1.1 所示。图 9.1.6 中串行传送的数据终端设备与数据通信设备之间接口采用了 RS-232C 标准。凡是符合 RS-232C 标准的计算机或外设,都把向外发送的数据线连至 RS-232C 标准插头座的 2 号引脚,而把接收的数据线连至 3 号引脚,在插头连线时,接收方的接收数据线应连至发送方的发送数据线。

表 9.1.1   RS-232C 基本接口信号

引脚号	缩写符	信 号 方 向	说　　明
1	PG		屏蔽(保护)地
2	TXD	从终端到调制解调器	发送数据
3	RXD	从调制解调器到终端	接收数据
4	RTS	从终端到调制解调器	请求发送
5	CTS	从调制解调器到终端	清除发送
6	DSR	从调制解调器到终端	数据装置就绪
7	SG		信号地
8	DCD	从调制解调器到终端	接收线信号检测(载波检测)
15	TXC	从调制解调器到终端	发送时钟
17	RXC	从调制解调器到终端	接收时钟
20	DTR	从终端到调制解调器	数据终端就绪
22	RI	从调制解调器到终端	振铃指示

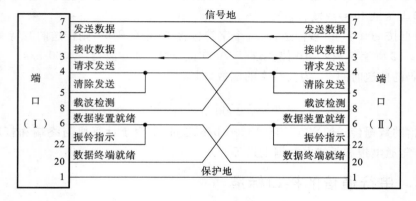

图 9.1.6   RS-232C 接口

在串行通信中,除了数据线和地线之外,为了保证信息可靠传送,还有若干条联络控制信号线。

1) 请求发送 RTS(request to send)

当一个站点的发送器已经做好了发送的准备,在开始发送之前,为了了解对方是否做好了接收的准备,应向接收方输出一个有效的 RTS 信号,以等待对方的回答。

2) 清除发送 CTS(clear to send)

当接收方做好了接收的准备,在接收到发送方送来的有效 RTS 信号以后,就以有效的 CTS 信号作为回答。

3) 数据终端准备好 DTR(data terminal ready)

当某一个站点的接收器已做好了接收的准备,为了通知发送器可以发送了,就应向发送方送出一个有效的 DTR 信号。

4) 数据装置准备好 DSR(data set ready)

当发送方收到接收方送来的有效信号 DTR,并在发送方做好了发送准备后,就应向接收方送出一个有效的 DSR 信号作为回答。

5) 载波检测 DCD(data carried detect)

有的器件把它作为 DSR 使用。

为了使串行通信设备具有通用性和互换性,凡是遵照 RS-232C 标准的设备,它们的信号线均按规定的标准连接。

9.1.2.2　RS-232C 接口的电气特性

RS-232C 采用负逻辑:

逻辑"1":$-5 \sim -15$ V

逻辑"0":$+5 \sim +15$ V

因此,RS-232C 驱动器与 TTL 电平连接时,必须经过电平转换。

由于 RS-232C 发送器和接收器之间具有公共信号线,不可能使用双端信号,因此共模噪声会耦合到信号系统中。为此,RS-232C 必须使用较高的传送电压。该标准的数据传送速率最高可达 20 kb/s,最大通信距离为 30 m。

9.1.2.3　RS-232C 标准接口的实现及电平转换

目前,市场上有多种构成 RS-232C 标准接口的芯片,如 INS 8250、Intel 8251、Z80-SIO,通过编程可使它们满足 RS-232C 通信接口的要求。

由于 RS-232C 规定的信号电平及极性与 TTL 的不同,为了实现 RS-232C 电平与 TTL 电平接口,必须进行电平转换。目前,能实现 RS-232C 与 TTL 电平转换的常用芯片很多,例如:发送器 MC1488、接收器 MC1489 和收发器 MAX232。它们除了能实现电平转换外,还能进行正负逻辑转换。

1. 发送器 MC1488 和接收器 MC1489

如图 9.1.7 所示,MC1488 内部有三个与非门和一个反相器,电源电压为 ± 12 V,输入为 TTL 电平,输出为 RS-232C 电平,即可用 MC1488 实现将 TTL 逻辑电平转换为 RS-232C 逻辑电平。

MC1489 内部有四个反相器,输入为 RS-232C 电平,输出为 TTL 电平,电源电压为 $+5$ V。MC1489 中的每一个反相器有一个控制端,高电平有效,可以作为 RS-232C 操作的控

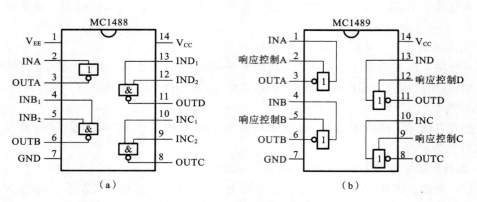

图 9.1.7   RS-232C 电平转换芯片

制端。

2. 收发器 MAX232

MAX232 是一种新型的电平转换芯片,可以实现 TTL 电平与 RS-232C 电平的双向转换。

MAX232 的典型工作电路如图 9.1.8 所示。片内包含 2 路发送器和接收器,内部有一个电源变换器,可以把 +5 V 电源电压变换为 RS-232C 输出电平的 ±10 V 电压,所以作串行通信接口时只需单一 +5 V 电源。在实际应用中,器件对电源噪声很敏感,因此,V_{CC} 必须对地加去耦电容 C_5(0.1 μF),$C_1 \sim C_4$ 取 1.0 μF/16 V 的钽电解电容,用以提高抗干扰能力,且在连接时必须尽量靠近器件。

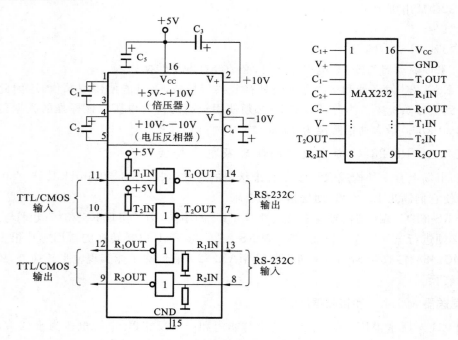

图 9.1.8   MAX 引线排列和典型工作电路

图 9.1.8 中,$T_1 IN$、$T_2 IN$ 可直接接 MCS-51 的 TXD;$R_1 OUT$、$R_2 OUT$ 可直接接 MCS-51 的 RXD。

9.2 MCS-51 的串行口

MCS-51 单片机内部有一个功能很强的全双工串行口,具有 UART 的全部功能。该串行口有 4 种工作方式,可用软件设置波特率,使用十分方便。它除了可以用于数据通信以外,还可以用来扩展单片机的并行 I/O 口,或作串、并转换,或驱动键盘和显示器。

9.2.1 串行口的组成

MCS-51 单片机内部串行口结构框图如图 9.2.1 所示。串行口有两个数据寄存器:发送数据寄存器 SBUF 和接收数据寄存器 SBUF。发送 SBUF 是 8 位并行输入/串行输出的移位寄存器,只能写入,用于存放欲发送的数据,并能实现其并入—串出的转换。接收 SBUF 是 8 位并行输入/并行输出的寄存器,只能读出,用于存放串行口接收到的数据。9 位输入移位寄存器能实现串行输入/并行输出的转换,它与接收 SBUF 组成双缓冲结构,以避免在接收过程中出现数据重叠的错误。“零”检测器用于检测 8 位或 9 位数据是否全部移出。“TX 控制”部件可按工作方式组成所需的硬件结构,能完成移位,在发送数据的前、后分别送出起始位“0”和停止位“1”,对 TI 置 1 等操作。“RX 控制”部件能完成对 RXD 线采样,串行数据移位,将输入移位寄存器数据并行输入到接收 SBUF,对 RI 置 1 等操作。

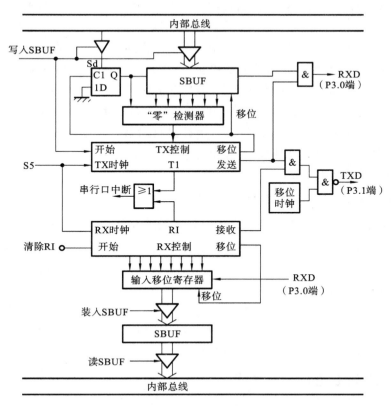

图 9.2.1 串行口结构框图

发送 SBUF 和接收 SBUF 共用一个地址 99H,CPU 通过执行不同指令对它们进行存取操作。在发送情况下,CPU 执行 MOV SBUF,A 指令,把 A 中待发送的数据写入发送 SBUF;在接收情况下,CPU 执行 MOV A,SBUF 指令,把接收 SBUF 中接收到的数据读取到 A 中。

串行口的控制寄存器有 SCON 和 PCON,其功能如下。

9.2.1.1 串行口控制寄存器 SCON

特殊功能寄存器 SCON 是串行口控制寄存器,用于定义串行口的工作方式和状态标志,其字节地址是 98H,也可以位寻址。SCON 的格式如下:

	D_7	D_6	D_5	D_4	D_3	D_2	D_1	D_0
SCON	SM0	SM1	SM2	REN	TB8	RB8	TI	RI
位地址(H)	9F	9E	9D	9C	9B	9A	99	98

(1) SM0、SM1:工作方式控制位,用来确定串行口的工作方式,其功能见表 9.2.1。

(2) SM2:多机通信控制位。主要用于方式 2 或方式 3。此时,若 SM2＝0,串行口以单机发送或接收方式工作,TI 和 RI 以正常方式被激活;若 SM2＝1 和接收到第 9 位数据 RB8＝1 时,会激活 RI。在方式 1 和方式 0 中,SM2 应置为"0"。

(3) REN:允许接收控制位。REN＝1 时,允许接收,REN＝0 时,禁止接收。由软件置位或清 0。

(4) TB8:发送数据位 8。是方式 2 或方式 3 中所要发送的第 9 位数据,由软件置位或清 0。可用作数据的奇偶校验位,在多机通信中,可作地址帧(TB8＝1)或数据帧(TB8＝0)的标识位。

(5) RB8:接收数据位 8。是方式 2 或方式 3 中接收到的第 9 位数据,功能类同 TB8。在方式 1 中,若 SM2＝0,则 RB8 是接收到的停止位;在方式 0 中,不使用 RB8。

(6) TI:发送中断标志位。在方式 0 中,串行发送到第 8 位结束时,由硬件置位;在其他方式中,则在串行发送停止位的开始时置位。TI 必须用软件清零。

(7) RI:接收中断标志位。在方式 0 中,串行接收到第 8 位结束时,由硬件置位。在其他方式中,在接收到停止位时由硬件置位,必须由软件清零。

复位时,SCON 的所有位清零。

9.2.1.2 特殊功能寄存器 PCON

PCON 的地址为 87H,它的最高位是串行口波特率倍增控制位,而其他各位为 80C51 单片机掉电方式控制位。PCON 的格式如下:

	D_7	D_6	D_5	D_4	D_3	D_2	D_1	D_0
PCON	SMOD							

SMOD:波特率倍增位。当 SMOD＝1 时,波特率加倍;当 SMOD＝0 时,波特率不加倍。复位时,SMOD＝0。

9.2.2 串行口的工作方式

MCS-51 单片机的串行口由 SM0、SM1 定义为四种工作方式,如表 9.2.1 所示。下面着重讨论各种工作方式的功能特性。

表 9.2.1　串行口的工作方式

SM0	SM1	工 作 方 式	功 能 描 述	波　特　率
0	0	0	移位寄存器	$f_{osc}/12$
0	1	1	10 位 UART	可变
1	0	2	11 位 UART	$f_{osc}/64$ 或 $f_{osc}/32$
1	1	3	12 位 UART	可变

注：UART——universal asynchronous receiver/transmitter 通用异步接收和发送器。

9.2.2.1　工作方式 0

当 SCON 中的 SM0、SM1 均为 0 时，串行口以方式 0 工作。此时，串行口作同步移位寄存器用，其波特率是固定的，为 $f_{osc}/12$。串行口发送、接收 8 位数据，低位在先、高位在后。数据由 RXD(P3.0)串行输入或输出，TXD(P3.1)输出同步移位脉冲，使外部移位寄存器移位。这种方式主要用于扩展 I/O 口。

1. 方式 0 发送

当 SM0、SM1、SM2、TI 都为 0 的条件满足时，CPU 通过 MOV SBUF，A 指令将数据写入 SBUF 后，立即启动发送。在"TX 控制"部件操作下，RXD 线上首先是 8 位数据的最低位，在同步移位脉冲作用下，由低位到高位逐位移出。当最高位移出后，由"TX 控制"部件使 TI 置 1，向 CPU 申请中断。CPU 查询到 TI＝1 或响应中断后，用指令使 TI 清 0，然后将下一个数据写入 SBUF，重复上述过程。

设发送数据区首地址为 40H，发送 16 字节数据，编写串行口方式 0 查询发送程序：

```
        ORG     200H
        MOV     R0,#40H      ;发送数据区首地址→R0
        MOV     R2,#10H      ;数据块长度→R2
        MOV     SCON,#00H    ;设置串行口方式 0 发送
LOOP1:  MOV     SBUF,@R0     ;发送数据
LOOP2:  JNB     TI,LOOP2     ;等待一帧数据发送完
        CLR     TI           ;一帧数据发送完 TI 清 0
        INC     R0           ;发送数据区地址增 1
        DJNZ    R2,LOOP1
        SJMP    $
```

2. 方式 0 接收

当 SM0、SM1、SM2、RI 都为 0，并且 REN＝1 条件满足时，立即启动接收，串行数据由 RXD 线输入，在移位脉冲作用下，由低位到高位逐位接收数据。最高位移入后，由"RX 控制"部件将移位寄存器的 8 位数据并行输入到接收 SBUF 中，并且使 RI 置 1，向 CPU 申请中断服务。CPU 查询到 RI＝1 或响应中断后，通过 MOV A，SBUF 指令将该数据读出到 A，用指令使 RI 清 0，准备接收下一个数据。

设接收数据区首地址为 50H，编写串行口方式 0 查询接收程序：

```
        ORG     200H
        MOV     R0,#50H              ;接收数据区首地址→R0
```

```
        MOV    SCON,#10H      ;设置串行口方式 0 接收,REN＝1,允许接收
LOOP：  JNB    RI,LOOP        ;等待接收
        CLR    RI             ;一帧数据接收完,RI 清 0
        MOV    A,SBUF         ;读接收数据
        MOV    @R0,A          ;接收数据区地址增 1
        SJMP   LOOP
```

9.2.2.2　工作方式 1

当 SCON 中的 SM0、SM1 分别为 0、1 时,串行口以方式 1 工作。此时,串行口为波特率可变的 10 位异步通信接口,通过 TXD 和 RXD 进行数据发送和接收,一帧信息为 10 位:1 位起始位("0"),8 位数据位(最低位在前),1 位停止位("1")。

1. 方式 1 发送

当 SM0＝0、SM1＝1、SM2＝0,TI＝0 等条件满足时,CPU 通过 MOV SBUF,A 指令将数据写入 SBUF 后,立即启动发送。在"TX 控制"部件操作下,首先在 TXD 线上送出起始位为 0 的联络信号,接着在移位脉冲作用下发送 SBUF 中的数据,由低位到高位逐位移出。最高位移出后,由"TX 控制"部件送出为 1 的停止位,并且使 TI 置 1,向 CPU 申请中断服务。CPU 可通过查询或响应中断后,用指令使 TI 清 0,再将下一个数据写入 SBUF,重复上述过程。

已知单片机的晶振频率 f_{osc} 为 6 MHZ,定时器 T1 作波特率发生器,波特率为 2400 bps。选用 T1 工作于定时方式 2,定时初值为 F3H。设发送数据区首地址为 40H,数据块长度为 10H,编写串行口方式 1 的中断发送程序:

```
        ORG    200H
        MOV    TMOD,#20H      ;T1 为定时方式 2
        MOV    TL1,#0F3H      ;写入定时初值
        MOV    TH1,#0F3H
        SETB   TR1            ;启动 T1
        MOV    R0,#40H        ;发送数据区首地址→R0
        MOV    R2,#10H        ;数据块长度→R2
        MOV    SCON,#40H      ;设串行口为方式 1 发送
        MOV    PCON,#80H      ;SMOD＝1
        SETB   ES             ;串行口开中断
        SETB   EA             ;CPU 开中断
LOOP：  MOV    SBUF,@R0       ;启动发送
HERE：  AJMP   HERE           ;等待中断
        DJNZ   R2,LOOP
        SJMP   $

        ORG    0023H          ;中断服务程序入口
SIT1：  CLR    TI             ;清发送中断标志
        INC    R0             ;发送数据区地址增 1
        RETI
```

2. 方式 1 接收

当 SM0＝0、SM1＝1、SM2＝0、RI＝0、REN＝1 等条件满足时,立即启动接收工作。在"RX 控制"部件操作下,连续对 RXD 线采样,当采样到从 1 到 0 的跳变时,就认定起始位已收到,接着是接收数据最低位,以后由低到高逐位接收数据,在移位脉冲作用下,将接收数据逐位移入输入移位寄存器,最后停止位送来后,由"RX 控制"部件将 8 位数据并行输入到接收 SBUF 中,停止位送到 RB8,并且使 RI 置 1,向 CPU 申请中断服务。CPU 查询 RI 或响应中断后,通过 MOV A,SBUF 指令将该数据读出到 A,用指令使 RI 清 0。

已知单片机主频为 6 MHz,波特率为 2400 bps,T1 为定时方式 2,定时初值为 F3H。设接收数据区首地址为 40H,编写串行口方式 1 的中断接收程序:

```
            ORG     200H
            MOV     TMOD,#20H       ;T1 为定时方式 2
            MOV     TL1,#0F3H       ;写入定时初值
            MOV     TH1,#0F3H
            SETB    TR1             ;启动 T1
            MOV     R0,#40H         ;接收数据区首直址→R0
            MOV     SCON,#50H       ;串行口方式 1 接收
            MOV     PCON,#80H       ;SMOD＝1
            SETB    ES              ;串行口开中断
            SETB    EA              ;CPU 开中断
HERE：      AJMP    HERE            ;等待中断


            ORG     0023H           ;中断服务程序入口
RIT1：      CLR     RI              ;清接收中断标志
            MOV     A,SBUF          ;将接收数据读出到 A
            MOV     @R0,A           ;将数据转存到数据区
            INC     R0              ;接收数据区地址增 1
            RETI
```

9.2.2.3　工作方式 2

当 SM0、SM1 分别为 1、0 时,串行口以方式 2 工作。此时串行口为 11 位异步通信接口,其波特率为 $f_{osc}/32$ 或 $f_{osc}/64$。TXD 为数据发送端,RXD 为数据接收端。一帧信息为 11 位:1 位起始位,8 位数据位(低位在前),1 位附加的第 9 位数据,1 位停止位。

1. 方式 2 发送

方式 2 发送过程与方式 1 类似,所不同的是:方式 2 有一位附加的第 9 位数据,它是奇偶校验位。根据用户安排,发送前应将第 9 位数据预先装入 TB8 中,用指令 SETB　TB8 或 CLR　TB8 可实现。

当 SM0＝1、SM1＝0、TI＝0 等条件满足时,第 9 位数值装入 TB8 后,CPU 通过将数据写入 SBUF,立即启动发送,一帧数据发送结束,使 TI 置 1,请求中断服务。CPU 查询 TI 或响应中断,以同样方法发送下一个数据。

例如,串行口以工作方式 2 发送数据,TB8 作奇偶校验位。设发送数据区为片内 RAM

50H~5FH,编写采用中断方式的发送程序：

```
        ORG     200H
        MOV     SCON,#80H        ;串行口方式2发送
        MOV     POCN,#0          ;SMOD=0
        MOV     R0,#50H          ;发送数据区首地址→R0
        MOV     R2,#10H          ;数据块长度→R2
        SETB    EA               ;CPU 开中断
        SETB    ES               ;串行口开中断
LOOP：  MOV     A,@R0            ;取数
        MOV     C,PSW.0          ;P 送 C_Y
        MOV     TB8,C            ;奇偶标志位送 TB8
        MOV     SBUF,A           ;启动发送
WAIT：  SJMP    WAIT             ;等待中断
        DJNZ    R2,LOOP
        SJMP    $

        ORG     0023H            ;串行口中断服务程序入口
TINT：  CLR     TI               ;TI 清 0
        INC     R0
        RETI
```

2. 方式 2 接收

方式 2 接收过程与方式 1 类似,所不的是：工作在方式 1 时,RB8 中存放的是停止位；工作在方式 2 时,RB8 存放是第 9 位数据。接收字符有效的条件是：RI=0 和 SM2=0 或第 9 位数据为 1,只有上述两个条件满足时,接收到的字符才能送入 SBUF,第 9 位数据装入 RB8,并使 RI 置 1；否则该数据无效,RI 也不置 1。

因此,利用 SM2 和第 9 位数据可以共同对接收加以控制。

(1) 第 9 位数据作奇偶校验位,可令 SM2=0,此时不论 RB8 为 0 或 1,RI 都置 1,串行口能可靠接收数据。

(2) 第 9 位数参与接收控制,则可令 SM2=1,此时,若 RB8=1,表示在多机通信的情况下,接收的信息是地址帧,此时 RI 置 1,串行口接收的是地址信息；若 RB8=0,表示接收的信息为数据,但不是发给本机的,此时 RI 不置 1,因而接收的数据将丢失。

例如,串行口以工作方式 2 接收数据,RB8 作奇偶校验位。设接收数据区为片内 RAM 40H~4FH,编写采用查询方式的接收程序：

```
        ORG     200H
        MOV     SCON,#90H        ;置串行口方式2,允许接收
        MOV     POCN,#0          ;SMOD=0
        MOV     R0,#40H          ;数据区首地址→R0
        MOV     R2,#10H          ;数据块长度→R2
LOOP：  JNB     RI,$             ;等待接收
        CLR     RI               ;一帧数据接收完,清 RI
```

```
        MOV    A,SBUF              ;读接收数据
        JNB    PSW.0,PZ           ;奇偶标志 P＝0,转 PZ
        JNB    RB8,ERP            ;P＝1,RB8＝0,奇偶校验出错,转 ERP
        SJMP   LP                 ;P＝1,RB8＝1,接收数据正确
PZ：    JB     RB8,ERP            ;P＝0,RB8＝1,奇偶校验出错,转 ERP
LP：    MOV    @R0,A              ;存接收数据
        INC    R0
        DJNZ   R2,LOOP
        CLR    PSW.5              ;接收完,数据正确,标志 F0 清 0
        SJMP   $
ERP：   SETB   PSW.5              ;接收数据出错,标志 F0 置 1
        SJMP   $
```

9.2.2.4　工作方式 3

除了波特率可变之外,工作方式 3 与工作方式 2 完全相同。串行口的工作方式 3 为波特率可变的 11 位异步通信方式。

例如,按查询方式编写串行口在工作方式 3 的接收程序。设数据区始地址为片内 RAM 50H,首先接收数据块长度,接着接收数据,累加和。要求采用累加和校验。已知单片机晶振频率为 11.059 MHz,波特率为 1200 bps,查表 9.2.2 可知 T1 在定时方式 2 下的时间常数为 E8H。编程如下:

```
        ORG    200H
        MOV    TMOD,#20H          ;T1 定时方式 2
        MOV    TL1,#0E8H          ;置时间常数
        MOV    TH1,#0E8H
        SETB   TR1                ;启动 T1
        MOV    SCON,#0D0H         ;串行口方式 3 接收
        MOV    PCON,#0            ;SMOD＝0
        MOV    R0,#50H            ;接收数据区首址→R0
        MOV    R3,#0              ;累加和寄存器清 0
L1：    JNB    RI,$               ;等待接收数据块长度
        CLR    RI                 ;接收完后清 RI
        MOV    A,SBUF             ;读取数据块长度
        MOV    R2,A               ;存入 R2
        ADD    A,R3               ;求累加和
        MOV    R3,A               ;累加和送 R3
L2：    JNB    RI,$               ;等待接收数据
        CLR    RI
        MOV    A,SBUF             ;读取接收数据
        MOV    @R0,A              ;送存数据区
        ADD    A,R3               ;求累加和
        MOV    R3,A               ;存入 R3
```

```
              INC      R0
              DJNZ     R2,L2          ;数据块未接收完,继续
        L3：  JNB      RI,$           ;等待接收累加和
              CLR      RI
              MOV      A,SBUF         ;接收到累加和送 A
              XRL      A,R3           ;比较两个累加和
              JNZ      ERR            ;若不等,表示接收出错,转 ERR
              CLR      PSW.5          ;相等,表示接收正确,标志 F0 清 0
              SJMP     $
        ERR：  SETB     PSW.5          ;标志 F0 置 1
              SJMP     $
```

又例,按查询方式编写串行口以方式 3 发送数据的程序。已知单片机晶振频率为 11.059 MHz,波特率为 1200 bps,设数据区为片内 RAM 50H~63H,数据为 ASCII 码,采用奇校验,程序如下：

```
              ORG      200H
              MOV      TMOD,#20H      ;T1 定时方式 2
              MOV      TL1,#0E8H      ;置时间常数
              MOV      TH1,#0E8H
              SETB     TR1            ;启动 T1
              MOV      SCON,#0C0H     ;串行口方式 3 发送
              MOV      PCON,#00H      ;SMOD＝0
              MOV      R0,#50H        ;发送数据区首址→R0
              MOV      R2,#14H        ;数据块长度→R2
        LOOP：  MOV      A,@R0          ;取数
              MOV      C,PSW.0        ;奇偶标志位 P 送 C_Y
              CPL      C
              MOV      ACC.7,C        ;形成奇校验,P＝1
              MOV      SBUF,A         ;发送数据
        WAIT：  JNB      TI,$           ;等待一帧数据发送完
              CLR      TI             ;发送完,清 TI
              INC      R0
              DJNZ     R2,LOOP        ;未全部发送完,转 LOOP
              SJMP     $
```

9.2.3 波特率的设定方法

在串行通信中,发收双方对发送或接收数据的波特率有一定的约定。由以上介绍可以看出,MCS-51 单片机串行口有四种不同工作方式,具有不同的波特率,现归纳如下。

1. 串行口工作于方式 0

波特率固定不变,仅与系统振荡频率 f_{osc} 有关,其值为

$$方式 0 的波特率＝\frac{1}{12}\times f_{osc}$$

2. 串行口工作于方式 2

波特率取决于寄存器 PCON 的 SMOD 值：

（1）如果 SMOD＝0，则

$$方式 2 的波特率＝\frac{1}{64} \times f_{osc}$$

（2）如果 SMOD＝1，则

$$方式 2 的波特率＝\frac{1}{32} \times f_{osc}$$

3. 串行口工作于方式 1 和方式 3

波特率可变，它由 SMOD 和定时器 T1 的溢出率共同决定，即

$$方式 1 和方式 3 的波特率＝\frac{2^{SMOD}}{32} \times T1 的溢出率$$

其中，T1 的溢出率与定时器 T1 的工作方式有关，取决于 T1 的计数脉冲和 T1 的预置值。计数脉冲与 TMOD 寄存器中的 C/$\overline{T}$ 状态有关。当 C/$\overline{T}$＝0 时，T1 工作于定时方式，计数脉冲为振荡器的 12 分频信号，即为 $f_{osc}/12$；当 C/$\overline{T}$＝1 时，T1 工作于计数方式，选择外部 T1(P3.5) 端的输入脉冲作为计数脉冲。

在串行口通信中，用定时器 T1 产生波特率时，通常选用 T1 工作在定时方式 2。这时，T1 为 8 位自动重装载定时器，其中 TL1 作计数用，而自动重装载的值放在 TH1 内，若设计数初值为 N，那么每过"256－N"个机器周期，定时器就会产生一次溢出。为了避免因溢出而产生不必要的中断，此时应禁止 T1 中断。

$$溢出周期＝\frac{12}{f_{osc}} \times (256－N)$$

溢出率为溢出周期的倒数，所以

$$T1 的溢出率＝\frac{f_{osc}}{12(256－N)}$$

故波特率的计算公式为

$$方式 1 和方式 3 的波特率＝\frac{2^{SMOD}}{32} \times \frac{f_{osc}}{12(256－N)}$$

在实际应用中，往往给定通信数据传输速率，而后确定计数初值 N。由上式可得

$$N＝256－\frac{2^{SMOD} \times f_{osc}}{波特率 \times 32 \times 12}$$

表 9.2.2 列出了用定时器 T1 产生常用波特率的情况。

表 9.2.2　用定时器 T1 产生的常用波特率

波特率/(b/s)	f_{osc}	SMOD	定时器 T1		
			C/$\overline{T}$	方式	初值
方式 0:1 M	12 MHz	×	×	×	×
方式 2:375 K	12 MHz	1	×	×	×
方式 1 和 3:62.5 K	12 MHz	1	0	2	FFH
19.2 K	11.059 MHz	1	0	2	FDH
9.6 K	11.059 MHz	0	0	2	FDH

续表

波特率/(b/s)	f_{osc}	SMOD	定时器 T1		
			C/$\bar{T}$	方式	初值
4.8 K	11.059 MHz	0	0	2	FAH
2.4 K	11.059 MHz	0	0	2	F4H
1.2 K	11.059 MHz	0	0	2	E8H
137.5 K	11.869 MHz	0	0	2	1DH
110	6 MHz	0	0	2	72H
110	12 MHz	0	0	1	FEEBH

例 9.2.1 已知 8051 单片机的时钟振荡频率 f_{osc} 为 6 MHz,波特率为 2400 b/s,选用定时器 T1 工作于定时方式 2,求计数初值并编写初始化程序。

解 设波特率控制位 SMOD=1,则计数初值为

$$N = 256 - \frac{2^1 \times 6 \times 10^6}{2400 \times 32 \times 12} \approx 243 = F3H$$

初始化程序:

```
INTT:MOV   TMOD,#20H      ;选 T1 定时方式 2
     MOV   TH1,#0F3H       ;预置计数初值 N
     MOV   TL1,#0F3H
     SETB  TR1             ;启动定时器 T1
     MOV   PCON,#80H       ;SMOD=1
     MOV   SCON,#50H       ;串行口以方式 1 工作
     ⋮
```

9.2.4 多机通信

在实际应用中,经常需要多个微处理机协调工作,8031 单片机串行口的工作方式 2 和方式 3 为多机通信提供了方便。分布式多机系统可设计成比单个 CPU 处理速度更快、性能更高的系统。采用多机主从结构,主机可控制多台从机,从机同时执行各自的程序,以减轻主机的负担,并形成廉价的数据传送系统。图 9.2.2 是一个分布式多机系统的具体电路结构图,图中多机系统采用一台主机和多台从机,主机的 RXD 端与所有从机的 TXD 端相连,主机的 TXD 端与所有从机的 RXD 端相连。主机发送的信息可被各从机接收,而各从机发送的信息只能被主机接收,主机控制各从机之间的信息交换。

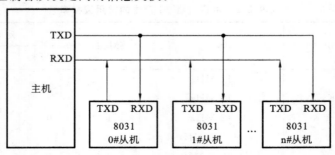

图 9.2.2 多机全双工通信连接方式

9.2.4.1　多机通信的原理

在多机通信系统中,要保证主机与从机之间可靠地通信,通信接口必须具有识别功能。为了满足这一要求,8031 单片机串行口控制寄存器 SCON 中的控制位 SM2 定义为多机通信控制位。当内部串行口以方式 2(或方式 3)工作时,发送和接收的每一帧信息都是 11 位,其中第 9 位是可编程数据位,通过软件对 SCON 中的 TB8 置 1 或 0,区别发送的是地址帧还是数据帧(规定地址帧的第 9 位为 1,数据帧的第 9 位为 0)。当从机的控制位 SM2＝1 时,若接收的是地址帧,则数据装入 SBUF,并置 RI＝1,向 CPU 发出中断请求;若接收的是数据帧,则不产生中断标志,信息丢失,CPU 不作任何处理;若 SM2＝0,则无论是地址帧还是数据帧,都产生 RI＝1 中断标志,数据装入 SBUF。具体的通信过程如下。

(1) 使所有从机的 SM2 置 1,处于只接收地址帧的状态。

(2) 主机发送一帧地址信息,其中包含 8 位地址,并以第 9 位为 1 表示发送的是地址。

(3) 从机接收到地址帧后,各自将接收到的地址与其本身的地址相比较。

(4) 被寻址的从机清除其 SM2 值,未被寻址的其他从机仍维持 SM2＝1 不变。

(5) 第 9 位为 0 表示主机发送数据或控制信息。对于已被寻址的从机,由于 SM2＝0,可以接收主机发送来的信息;而对于其他从机,因 SM2 维持为 1,不理睬主机发来的数据帧。

(6) 当主机与另外从机联系时,可再发出地址帧寻址其从机,并且先已被寻址的从机这次未被寻址时,恢复其 SM2＝1,并且不理睬主机随后发来的数据帧。

9.2.4.2　通信协议的约定

要保证通信的可靠性,必须有严格的通信协议。为了介绍单片机多机通信系统的程序设计的基本原理,这里仅规定几条最基本但又很不完善的协议。

(1) 系统中从机容量最多为 255 台,其地址分别为 00H～FEH。

(2) 地址 FFH 是对所有从机都起作用的一条控制命令代码,命令各从机恢复 SM2＝1 的状态。

(3) 数据块长度为 16 个字节。

(4) 主机和从机的联络过程为:主机首先发送地址帧,被寻址从机返回本机地址给主机,在判断地址相符合后,主机给被寻址的从机发送控制命令,被寻址从机根据其命令向主机回送自己的状态。若主机判断状态正常,则主机开始发送或接收数据,发送或接收的第一个字节是数据块长度。

(5) 假定主机发送的控制命令代码为

00:要求从机接收数据块。

01:要求从机发送数据块。

其他:非法命令。

(6) 从机状态字格式为

D_7	D_6	D_5	D_4	D_3	D_2	D_1	D_0
ERR	0	0	0	0	0	TRDY	RRDY

其中:

若 ERR＝1,则从机接收到非法命令;

若 TRDY＝1,则从机发送准备就绪;

若 RRDY＝1,则从机接收准备就绪。

9.2.4.3　多机通信编程

一台主机与若干台从机实行多机通信,所有从机的 RXD 端并在一起后与主机的 TXD 端相连,每个从机都有一个各不相同的约定的地址编号,主机先发地址,呼叫到所需的从机,然后给那个从机发去数据,而其他的从机都收不到这个数据,从而实现多机通信。主机和所有从机都工作于方式 2,且数据传输速率均一致。主机要发的数据在 R2 中,从机收到的数据也存于 R2 中。

1. 程序框图

多机通信的程序框图如图 9.2.3 所示。

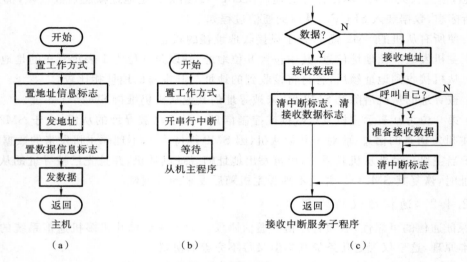

图 9.2.3　程序框图

(a) 主机程序;(b) 从机主程序;(c) 接收中断服务子程序

2. 程序清单

1) 主机

MT:	MOV	SCON,#80H	
	SETB	TB8	;地址标志
	MOV	SBUF,#ADDR1	;发送地址
	CLR	ES	
HERE1:	JNB	TI,HERE1	;等地址发送完
	CLR	TI	
	CLR	TB8	;数据标志
	MOV	SBUF,R2	;发送数据
HERE2:	JNB	TI,HERE2	;等数据发送完
	CLR	TI	
	RET		

2) 从机

	AJMP	SUBR	
	⋮		
SUBRD:	MOV	SCON,#0B0H	;做好接收准备

```
            MOV      IE,#90H                    ;开中断
WAIT：      AJMP     WAIT
SUBR：      JNB      SM2,RECEDA
            MOV      A,SBUF                     ;接收地址
            CJNE     A,#ADSILF,RE               ;主机是否呼叫自己
            CLR      SM2
RE：        CLR      RI
            RETI
RECEDA：MOV      A,SBUF                     ;接收数据
            MOV      R2,A
            SETB     SM2
            CLR      RI
            RETI
```

习　　题

9.1 试说明什么是串行通信? 什么是并行通信?

9.2 串行通信有哪几种数据传送方式? 试举例说明。

9.3 串行通信的总线接口标准是什么?

9.4 简述串行通信的总线接口标准——RS-232C。

9.5 MCS-51 单片机的串行口有哪几种工作方式? 各有什么特点和功能? 如何确定串行口各种工作方式下的波特率?

9.6 8031 单片机串行口以工作方式 1 进行串行数据通信,已知晶振频率为 6 MHZ,波特率为 1200 bps,试分别编写查询方式和中断方式下的通信程序。

9.7 试说明单片机多机通信的工作原理。

9.8 编一子程序,从串行接口接收一个字符(设时钟振荡频率 f_{osc} 为 6 MHz,波特率为 1200 bps)。

9.9 用查询法编写串行口发送程序,发送片内 RAM50H～5FH 的 16 个数据,串行口设定为方式 2,采用奇偶校验。设晶振频率为 6 MHz。

9.10 一个 8031 单片机的双机通信系统波特率为 9600 bps,$f_{osc}=12$ MHz,用中断方式编写程序,将甲机的片外 RAM 2400H～24A0H 的数据块通过串行口传送到乙机的片外 RAM 3400H～34A0H 单元中去。

自　测　题

9.1　填空题

1. 在异步通信中,若每个字符由 11 位组成,串行口每秒传送 250 个字符,则对应的数据传输速率为_____。

2. 计算机的数据传送有两种方式,即:_____方式和_____方式,其中具有成本低特点的是_____数据传送。

3. 异步通信数据的帧格式由_____位、_____位、_____位和_____位组成。

4. 串行通信有_____、_____和_____共三种数据通信形式。

5. MCS-51 的串行口在方式 0 下,是把串行口作为_____寄存器来使用。

6. 在串行通信中,收发双方对数据传输速率的设定应该是_____的。

7. 使用定时器 T1 设置串行通信的波特率时,应把定时器 T1 设定为工作方式_____,即_____方式。

8. 若定时器 T1 设置成工作方式 2,作为波特率发生器,系统时钟频率为 6 MHz,则可能产生的最高波特率是_____,最低波特率是_____。

9. 设异步通信的波特率为 9600 bps,传送带奇偶校验的 ASCII 码字符,每个字符为 10 位(1 个起始位,7 个数据位,1 个奇偶校验位,1 个停止位),每秒钟最多可以传送_____个字符。

9.2　选择题(在各题的 A、B、C、D 四个选项中,选择一个正确的答案)

1. 串行口可用于 I/O 扩展的是方式(　　　)。

   A. 0　　　　　　　B. 1　　　　　　　C. 2　　　　　　　D. 3

2. 以下所列特点中,不属于串行口方式 2 的是(　　　)。

   A. 11 位帧格式　　　　　　　　B. 有第 9 位数据

   C. 使用一种固定的数据传输速率　　D. 使用两种固定的数据传输速率

3. 串行通信的传送速率单位是波特,而波特的单位是(　　　)。

   A. 字符/秒　　　B. 位/秒　　　　C. 帧/秒　　　　D. 帧/分

4. MCS-51 单片机有一个全双工的串行口,下列功能中该串行口不能完成的是(　　　)。

   A. 网络通信　　　　　　　　　　B. 异步通信

   C. 作为同步移位寄存器　　　　　　D. 作为位地址寄存器

9.3　编程题

1. 已知单片机的晶振频率为 6 MHz,波特率为 2400 bps,设数据为 ASCII 码,存于片内 RAM 40H~4FH,采用偶校验,请按查询方式编写串行口于工作方式 1 下的发送程序。

2. 已知单片机的晶振频率为 6 MHz,波特率为 2400 bps,设数据区首地址为片内 RAM 50H,接收数据块长度由始发端发送,接收数据为 ASCII 码,采用奇校验,请按中断方式编写串行口方式 1 的接收程序。

3. 已知单片机的晶振频率为 6 MHz,波特率为 2400 bps,设数据区首地址为片内 RAM 50H,接收 20 个 ASCII 码数据,采用偶校验,试按中断方式编写串行口在方式 3 的接收程序。

第 10 章　数/模(D/A)和模/数(A/D)转换接口

本章从应用的角度出发,首先介绍 D/A 转换器和 A/D 转换器的主要性能指标,然后重点介绍一些典型 D/A 转换器和 A/D 转换器集成芯片,以及它们与 MCS-51 单片机接口的方法和相应的软件。

10.1　D/A 转换器和 A/D 转换器的主要性能指标

在由单片机构成的实时控制和智能化仪器仪表系统中,被控制或测量的对象往往是一些连续变化的模拟量,如温度、压力、流量和速度等物理量,这些模拟量必须先转换成数字量,才能输入到单片机系统中进行处理。另外,单片机处理的结果,也常常需要转换为模拟信号,驱动相应的执行机构,实现对对象的控制。

数/模转换器能实现数字量到模拟量(digital to analog,D/A)的转换;模/数转换器能实现模拟量到数字量(analog to digital,A/D)的转换。在大规模集成电路技术迅速发展的今天,设计和实现 D/A 转换器(或 A/D 转换器)与 MCS-51 单片机接口的主要任务是:正确选用 D/A 转换器(或 A/D 转换器)的集成芯片,合理配置外围电路及器件,实现数字量与模拟量之间的线性转换。

无论是分析还是设计 D/A 转换器和 A/D 转换器的接口电路,都会涉及有关的性能指标和术语。因此,弄清一些经常出现的 D/A 转换器和 A/D 转换器的主要性能指标的确切含义以及有关的基本概念是非常必要的。

1. 分辨率(resolution)

对于 D/A 转换器来说,分辨率反映了输出模拟电压的最小变化量。而对于 A/D 转换器来说,分辨率又反映了输出数字量变化一个相邻数码所需输入的模拟电压的变化量。分辨率定义为

$$分辨率 = \frac{满刻度电压}{2^n - 1}$$

其中 n 是 A/D 转换器或 D/A 转换器中对应的二进制代码的位数。表 10.1.1 列出了不同位数与分辨率之间的关系。从表中可以看出,一个 12 位的转换器能分辨出满刻度电压的 $1/(2^{12} - 1)$ 或满刻度电压的 0.024%。因此,一个满刻度电压为 10 V 的 12 位 A/D 转换器能够分辨输入电压变化的最小值为 2.4 mV。同样,一个 12 位 D/A 转换器的输入二进制码变化为一个相邻数码时,输出模拟电压的变化量是满刻度电压的 0.024%。

2. 量化误差(quantizing error)

当一个分辨率有限的 A/D 转换器在进行 A/D 转换时,必须把采样电压化为某个规定的最小数量单位(即量化单位,记为 U_{LSB})的整数倍,这就是量化。实际上,U_{LSB} 是 A/D 转换后的数字信号最低有效位 1 所能代表的数量。由于模拟电压在幅值上是连续的,因此它不一定能被 U_{LSB} 整除,这样在量化过程中不可避免地会引入误差。

表 10.1.1　A/D 转换器或 D/A 转换器的分辨率与位数的关系

位　　数	分　　辨　　率	
n	分　　数	满刻度电压×100%(近似)
8	1/255	0.4
9	1/511	0.2
10	1/1023	0.1
11	1/2047	0.05
12	1/4095	0.024
13	1/8191	0.012
14	1/16383	0.006
15	1/32767	0.003
16	1/65535	0.0015

对于有限分辨率的 A/D 转换器,在不考虑其他误差因素的情况下,其转换特性曲线与具有无限分辨率的 A/D 转换器的转换特性曲线之间的最大偏差,定义为量化误差。

图 10.1.1(a)和(b)中的实线代表了两种 3 位 A/D 转换器的 A/D 转换特性曲线,而虚线对应具有无限分辨率的 A/D 转换特性曲线。可以看出,图(a)中零刻度处偏移了 $U_{LSB}/2$,因此量化误差为 $-U_{LSB}/2$,而图(b)中没有引入偏移量,量化误差为 $-U_{LSB}$。

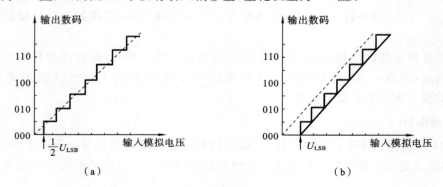

图 10.1.1　A/D 转换器的 A/D 转换特性曲线
(a) 零刻度有 $U_{LSB}/2$ 偏移的 A/D 转换特性曲线;(b) 零刻度没有偏移的 A/D 转换特性曲线

3. 线性度(linearity)

线性度有时又称为非线性度(non-linearity)。它是实际的转换特性曲线与理想的转换特性曲线之间的最大偏移量。

4. 绝对精度(absolute accuracy)

在一个转换器中,任何数码所对应的实际模拟电压与其理想的电压值之差不是一个常数。把这个差值的最大值定义为绝对精度。对于 A/D 转换器,可以在每一阶梯的水平中心点进行测量。绝对精度描述了在整个工作区间内实际的输出电压与理想的输出电压之间的最大偏差。

5. 建立时间(setting time)

这是 D/A 转换器的一个重要动态参数,当输入数码变化时,模拟输出电压也跟着变化,经过一定时间后新的模拟电压才能稳定下来,这段时间就是 D/A 转换器的建立时间。

6. 转换时间(conversion time)

转换时间定义为 A/D 转换器完成一次从模拟量的采样到数字量的编码所需的时间。

10.2　D/A 转换器

D/A 转换器是计算机或其他数字系统与模拟量控制对象之间联系的桥梁。它的任务是将离散的数字信号转换为连续变化的模拟信号。在工业控制领域中,D/A 转换器是不可缺少的重要组成部分。

10.2.1　D/A 转换器的基本工作原理及器件结构特性

10.2.1.1　D/A 转换器的工作原理

数字量是由一位一位的数位构成的,每个数位都代表一定的权。比如,二进制数 10000001,最高位的权是 $2^7 = 128$,此位上的数码 1 表示数值 $1 \times 2^7 = 128$,最低位的权是 $2^0 = 1$,此位上的数码 1 表示数值 $1 \times 2^0 = 1$,其他数位均为 0,所以二进制数 10000001 就等于十进制数 129。

为了把一个数字量转换成模拟量,必须把每一位的数码按照权来转换为对应的模拟分量,再把各模拟分量相加,这样,便可得到与数字量成正比的总模拟量,从而实现数字—模拟的转换。

D/A 转换器的主要部件是解码网络和模拟电子开关,由输入的二进制数的各位控制相应的电子开关,通过电阻解码网络,在运算放大器的输入端产生与二进制数各位的权成比例的电流,经过运算放大器相加求和转换成与二进制数成正比的模拟电压。

现以 4 位倒 T 形电阻网络 D/A 转换器(见图 10.2.1)为例说明 D/A 转换原理。

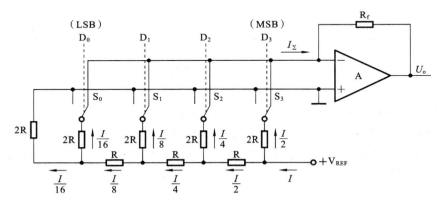

图 10.2.1　倒 T 形电阻网络 D/A 转换器

图中,倒 T 形电阻网络用以把每一位的数码按其权值转换成相应的模拟分量。运算放大器 A 完成模拟分量相加求和,得总的模拟量,并将电流转换为电压。$S_0 \sim S_3$ 是电子开关,由输入数码 $D_0 \sim D_3$ 控制。当 $D_i = 1$ 时,S_i 接运算放大器 A 的"—"端,电流 I_i 流入 I_Σ;当 $D_i = 0$ 时,S_i 则将电阻 2R 接地。由运算放大器"虚地"的概念可知,无论电子开关 S_i 处于何种位置,与 S_i 相连的 2R 电阻均将接地("地"或"虚地")。分析 R-2R 电阻网络可发现,从每个节点向左看的等效电阻均为 R,流入每个 2R 电阻的电流从高位到低位按 2 的整数倍递减,即由 V_{REF} 提供的总电流为 $I=V_{REF}/R$。

流过各开关支路(从右到左)的电流分别为 $\frac{I}{2}$、$\frac{I}{4}$、$\frac{I}{8}$ 和 $\frac{I}{16}$,于是可得总电流

$$I_{\Sigma} = \frac{V_{REF}}{R}\left(\frac{D_0}{2^4} + \frac{D_1}{2^3} + \frac{D_2}{2^2} + \frac{D_3}{2^1}\right) = \frac{V_{REF}}{2^4 \cdot R}\sum_{i=0}^{3}(D_i \times 2^i)$$

输出电压

$$U_{\circ} = -I_{\Sigma}R_f = -\frac{V_{REF}}{2^4} \cdot \frac{R_f}{R}\sum_{i=0}^{3}(D_i \times 2^i)$$

扩展到 n 位二进制数(用 N_B 表示),可将上式写为

$$U_{\circ} = -\frac{V_{REF}}{2^n} \cdot \frac{R_f}{R} \cdot N_B$$

10.2.1.2 D/A 转换芯片的主要结构特性

D/A 转换器的内部结构特性直接影响 D/A 转换接口电路的设计,主要有以下几个方面。

1. 数字输入特性

数字输入特性包括输入数字的码制、数据格式以及逻辑电平等。目前的 D/A 转换芯片一般只能接收自然二进制数码,当输入数码为偏移码或补码等双极性数码时,应外接适当的偏置电路。

输入数据一般为并行输入方式。对于芯片内部带有移位寄存器的 D/A 转换器,可以接收串行输入数码。由于 MCS-51 单片机的数据总线为 8 位,因此可与 8 位 D/A 转换器直接接口,当与具有更高分辨率的器件接口时,要转换的数据需分两次传送。单片机系统可采用两种数据格式:向左对齐数据格式和向右对齐数据格式,一个 8 位单片机系统的 12 位数据格式如图 10.2.2 所示。

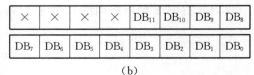

| DB₁₁ | DB₁₀ | DB₉ | DB₈ | DB₇ | DB₆ | DB₅ | DB₄ |

图 10.2.2 一个 8 位单片机系统的 12 位数据格式
(a) 向左对齐数据格式;(b) 向右对齐数据格式

不同的 D/A 转换芯片有不同的输入逻辑电平。对于固定阈值电平的 D/A 转换器一般只能与 TTL 或低压 CMOS 电路相连;而有些逻辑电平可以改变的 D/A 转换器能满足与 TTL 或高低压 CMOS 等各种器件直接连接的要求。这类器件往往设置了"逻辑电平控制"或者"阈值电平控制"端,用户可根据手册规定,通过外电路控制这些引脚端。

2. 数字输出特性

目前大多数 D/A 转换器件属电流输出型器件。通常手册上给出在规定的输入参考电压及参考电阻之下的满码(全 1)输出电流 I_0,另外还给出最大输出短路电流以及输出电压允许范围。

对于输出特性具有电流源性质的 D/A 转换器,用输出电压允许范围来表示由输出电路(包括电阻负载或运算放大电路)造成的输出端电压的可变动范围。只要输出端的电压小于输出电压允许范围,输出电流与输入数码之间就能保持正确的转换关系,而与输出端的电压大小

无关。对于输出特性为非电流源特性的 D/A 转换器,不存在输出电压允许范围指标,电流输出端应保持公共端电位或虚地,否则将破坏其转换关系。

3. 锁存特性及转换控制

D/A 转换器内是否带有输入数据锁存器,将直接影响 D/A 接口的设计。如果 D/A 转换器内没有输入数据锁存器,通过 CPU 数据总线传送数字量时,必须外加锁存器,否则只能接收具有输出锁存功能的 I/O 口数据。

有些 D/A 转换器不立即对输入的锁存数字量进行 D/A 转换,而是在外部施加了转换控制信号后才开始转换和输出。具有输入锁存及转换控制功能的 D/A 转换器,可以实现多路 D/A 转换的同步变换。

4. 参考电压源

D/A 转换器中,参考电压源是唯一影响输出结果的模拟量,对 D/A 接口电路的工作性能、电路结构有较大的影响。使用内部带有低漂移精密参考电压源的 D/A 转换器,可以简化接口电路,同时能保证较高的转换精度。

10.2.2　MCS-51 与 8 位 D/A 转换器 DAC0832 的接口

DAC0830 系列产品包括 DAC0830、DAC0831、DAC0832,它们可以相互替换,是最早与微处理器兼容、具有双缓冲功能的 D/A 转换器。DAC0830 系列芯片以其价格低廉、接口简单、转换控制容易等优点,在单片机应用系统中得到了广泛的应用。

10.2.2.1　DAC0832 的主要特性及引脚

DAC0832 芯片具有两个输入数据寄存器和一个 8 位 D/A 转换器,能与 MCS-51 单片机直接接口,其内部逻辑结构及引脚如图 10.2.3 所示。这类 D/A 转换器为 20 脚,双列直插式封装结构,其主要特性为:

(1) 8 位分辨率;

(2) 电流稳定时间为 1 μs;

(3) 可双缓冲、单缓冲或直接数据输入;

(4) 只需在满量程下调整线性度;

(5) 单一电源供电(+5~+15 V);

(6) 低功耗,20 mW。

DAC0832 由 8 位输入锁存器、8 位 DAC 寄存器、8 位 D/A 转换器及转换控制电路构成。其控制引脚可以与微处理器的控制线相连,接受微处理器的控制。由于 DAC0832 是电流输出型 D/A 转换器,要获得模拟电压输出,必须外加转换电路。DAC0832 芯片共有 20 条引脚,双列直插式封装。各引脚的功能简介如下。

$\overline{\text{CS}}$:输入寄存器选通信号(低电平有效),与 ILE 组合选通 $\overline{\text{WR}}_1$。

ILE:数据允许锁存信号(高电平有效),与 $\overline{\text{CS}}$ 组合选通 $\overline{\text{WR}}_1$。

$\overline{\text{WR}}_1$:写信号 1(低电平有效),用来将输入数据位送入锁存器中,当 $\overline{\text{CS}}$ 和 $\overline{\text{WR}}_1$ 同时是低电平,而 ILE 是高电平时,输入寄存器接收待转换的输入数据。

$\overline{\text{WR}}_2$:写信号 2(低电平有效),与 $\overline{\text{XFER}}$ 组合,该信号可以使输入到锁存器的 8 位数据传送到 DAC 寄存器中。

$\overline{\text{XFER}}$:传送控制信号(低电平有效),它选通 WR_2。

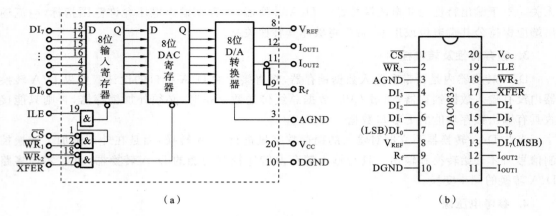

图 10.2.3 DAC0832 芯片

(a) 内部逻辑结构图；(b) 引脚图

$DI_7 \sim DI_0$：数据输入，DI_0 是最低有效位（LSB），DI_7 是最高有效位（MSB）。

I_{OUT1}：电流输出 1，对于 D/A 寄存器中全部是 1 的数码，I_{OUT1} 达到最大；而全部是 0 的数码，I_{OUT1} 是 0。

I_{OUT2}：电流输出 2，$I_{OUT2} + I_{OUT1} =$ 常数，或者 $I_{OUT2} - I_{OUT1} =$ 常数。

R_f：反馈电阻，用来作外部输出运算放大器的反馈电阻。

V_{REF}：参考电压，可以在 $-10 \sim +10$ V 的范围内选择。

V_{CC}：电源，可以在 $+5 \sim +15$ V 的范围内选择，$+15$ V 是最佳工作状态。

AGND：模拟地。

DGND：数字地。

10.2.2.2　DAC0832 与 MCS-51 的接口设计

DAC0832 与 MCS-51 单片机有两种基本的接口方式：单缓冲方式和双缓冲方式。

1. 单缓冲方式 D/A 接口设计

DAC0832 片内带有数据寄存器，可直接挂在 MCS-51 单片机的数据总线上，使 DAC0832 工作于单缓冲方式，DAC0832 与 8031 单片机的接口电路如图 10.2.4 所示。图中，ILE 接 +5 V 电压，$\overline{WR_1}$ 和 $\overline{WR_2}$ 与 8031 的 $\overline{WR}$ 相连接。DAC0832 的输入寄存器选通信号 $\overline{CS}$ 及传递控制信号 $\overline{XFER}$ 都与 8031 单片机的地址选择线 P2.7 相连，口地址为 7FFFH。当地址线选通 DAC0832 后，只要输出 $\overline{WR}$ 控制信号，DAC0832 就能完成数码的输入锁存和 D/A 转换输出。

D/A 转换程序如下：

```
MOV      DPTR,#7FFFH      ;送 DAC0832 口地址
MOV      A,#DATA          ;送转换数据
MOVX     @DPTR,A          ;启动 D/A 转换
```

2. 双缓冲方式 D/A 接口设计

对于多路 D/A 转换接口，必须采用双缓冲方式实现同步 D/A 转换输出。具体用 DAC0832 实现双缓冲同步方式接口时，分两步完成数字量的输入锁存和 D/A 转换输出。首先，8031 单片机的 CPU 数据总线分时地向各路 D/A 转换器输送要转换的数字量，并锁存在各自的输入寄存器中；然后，CPU 对所有的 D/A 转换器发出控制信号，使各个 D/A 转换器输

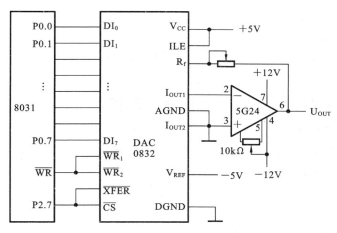

图 10.2.4 DAC0832 与 8031 单片机的接口电路

入寄存器中的数据送入 DAC 寄存器,实现同步转换输出。

图 10.2.5 是一个两路同步输出的 D/A 转换接口电路。8031 单片机的 P2.5 和 P2.6 分别接至两片 D/A 转换器的片选端,并控制输入锁存;P2.7 连接到两路 D/A 转换器的 $\overline{\text{XFER}}$ 端,并控制同步转换输出;$\overline{\text{WR}}$ 端与所有的 $\overline{\text{WR}}_1$、$\overline{\text{WR}}_2$ 端相连,在执行 MOVX 输出指令时,8031 单片机自动输出 $\overline{\text{WR}}$ 控制信号。

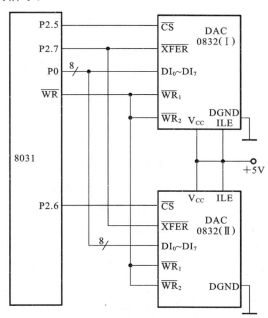

图 10.2.5 两路同步输出的 D/A 转换接口电路

实现两路 D/A 同步转换的程序如下:

MOV	DPTR,#0DFFFH	;指向 DAC0832(Ⅰ)
MOV	A,#DATA1	;DATA1 送入 DAC0832(Ⅰ)中锁存
MOVX	@DPTR,A	
MOV	DPTR,#0BFFFH	;指向 DAC0832(Ⅱ)
MOV	A,#DATA2	;DATA 2 送入 DAC0832(Ⅱ)中锁存

```
MOVX    @DPTR,A
MOV     DPTR,#7FFFH
MOVX    @DPTR,A                    ;DAC0832(Ⅰ)和(Ⅱ)同时启动 D/A 转换
```

10.2.2.3 DAC0832 的应用实例

这里介绍两个典型的 DAC0832D/A 转换接口应用实例。

1. 阶梯波波形产生器

当 DAC0832 工作在单缓冲方式下,通过单片机的定时器定时或延时程序,可以产生阶梯波形信号。下面介绍通过单片机的延时程序产生阶梯波的例子。该阶梯波每隔 1 ms 输出幅度增长一个定值,经过 10 ms 后重复循环。

程序如下:

```
START：MOV     A,#00H
       MOV     DPTR,#7FFFH    ;D/A 转换器地址送 DPTR
       MOV     R1,#0AH        ;台阶数为 10
LOOP： MOVX    @DPTR,A        ;启动 D/A 转换
       ACALL   DELAY
       DJNZ    R1,NEXT        ;不到 10 个台阶转移
       SJMP    START
NEXT： ADD     A,#10          ;台阶增幅
       SJMP    LOOP
DELAY：MOV     20H,#249       ;1 ms 延时子程序
AGAIN  NOP
       NOP
       DJNZ    20H,AGAIN
       RET
```

2. 用两片 DAC0832 构成 16 位 D/A 转换电路

图 10.2.6 是用两片 DAC0832 构成的 16 位 D/A 转换电路。其中,DAC0832(Ⅰ)接成双缓冲器工作方式,其 $\overline{CS}$ 端受单片机 8031 的 P2.7 控制;DAC0832(Ⅱ)接成单缓冲工作方式,其

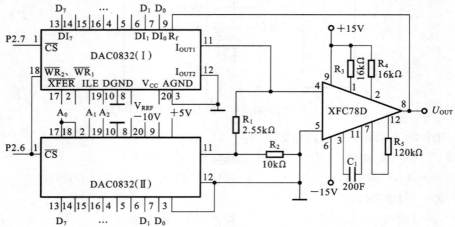

图 10.2.6 两片 DAC0832 构成的 16 位 D/A 转换电路

$\overline{CS}$端和 DAC0832(Ⅰ)的$\overline{WR_2}$端同时受 8031 单片机的 P2.6 控制。D/A 转换时,先将高 8 位数据输入 DAC0832(Ⅰ)的输入寄存器内,然后将低 8 位数据直接送入 DAC0832(Ⅱ)的 DAC 寄存器。与此同时,高 8 位数据由 P2.6 选通进入 DAC0832(Ⅰ)的 DAC 寄存器,这样可以实现 16 位二进制数码的 D/A 转换输出。电路中 R_1、R_2 组成分流器,将低 8 位输出电流的 1/256 加到运算放大器的求和端。

当参考电压为 -10 V 时,与数字量 0000H、4000H、8000H、C000H、FFFFH 对应的输出电压为 0.000 V、2.500 V、5.000 V、7.500 V 和 10.000 V。为了获得高精度输出,需选用高精度的参考电压和运算放大器。

10.2.3　MCS-51 与 12 位 D/A 转换器 DAC1208 的接口

10.2.3.1　DAC1208 的结构

8 位 D/A 转换器的分辨率比较低,因此,现在已生产有 10 位、12 位以及更多位的 D/A 转换器,以提高分辨率。下面以 12 位 D/A 转换器为例,讨论 8031 和这类 D/A 转换器的接口问题。

图 10.2.7 是 12 位 D/A 转换器 DAC1208 的结构示意图。其结构和 DAC0832 相似,也是双缓冲的结构,只是把 8 位部件换成了 12 位的部件。但对于输入寄存器来说,不是用一个 12 位寄存器,而是用一个 8 位寄存器和一个 4 位寄存器,以便和 8 位 CPU 相连接。

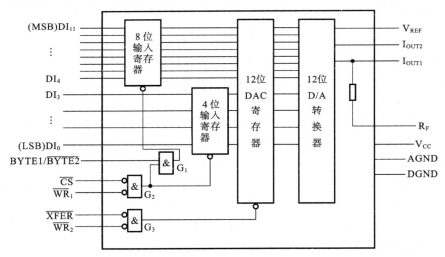

图 10.2.7　12 位 D/A 转换器 DAC1208 的结构示意图

输入控制线基本上也和 DAC0832 相同。$\overline{CS}$和$\overline{WR_1}$用来控制输入寄存器,$\overline{XFER}$和$\overline{WR_2}$用来控制 DAC 寄存器。但是为了区分输入 8 位寄存器还是 4 位寄存器,增加了一条控制线 BYTE1/$\overline{BYTE2}$。当 BYTE1/$\overline{BYTE2}$为"1"时,选中 8 位输入寄存器,BYTE1/$\overline{BYTE2}$为"0"时,则选中 4 位输入寄存器。有了这条控制线,两个输入寄存器可以由同一条译码器输出(接至$\overline{CS}$端)。实际上,在控制线 BYTE1/$\overline{BYTE2}=1$ 时,8 位和 4 位输入寄存器都被选中,而在 BYTE1/$\overline{BYTE2}=0$ 时,只选中 4 位输入寄存器。这样可以用一条地址线 A_0 来控制 BYTE1/$\overline{BYTE2}$,用两条译码器输出控制$\overline{CS}$和$\overline{XFER}$。因此,一片 DAC1208 芯片内部三个 I/O 端口实际上占用四个 I/O 端口地址。

DAC1208 的工作采用双缓冲方式。在送入数据时要注意输入数据的顺序:先送入高 8 位数据 $DI_{11} \sim DI_4$,然后再送入低 4 位数据 $DI_3 \sim DI_0$,而不能按相反的顺序传送。这是因为在输入 8 位寄存器时,4 位输入寄存器也是打开的,如果先送低 4 位后送高 8 位,就会将已经输入的低 4 位数据覆盖掉,结果只是输入了高 8 位的数据,得不到正确的输入 12 位数据的结果。

10.2.3.2　8031 与 DAC1208 的接口

8031 与 DAC1208 的连接如图 10.2.8 所示。图中,74LS273 用来锁存低 8 位地址 $A_7 \sim A_0$,其中,$A_7 \sim A_1$ 经地址译码器 74LS139 输出 $\overline{Y}_0$、$\overline{Y}_1$,分别与 DAC1208 的 $\overline{CS}$ 和 $\overline{XFER}$ 相连,A_0 与 BYTE1/$\overline{BYTE2}$ 相连。

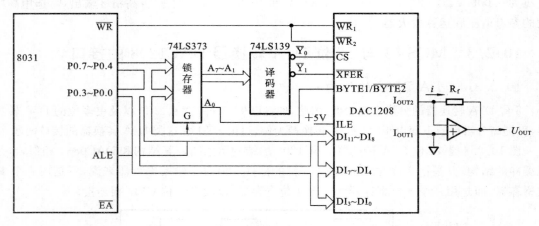

图 10.2.8　8031 单片机与 DAC1208 的接口电路

设 DAC1208 的 8 位输入寄存器端口地址是 21H,4 位输入寄存器的端口地址是 20H,12 位 DAC 寄存器端口地址为 22H 或 23H。按照先送高 8 位,后送低 4 位的原则,8031 必须选通过端口地址 21H 把高 8 位写入 DAC1208 的 8 位输入寄存器,然后通过端口地址 20H 将低 4 位写入 4 位输入寄存器,最后通过 22H(或 23H)端口使 8 位和 4 位输入寄存器中的 12 位数字量同时传送到 12 位 DAC 寄存器,进行 D/A 转换。

例如,按图 10.2.8 所示电路,编写程序,使 U_{OUT} 端输出方波电压波形。由上述可知,DAC1208 是 12 位 D/A 转换器,若 $V_{REF} = -5$ V,当给 DAC1208 写入 0FFFH 时,输出电压为 $+5$ V;若写入数值为 0 时,其输出电压为 0 V。因此,可以先向 DAC1208 写入 0FFFH 值,U_{OUT} 输出 $+5$ V 高电平,延时一段时间;再给 DAC1208 写入 0,U_{OUT} 输出 0 V 低电平,延时同样的时间,重复执行该程序,在 U_{OUT} 端就输出连续方波。程序如下:

```
        ORG    200H
EQBP:   MOV    R0,#21H      ;8 位输入寄存器口地址
        MOV    A,#0FFH      ;数 0FFH 的高 8 位
        MOVX   @R0,A        ;高 8 位数送 8 位输入寄存器
        MOV    R0,#20H      ;4 位输入寄存器口地址
        MOV    A,#0FH       ;数 0FFH 的低 4 位
        MOVX   @R0,A        ;低 4 位数送 4 位输入寄存器
        MOV    R0,#22H      ;DAC 寄存器口地址
        MOVX   @R0,A        ;向 DAC 寄存器传送 12 位数字量,启动 D/A 转换
        MOV    R2,#40       ;延时子程序的初值
        ACALL  DELAY
```

```
        MOV     R0,#21H
        MOV     A,#0
        MOVX    @R0,A           ;数 0 写入 8 位输入寄存器
        MOV     R0,#20H
        MOVX    @R0,A           ;数 0 写入 4 位输入寄存器
        MOV     R0,#22H
        MOVX    @R0,A           ;将 8 和 4 位输入寄存器中 0 传送到 DAC 寄存器
        MOV     R2,#40
        ACALL   DELAY
        SJMP    EQBP
DELAY:  NOP                     ;若 f_osc=12 MHz,则该指令延时 1 μs
        NOP                     ;1 μs
        NOP                     ;1 μs
        DJNZ    R2,DELAY        ;2 μs
        RET                     ;1 μs,延时约 200 μs
```

10.3　A/D 转换器

A/D 转换器是一种将模拟电压转换为数字量的转换电路。A/D 转换器,按其输出代码有效位数的不同可以分为 8 位、10 位、12 位、14 位、16 位和 BCD 码输出的 $3\frac{1}{2}$ 位、$4\frac{1}{2}$ 位、$5\frac{1}{2}$ 位等多种;按其转换速度的不同可以分为超高速(转换时间≤330 ns)、高速(转换时间 330 ns～33 μs)、中速(转换时间 33～333 μs)、低速(转换时间>333 μs)等几种。为适应系统集成的需要,有些转换芯片内还包括多路转换开关、时钟电路、基准电压源和二-十进制译码器等,大大超越了原来的 A/D 转换功能,为用户提供了方便。

大部分 A/D 转换器包括采样保持和量化编码电路。采样保持电路能把一个时间连续的信号变换为时间离散的信号,并将采样信号保持一段时间。量化编码电路是 A/D 转换的核心组成部分,依其形式不同,A/D 转换器可分为直接 A/D 转换器和间接 A/D 转换器。直接 A/D 转换器能将输入的模拟电压直接转换为输出的数字代码(无中间变量)。其典型电路有并行A/D 转换器和逐次逼近型 A/D 转换器。间接 A/D 转换器在 A/D 转换过程中,首先将输入的模拟信号转换成与之成正比的时间或频率,然后通过计数的方式转换成数字量输出。目前,间接 A/D 转换器有电压/时间变换型和电压/频率变换型两种,其分类如下:

$$
\text{A/D 转换器}
\begin{cases}
\text{直接型}
\begin{cases}
\text{逐次逼近型 A/D 转换器} \\
\text{并行 A/D 转换器}
\end{cases} \\
\text{间接型}
\begin{cases}
\text{电压/时间变换型(例如双积分型)A/D 转换器} \\
\text{电压/频率变换型 A/D 转换器}
\end{cases}
\end{cases}
$$

10.3.1　8 位 A/D 转换器 ADC0809 的工作原理

ADC0809 是 8 路 8 位逐次逼近型 A/D 转换 CMOS 器件,在检测控制应用中,能对多路模拟信号进行分时采集和 A/D 转换,输出数字信号通过三态缓冲器,可直接与微处理器的数据

总线相连接。

10.3.1.1　ADC0809 的主要特性及引脚功能

ADC0809 的内部结构原理如图 10.3.1 所示,芯片的主要组成部分是一个 8 位逐次比较型 A/D 转换器。为了实现 8 路模拟信号的分时采集,片内设置了带有锁存功能的 8 路模拟选通开关,以及相应的通道地址锁存和译码电路,可对 8 路 0～5 V 的输入模拟电压进行分时转换,转换后的数据送入三态输出数据锁存器。ADC0809 的主要特性如下:

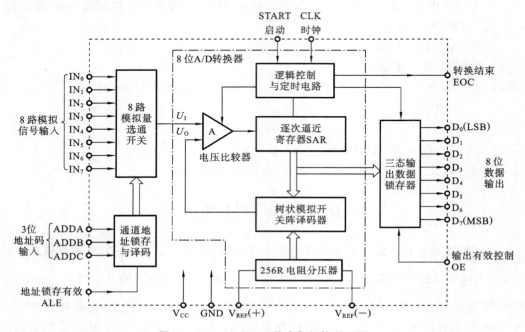

图 10.3.1　ADC0809 的内部结构原理图

(1) 分辨率为 8 位;

(2) 最大不可调误差小于 $\pm U_{LSB}$;

(3) 可锁存三态输出,能与 8 位微处理器接口;

(4) 输出与 TTL 兼容;

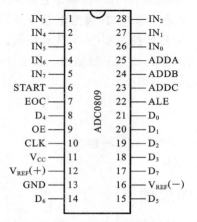

图 10.3.2　ADC0809 的引脚图

(5) 不必进行零点和满度调整;

(6) 单电源供电,供电电压为 +5 V;

(7) 转换速率取决于芯片的时钟频率,时钟频率范围是 10～1280 kHz;当时钟频率选为 500 kHz 时,对应的转换时间为 128 μs。

ADC0809 芯片的引脚如图 10.3.2 所示,引脚功能说明如下。

$IN_0 \sim IN_7$:8 路模拟信号输入端。

$D_0 \sim D_7$:8 位数字量输出端。

START:启动控制输入端,高电平有效,用于启动 ADC0809 内部的 A/D 转换器工作。

ALE:地址锁存控制输入端。ALE 端可与 START 端连接在一起,通过软件输入一个正脉冲,可立即启动 A/D 转换。

EOC:转换结束信号输出端,开始 A/D 转换时为低电平,转换结束时输出高电平。

OE:输出允许控制端,用于打开三态输出锁存器。当 OE 为高电平时,打开三态数据输出锁存器,将转换后的数据量输送到数据总线上。

CLK:时钟信号输入端。

ADDA(ADDB、ADDC):8 路模拟选通开关的 3 位地址选通输入端;其地址码与输入通路的对应关系,如表 10.3.1 所示。

V_{CC}:供电电源输入端。

$V_{REF}(+)$:参考电压正端。

$V_{REF}(-)$:参考电压负端。

GND:地。

表 10.3.1　地址码与输入通路的对应关系

地址码			对应的
ADDC	ADDB	ADDA	输入通路
0	0	0	IN_0
0	0	1	IN_1
0	1	0	IN_2
0	1	1	IN_3
1	0	0	IN_4
1	0	1	IN_5
1	1	0	IN_6
1	1	1	IN_7

10.3.1.2　ADC0809 的内部结构

ADC0809 是 8 位 A/D 转换器,它主要由 8 路模拟开关、地址锁存译码电路、逐次逼近寄存器 SAR、树状模拟开关、256R 电阻分压器、电压比较器及三态输出锁存器等组成,如图 10.3.1 所示。

图中,8 路模拟量选通开关与通道地址锁存译码器构成一个 8 选 1 的多路转换开关,由输入三位地址码(ADDC、ADDB、ADDA)经锁存、译码确定选择 $IN_7 \sim IN_0$ 中的一路作输入模拟量 U_1。例如,3 位地址码为 011,则选通 IN_3 作输入模拟量。

256R 电阻分压器和树状模拟开关的作用相当于 8 位 D/A 转换器中的电阻解码网络和电子开关,将来自 SAR 寄存器的数字量转换成相应的模拟量,输出电压 U_0 送电压比较器。

在 A/D 转换开始之前,逐次逼近寄存器 SAR 的内容为零,在 A/D 转换过程中,SAR 存放"试探"数字量,在 A/D 转换完成后,它的内容即为 A/D 转换的结果数字量。

逻辑控制与定时电路在 START 正脉冲启动后工作,每来一个 CLK 脉冲,该电路就控制向 SAR 中传送一次试探值,对应输出 U_0 与输入 U_1 比较,确定一次逼近值,经过 8 次逼近,即可获得最后转换结果的数字量,传送到三态输出数据锁存器,并输出转换结束信号 EOC 为 1。

为了便于理解 ADC0809 的工作原理,下面用一例说明 ADC0809 的转换过程。

例如,设输入模拟量 $U_1 = 4.34$ V,其 A/D 转换过程如表 10.3.2 所示。

表 10.3.2　A/D 转换器 DAC0809 的转换过程

CLK	给 SAR 置位	SAR 试探值	U_0/V	U_1/V	U_1 与 U_0 比较	SAR 逼近值
1	$D_7=1$	10000000	2.56	4.34	$U_1 > U_0$	10000000
2	$D_6=1$	11000000	3.84	4.34	$U_1 > U_0$	11000000
3	$D_5=1$	11100000	4.48	4.34	$U_1 < U_0$	11000000
4	$D_4=1$	11010000	4.16	4.34	$U_1 > U_0$	11010000
5	$D_3=1$	11011000	4.32	4.34	$U_1 > U_0$	11011000
6	$D_2=1$	11011100	4.40	4.34	$U_1 < U_0$	11011000
7	$D_1=1$	11011010	4.36	4.34	$U_1 < U_0$	11011000
8	$D_0=1$	11011001	4.34	4.34	$U_1 = U_0$	11011001

10.3.1.3　ADC0809 与 8031 单片机的接口设计

ADC0809 与单片机 8031 的硬件接口方式有:查询方式、中断方式和等待延时方式。采用中断方式不浪费 CPU 的等待时间,但如果 A/D 转换时间较短,也可以用程序查询方式和等待延时方式。下面介绍两种最常用的方式:查询方式和中断方式。

1．查询方式

ADC0809 与单片机 8031 的硬件接口电路,如图 10.3.3 所示。

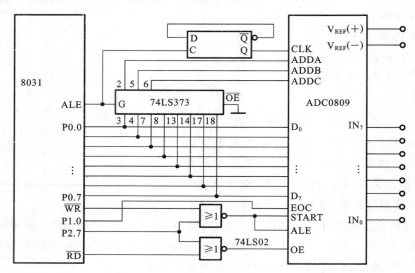

图 10.3.3　ADC0809 与 8031 单片机的接口电路

ADC0809 芯片内部没有时钟脉冲源,可以利用单片机 8031 提供的地址锁存控制输入信号 ALE 经 D 触发器二分频后,作为 ADC0809 的时钟输入。ALE 端信号的频率是 8031 单片机时钟频率的 1/6。如果单片机的时钟频率是 6 MHz,则 ALE 端输出信号的频率为 1 MHz,再二分频后为 500 kHz,符合 ADC0809 对时钟频率的要求。由于 ADC0809 具有三态输出数据锁存器,其 8 位数据输出端可直接与数据总线相连。地址选通端 ADDA、ADDB、ADDC 分别与 8031 地址总线的低三位 A_0、A_1、A_2 相连,用于选通 $IN_0 \sim IN_7$ 中的某一个通道。由于 ALE 和 START 连在一起,ALE=START=$\overline{WR}$+P2.7,ADC0809 在锁存通道地址的同时启动 A/D 转换。在读取 A/D 转换结果时,OE=$\overline{RD}$+P2.7 产生的正脉冲信号用于打开三态输出锁存器。ADC0809 的 EOC 信号与 8031 的 P1.0 相连,作为 A/D 转换是否结束的状态信号供 8031 查询。

采用查询方式分别对 8 路模拟信号顺序采样,并依次把 A/D 转换结果转存到数据存储区。其采样转换程序如下:

```
MAIN：MOV    R1,#DATA      ;置数据区首地址
      MOV    DPTR,#7FF8H   ;P2.7=0,且指向通道 0
      MOV    R7,#08H       ;置通道数
      MOV    P1,#01H
LOOP：MOVX   @DPTR,A       ;启动 A/D 转换
      NOP
```

```
                NOP
TEST：    JNB      P1.0,TEST       ;判断转换是否结束
          MOVX     A,@DPTR         ;读取转换结果
          MOV      @R1,A           ;存储数据
          INC      DPTR            ;指向下一个通道
          INC      R1              ;修改数据区指针
          DJNZ     R7,LOOP         ;8个通道全采样是否结束
          ⋮
```

2. 中断方式

ADC0809 与单片机 8031 的接口电路,如图 10.3.4 所示。

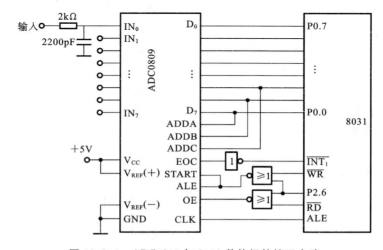

图 10.3.4　ADC0809 与 8031 单片机的接口电路

ADC0809 作为 8031 单片机的一个外部扩展并行 I/O 口,口地址为 BFFFH。P2.6 与 $\overline{\text{WR}}$ 相或非,产生启动信号 START 和地址锁存控制信号 ALE;P2.6 与 $\overline{\text{RD}}$ 相或非产生输出允许控制信号 OE。OE 为高电平时,打开三态数据输出锁存器,将转换后的数据量输送到数据总线上,同时启动下一次转换。A/D 转换程序如下。

1) A/D 转换启动子程序

```
ADST：    PUSH     ACC
          SETB     EA              ;开中断
          SETB     IT1             ;外中断 1 定义为跳变触发
          MOV      DPTR,#0BFFFH    ;送 ADC0809 口地址
          MOV      A,#00H          ;选通 IN₀ 通道
          MOVX     @DPTR,A         ;启动 A/D 转换
          NOP                      ;⎫
          NOP                      ;⎪
          NOP                      ;⎬延时 10 μs
          NOP                      ;⎪
          NOP                      ;⎭
```

```
            SETB      EX1                    ;开外中断 1
            POP       ACC
            RET
            ⋮
```

2) A/D 转换结束中断处理程序

```
ADINT1：    PUSH      PSW                    ;保护现场
            PUSH      ACC
            PUSH      DPH
            PUSH      DPL
            MOV       DPTR,#0BFFFH
            MOVX      A,@DPTR                ;读 A/D 转换结果
            MOV       60H,A                  ;送入片内 RAM 的 60H 单元中
            MOV       A,#00H                 ;再次启动 IN₀ 通道
            MOVX      @DPTR,A
            POP       DPL                    ;恢复现场
            POP       DPH
            POP       ACC
            POP       PSW
            RETI
```

10.3.2　12 位 A/D 转换器 ADC1210 与 MCS-51 的接口

ADC1210 是一种低功耗、中速的逐次逼近型 A/D 转换器,可以工作在连续转换方式和逻辑控制下的启动/停止转换方式。

10.3.2.1　ADC1210 的主要特性及引脚功能

ADC 有两个工作电压范围:$+5\sim+15$ V 单电源,±15 V 双电源。当工作电压为 ±15 V 双电源供电时,TTL 电平控制信号不能直接驱动。若采用 $+5$ V 单电源供电,则 ADC1210 的逻辑电平才与 8031 单片机的 TTL 电平兼容。ADC1210 的主要特性如下。

(1) 分辨率为 12 位。

(2) 非线性误差为 $\pm3U_{LSB}/4$。

(3) 转换时间:对应 12 位分辨率为 100 μs,对应 10 位分辨率为 30 μs。

(4) 双极性或单极性模拟输入。

(5) 输入阻抗:200 kΩ。

(6) 输出形式:12 位并行二进制码。

ADC1210 的引脚如图 10.3.5 所示,各引脚功能如下。

$D_0\sim D_{11}$:12 位数据输出端。

$\overline{START}$:启动转换控制输入端(低电平有效)。

$\overline{EOC}$:转换结束信号输出端(低电平有效)。

CLK:时钟输入端。

V^+:电源电压输入端。

C_{OUT}：比较器输出端。

+IN：信号输入端。

ADC1210 完成一次 12 位 A/D 转换需要 13 个时钟周期，如果改变电源电压输入 V^+、模拟信号输入、比较器输出的接线组合，则可以改变模拟输入量的大小和极性，通常有如下三种不同的接线组合法。

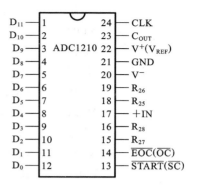

图 10.3.5　ADC1210 的引脚图

(1) V^+（22 脚）与 R_{27}（15 脚）接 $V_{REF} = +5 \sim +15$ V 电压，R_{28}（16 脚）、V^-（20 脚）、GND（21 脚）同时接地。这时，从 R_{25}（18 脚）和 R_{26}（19 脚）输入模拟电压范围为 $0 \sim V_{REF}$。输出的二进制码为反码，在编程时，应注意取反后还原成原码。

(2) V^+ 与 V^- 脚上分别接 +15 V、−15 V 电压，R_{25}（18 脚）和 GND 接地。这时，从 R_{27}（15 脚）、R_{28}（16 脚）输入模拟电压范围为 $0 \sim 10$ V。

(3) V_{REF}（22 脚）接 10.24 V 电压，+IN（17 脚）接 2.56 V 电压，V^-（20 脚）和 GND（21 脚）接地。这时，在 R_{25}（18 脚）、R_{26}（19 脚）输入模拟电压范围为 $-5.12 \sim +5.12$ V。

10.3.2.2　ADC1210 与 8031 单片机的接口设计

ADC1210 的输出没有三态数据锁存器，不能直接与单片机接口，必须外加锁存电路。当 ADC1210 的工作电压为 ±15 V 时，其逻辑电平与 TTL 电平不兼容，在控制端及输出端需外加电平转换电路。若采用单电源供电，供电电压为 +5 V，则可以避免上述现象，但这时减小了输入模拟量的动态范围。

ADC1210 与 8031 单片机的硬件接口电路，如图 10.3.6 所示。图中，$\overline{OC}$ 端与 P1.0 相连，用于查询判断转换是否结束，以确定能否读入转换结果。

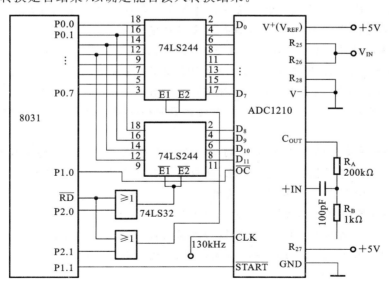

图 10.3.6　ADC1210 与 8031 单片机的硬件接口电路

用查询方式实现 A/D 转换的程序如下：

```
        MOV      R0,#50H            ;置数据暂存区首址
        SETB     P1.1
```

```
        CLR     P1.1
        NOP                     ;P1.1 输出一个负脉冲
        SETB    P1.1            ;启动 A/D 转换
WAIT:   JB      P1.0,WAIT       ;判断转换是否结束
        MOV     DPTR,#0FDFFH
        MOVX    A,@DPTR         ;读低 8 位转换结果
        CPL     A               ;将反码取反为二进制码
        MOV     @R0,A           ;存低 8 位
        INC     R0
        MOV     DPTR,#0FEFFH
        MOVX    A,@DPTR         ;读高 8 位转换结果
        CPL     A               ;将反码取反
        ANL     A,#0FH          ;去掉高 4 位
        MOV     @R0,A           ;存 A/D 转换结果的高 4 位
        ⋮
```

习　　题

10.1　8 位单极性 D/A 转换器的满刻度电压值为＋10 V,当数字输入量分别为 7FH、81H、F3H 时,试计算模拟输出电压值。

10.2　简述 D/A 转换器的工作原理和主要结构特性。

10.3　简述 DAC0832D/A 转换器的主要特性。

10.4　MCS-51 和 DAC0832 接口时有几种工作方式? 各有什么特点? 适合在什么场合使用?

10.5　试说明为什么多路 D/A 转换接口必须采用双缓冲同步接口方式。

10.6　试进行程序设计,利用 DAC0832D/A 转换器输出一个锯齿波信号。

10.7　MCS-51 和 DAC1208 接口时,为什么 CPU 必须给它先送高 8 位和后送低 4 位数字量? 这时的 DAC1208 能否工作在单缓冲方式? 为什么?

10.8　一个满刻度电压为 5 V 的 10 位 D/A 转换器能够分辨出的输入电压变化的最小值是多少?

10.9　如果将一个最大幅值为 4.8 V 的模拟信号转换为数字信号,要求模拟信号每变化 20 mV 数字信号的最低位发生变化,问应选用多少位的 A/D 转换器?

10.10　简述 ADC0809A/D 转换器的主要特性。

10.11　A/D 转换器与单片机的接口方式有几种? 它们各有什么特点?

10.12　试用 8031 单片机和 ADC0809A/D 转换器设计一个巡回检测系统,共有 8 个模拟量输入,采样周期为 1 s,画出硬件接口电路图,并进行程序设计。

自　测　题

10.1　填空题

1. DAC0832 是_____位_____结构的 D/A 转换器芯片。

2. ADC0809 为 _____ 通道 _____ 位分辨率的 A/D 转换器,转换时间约为 _____ μs。

3. 设 DAC0832 经运算放大器输出最大模拟电压为 +5 V,若需要输出 +3 V 电压,则对应输入的数字量为 _____ H。

4. 当要求的 DAC 转换器的数字量位数超过微型机数据总线宽度时应采用 _____ 结构。

5. A/D 转换器,按转换原理可分为 4 种,即 _____ 式、_____ 式、_____ 式和 _____ 式。

6. A/D 转换器芯片 ADC0809 中,既可作为查询的状态标志,又可作为中断请求信号使用的是 _____ 信号。

7. 满量程为 10 V 的 8 位 DAC 芯片的分辨率为 _____,一个同样量程的 16 位 DAC 的分辨率高达 _____。

8. 要进行 0~5 V 的模/数转换,要求量化误差小于 3 mV,应该选取分辨率至少为 _____ 位的 D/A 转换器。

10.2　选择题(在各题的 A、B、C、D 四个选项中,选择一个正确的答案)

1. 在应用系统中,芯片内没有锁存器的 D/A 转换器,不能直接接到 MCS-51 单片机的 P0 口上使用,这是因为( )。
   A. P0 口不具有锁存功能
   B. P0 口为地址数据复用
   C. P0 口不能输出数字量信号
   D. P0 口只能用作地址输出而不能用作数据输出

2. 在使用多片 DAC0832 进行 D/A 转换、并分时输入数据的应用中,它的两级数据锁存结构可以( )。
   A. 保证各模拟电压能同时输出　　　　　B. 提高 D/A 转换速度
   C. 提高 D/A 转换精度　　　　　　　　　D. 增加可靠性

3. 使用 D/A 转换器再配以相应的程序,可以产生锯齿波,该锯齿波的( )。
   A. 斜率是可调的　　　　　　　　　　　B. 幅度是可调的
   C. 极性是可变的　　　　　　　　　　　D. 回程斜率只能是垂直的

4. 与其他接口芯片和 D/A 转换器芯片不同,A/D 转换芯片中需要编址的是( )。
   A. 用于转换数据输出的数据锁存器　　　B. A/D 转换电路
   C. 模拟信号输入的通道　　　　　　　　D. 地址锁存器

10.3　编程题

设有一个 8 路模拟量输入的巡回检测系统,使用中断方式采样数据,并依次存放在片内 RAM 区从 30H 开始的 8 个单元中。试编写采集一遍数据的主程序和中断服务程序。

第 11 章　显示器、键盘、打印机接口

显示器、键盘、打印机是单片机应用系统的重要组成部分。原始的数据信息与命令信息需通过键盘输入到单片机中，单片机处理结果往往要输出到显示器显示和打印机打印。本章将介绍单片机与显示器、键盘及打印机的接口原理和接口程序。

11.1　显示器接口电路

11.1.1　LED 显示器

11.1.1.1　LED 显示器的结构

在小型控制装置和数字化仪表中，往往只要几个简单的字符显示或报警功能便可满足现场的需求，通常使用 LED 显示器、LCD 显示器。下面首先介绍 LED 显示器的工作原理和接口电路。

LED(light emiting diode)是发光二极管，它是一种将电能转为光能的发光器件，根据制造材料不同有发出白、红、黄、绿等不同的光来。LED 的导电性能类似普通二极管，正向电压约为 1.5～2 V，工作电流在 10～20 mA 之间较为适宜。

LED 显示器由七段条形发光二极管组成，平面布置呈"日"形，各段依次记为 a、b、c、d、e、f、g，有的还附有小数点 dp，通常称为七段 LED 显示器，如图 11.1.1(a)所示。七段显示器有共阳极和共阴极两种结构。共阳极 LED 显示器的所有二极管的阳极并接成公共端 COM，当 COM 接+5 V 时，则某一段阴极通过限流电阻接低电平，该段点亮，如图 11.1.1(b)所示。共阴极的 LED 显示器如图 11.1.1(c)所示，当阴极 COM 端接地，某段二极管的阳极通过限流电阻接高电平时，该段点亮。

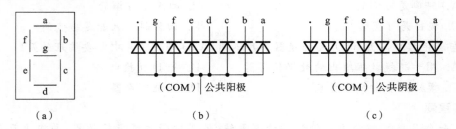

图 11.1.1　七段发光显示器的结构

(a) 外形；(b) 共阳极；(c) 共阴极

通过七段发光管点亮时的不同组合，可以显示 0～9 和 A～F 等字符。例如，只点 b、c 两段，显示数字 1；若 a～g 七段全被点亮，则显示数字 8。

如果加到各段阳极上的代码不同，则控制着显示器显示不同的字符和数字，这个代码称为段码。

表 11.1.1 列出七段 LED 显示器(共阴极)显示的数字、字符和对应的段码的关系。

　　共阳极显示器的段码与共阴极显示器的段码是逻辑非的关系,所以对表 11.1.1 中的共阴极显示器的段码求反,即可得到共阳极显示器的段码。

表 11.1.1　数字、字符和对应的段码关系(共阴极)

表示字符	DP	g	f	e	d	c	b	a	段码(H)
0	0	0	1	1	1	1	1	1	3F
1	0	0	0	0	0	1	1	0	06
2	0	1	0	1	1	0	1	1	5B
3	0	1	0	0	1	1	1	1	4F
4	0	1	1	0	0	1	1	0	66
5	0	1	1	0	1	1	0	1	6D
6	0	1	1	1	1	1	0	1	7D
7	0	0	0	0	0	1	1	1	07
8	0	1	1	1	1	1	1	1	7F
9	0	1	1	0	1	1	1	1	6F
A	0	1	1	1	0	1	1	1	77
b	0	1	1	1	1	1	0	0	7C
c	0	0	1	1	1	0	0	1	39
d	0	1	0	1	1	1	1	0	5E
E	0	1	1	1	1	0	0	1	79
F	0	1	1	1	0	0	0	1	71
P	0	1	1	1	0	0	1	1	73
.	1	0	0	0	0	0	0	0	80
空格	0	0	0	0	0	0	0	0	00

11.1.1.2　LED 显示器的静态显示

　　所谓静态显示是指单片机一次输出显示后就能保持,直到下次送新的显示模型为止。这种显示占用机时少,显示可靠;缺点是使用元件多,且线路比较复杂,因而成本比较高。但是,随着大规模集成电路的发展,目前已经研制出具有多种功能的显示器件。例如,锁存器、译码器、驱动器、显示器四件一体的显示器件,用起来比较方便。当显示位数较少时,采用这种显示方式是合适的。这种显示方式的每一个 LED 显示器需要一个 8 位输出口控制。图 11.1.2 给出了用 8255A 的 A 口控制一个 LED 显示器的接口电路。

　　图中驱动器是用 8 个 7407 驱动器和 8 个电阻 $R_1 \sim R_8$ 组成的。7407 是输出与输入同相,集电极开路的驱动电路,当输出为"0"电平时,允许的最大灌电流为 40 mA。为了使 LED 的点亮段有足够的亮度,要求与它接口电路能提供 $10 \sim 20$ mA 的驱动电流。但 8255A 是 CMOS 电路,当其输出为高电平时,它只能提供数毫安的拉电流。如果用 8255A 直接驱动 LED,允许发光管的导通电流太小,点亮段不能达到足够亮度。因此在 8255A 和 LED 之间加入 7407。当 8255A 的 PA 口某一位为"1",对应的 7407 输出为高电平时,与之相接的发光二极管导通,

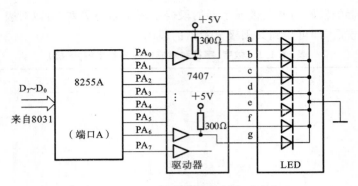

图 11.1.2　LED 的外部连接电路(共阴极)

并且流过约 12 mA 的电流,使其能稳定地发光。如果 PA 口的某一位为"0",相应的 7407 输出为"0",对应的发光二极管截止,不发光。

11.1.1.3　LED 显示器的动态显示

所谓动态显示,就是单片机定时地对显示器件扫描。在这种方法中,显示器件分时工作,每次只能有一个器件显示。但由于人的视觉暂留现象,所以,仍感觉到所有的器件都在"同时"显示。这种显示方法的优点是使用硬件少,因而价格低;但占用机时多,只要单片机不执行显示程序,就立刻停止显示。动态显示的亮度与导通电流有关,也与点亮时间和间隔时间的比例有关。

许多单片机的开发系统及仿真器上的 6 位显示器即采用这类显示方法。图 11.1.3 给出了利用芯片 8155 和 6 位共阴极显示器的接口电路。8155 的 PA 口作为扫描口,经反相驱动器 7406 接显示器公共阴极;B 口作为段数据口,经同相驱动器 7407 接显示器的各个阳极。

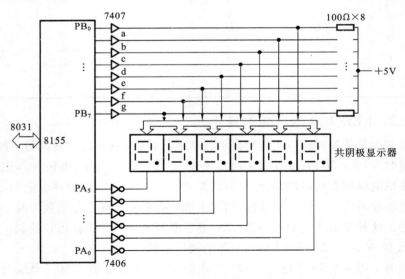

图 11.1.3　LED 的动态扫描显示器接口电路

对于图 11.1.3 中的 6 位显示器,在 8031 片内 RAM 存储器中设置 6 个显示缓冲器单元 79H~7EH,分别存放 6 位显示器的显示数据。8155 的 PA 口扫描输出总是只有 1 位为高电平,即 6 位显示器中仅有 1 位公共阴极为低电平,其他位为高电平;8155 的 PB 口输出相应位(阴极为低)的显示数据的段码,使某一位显示出一个字符,其他位为暗。依次地改变 PA 口输出为高的位,PB 口输出对应的段码,则 6 位显示器就显示出由缓冲器中显示数据所确定的字符。下面是根据图 11.1.3 所示结构显示子程序的程序框图(见图 11.1.4)和程序清单。

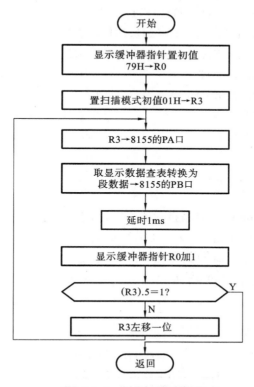

图 11.1.4　显示子程序框图

程序清单:

DIR:	MOV	R0,#79H	;置缓冲器指针初值
	MOV	R3,#01H	;扫描位初值送 R3
	MOV	A,R3	
LD0:	MOV	DPTR,#7F01H	;8155 的 PA 口地址
	MOVX	@DPTR,A	;扫描位送 PA 口
	INC	DPTR	;8155 的 PB 口地址
	MOV	A,@R0	;取显示数据
	ADD	A,#0DH	;加偏移量
	MOVC	A,@A+PC	;查表取段码数据
DIR1:	MOVX	@DPTR,A	;段码→8155 的 PB 口
	ACALL	DL1	;延时 1 ms
	INC	R0	
	MOV	A,R3	
	JB	ACC.5,LD1	
	RL	A	
	MOV	R3,A	

```
              SJMP      LD0
LD1：         RET
DSEG：        DB        3FH,06H,5BH,4FH,66H,6DH  ;段码数据表
              DB        7DH,07H,7FH,6FH,77H,7CH
              DB        39H,5EH,79H,71H,73H,3EH
              DB        31H,6EH,1CH,23H,80H,00H
DL1：         MOV       R7,#02H                        ;延时子程序
DL：          MOV       R6,#0FFH
DL6：         DJNZ      R6,DL6
              DJNZ      R7,DL
              RET
```

11.1.2　LCD 显示器

LCD(liquid cystal display)是液晶显示器的简称,它广泛使用于袖珍式仪器仪表或低功耗显示设备中。LCD 的工作电流比 LED 小几个数量级,具有功耗低、体积小、字迹清晰、美观、使用寿命长、方便等优点,因此 LCD 的应用较广。

11.1.2.1　LCD 显示器结构原理

1. LCD 的结构

LCD 显示器的结构如图 11.1.5 所示。

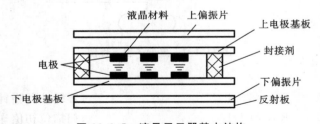

图 11.1.5　液晶显示器基本结构

将液晶材料封装在上、下导电玻璃电极之间,液晶分子平行排列,上、下扭曲 90°。当外部入射光线通过上偏振片向后形成偏振光,该偏振光通过平行排列的液晶材料后被旋转 90°,再通过与上偏振片垂直的下偏振片,被反射板反射回来,呈透明状态;当上、下电极加上一定的电压后,电极部分的液晶分子转成垂直排列,失去旋光性,从上偏振片入射的偏振光不被旋转,光无法通过下偏振片返回,因而呈黑色。根据需要,将电极做成各种文字、数字、图形,就可以获得各种状态显示。

2. LCD 的主要参数及类型

LCD 的主要参数有:响应时间(毫秒级)、余辉(毫秒级)、阈值电压(3～20 V)、功耗(5～100 mW/cm²)。

LCD 液晶显示器电极板有多种类型,例如电极做成数字型的可用来显示数字,这类 LCD 有 $3\frac{1}{2}$ 位(如 3555)、$4\frac{1}{2}$ 位(如 YXY4501)、5 位(如 YXY5001)、8 位(如 YXY8001)的等。显示字型的 LCD 笔画类同 LED 显示器,也有 a、b、…、g 七段,另外还有小数点和其他一些符号,

也作为一个电极出现。

LCD 七段显示器除了 a…g 七段以外,还有一个公共极 COM,其段划如图 11.1.6(a)所示。

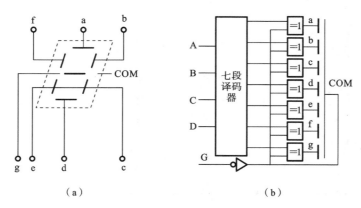

（a）　　　　　　　　　　　　　　　　　（b）

图 11.1.6　七段 LCD 显示器电路

（a）电极配置；（b）显示电路

11.1.2.2　LCD 显示器的驱动原理

由于直流电压驱动 LCD 会使液晶分解和失效,因此,LCD 显示器必须采用交流方波驱动。

LCD 某一字段的驱动电路如图 11.1.7 所示,图(a)中,B 为某字段的电极信号输入端,G 为交流方波输入端,经反相器后输出 A,与 LCD 的公共背极 COM 相连。G_1 是异或门,当 B 点为低电平"0"时,C 点信号和 A 点方波同相,从而使电极电压 $V_{AC}=0$ V,LCD 不显示;当 B 点为高电平"1"时,C 点信号和 A 点信号反相,电极电压 V_{AC} 变为交流方波驱动电压(见图 11.1.7(b)),LCD 相应字段就显示。

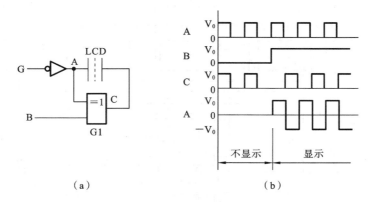

（a）　　　　　　　　　　　　　　　　　（b）

图 11.1.7　LCD 某字段驱动电路

（a）驱动电路；（b）驱动波形

七段 LCD 显示器的驱动电路如图 11.1.6 所示,图中,每个字段的一个电极连在一起形成公共背极(COM),而每个字段的另一电极分别定义为 a、b、c、d、e、f、g。七段译码器实现 BCD 码-七段(a～g)的译码输出(如表 11.1.2 所示),以得到 LCD 显示器所需的段码控制。

LCD 显示器的这种驱动方式要求在公共背极上施加一个交流方波,方波频率通常为数十到数百赫兹,以便把"0"或"1"字段信号变成 0 V 或交流方波施加到电极上。

表 11.1.2   七段 LCD 译码及数字显示表

A	B	C	D	a	b	c	d	e	f	g	数字显示
0	0	0	0	1	1	1	1	1	1	0	0
0	0	0	1	0	1	1	0	0	0	0	1
0	0	1	0	1	1	0	1	1	0	1	2
0	0	1	1	1	1	1	1	0	0	1	3
0	1	0	0	0	1	1	0	0	1	1	4
0	1	0	1	1	0	1	1	0	1	1	5
0	1	1	0	1	0	1	1	1	1	1	6
0	1	1	1	1	1	1	0	0	0	0	7
1	0	0	0	1	1	1	1	1	1	1	8
1	0	0	1	1	1	1	1	0	1	1	9

11.1.2.3   LCD 显示器接口电路

1. 电路的工作原理

4 位静态液晶显示器的接口电路如图 11.1.8 所示。图中，4056 是 BCD 码-七段译码驱动器，一位 BCD 码输入后被锁存，按表 11.1.2 译出相应的显示段码，驱动 LCD 显示器。4054

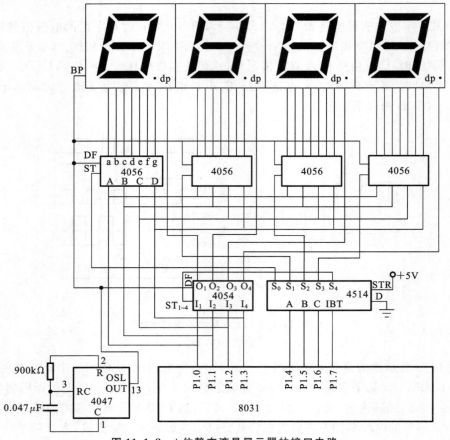

图 11.1.8   4 位静态液晶显示器的接口电路

是 4 位锁存器,用来控制各位小数点 dp 是否点亮。4514 是 3-8 译码器,有效输出为高电平。4047 是方波发生器,其脉冲频率由电阻、电容值确定。方波发生器为显示器的 COM 端提供方波,与显示器的背极(BP)相连。8031 的 P1.0～P1.3 用做 4056 的数据输入,P1.4～P1.7 用做地址译码输入信号。

假定向 4 位 4056 写入数据时,按从左至右逐位写入,各位地址编码为 000、001、010、011。首先将要显示的最高位(第 4 位)数值写入到 P1 口低 4 位,该位的地址 000 码写入到 P1 口的高 4 位中,产生 S_0 正脉冲将显示数值由 P1 口传送到高位的 4056 中,并锁存起来,立即点亮该位显示数值。同理,将第 3 位待显示的数值及其 4056 的地址编码 001 一起写入到 P1 口,产生 S_1 正脉冲后,将显示数值传送到该位的 4056 中,立即显示。用同样方法可分别将第 1、2 位的数值写入,并进行显示。

2. LCD 显示子程序设计

要求显示的四位数值事先存入片内 RAM 区,其首地址为 30H。R3 存显示位的地址码,初值为 00H。为了使某一位的显示数值和地址码同时传送到 P1 口,先从数据区取出待显数据传到 A,再将 R3 地址码进行低 4 位与高 4 位交换数据,高 4 位是地址码,低 4 位是 0,交换后数据存入 R2 中,然后 A 和 R2 进行或运算,A 中高 4 位是地址码,低 4 位是显示数值,将 A 数据写入到 P1 口,立即使该位显示数值。以后 R0 增 1 指向下一个显示值,R3 增 1,指向右边一位地址码。这样从左至右,逐位显示。

```
DISPLA:  MOV   R0,#30H        ;显示值存储区首地址→R0
         MOV   R3,#00H        ;最高位锁存器地址码→R3
         MOV   R4,#04H        ;4 位显示
DISPL1:  MOV   A,R3           ;取地址码
         SWAP  A              ;位选有效位转为地址码交换到 A 的高 4 位
         MOV   R2,A           ;地址码暂存 R2
         MOV   A,@R0
         ORL   A,R2
         ORL   A,#80H
         MOV   P1,A           ;输出某位地址码和数值
         ANL   P1,#9FH        ;屏蔽 P1.7 位,4514 无输出信号
         INC   R3             ;指向下一位
         INC   R0             ;指向下一个显示缓冲单元
         DJNZ  R4,DISPL1
         RET
```

若需要显示小数点,就要给 4054 送小数点选择控制,例如要显示第三位小数时,加入下列程序段。

```
POINT2:  MOV   A,#44H         ;高 4 位选中 S4,低 4 位为 0010
         ORL   A,#80H         ;点亮第三位小数点
         MOV   P1,A
         ANL   P1,#7FH
         ORL   P1,#80H
```

11.2　键盘接口电路

　　键盘是若干个按键的集合,是人与计算机联系的桥梁。操作人员可以通过键盘输入数据和命令,它是单片机系统中不可缺少的输入设备。键盘可分为非编码键盘和编码键盘两种。前者用软件来识别和产生代码,后者则用硬件来识别。键盘处理程序实现对键盘的管理,它的主要任务如下。

　　(1) 确定是否有键按下。

　　(2) 当有键按下时,则对键进行键译码,找出按下的是哪一个键;当无键按下时,即返回。

　　(3) 当按下的是数字键,则送显示缓冲单元;当按下的是功能键,即转到对应的键服务程序。

　　(4) 去抖动。按键从开启到闭合稳定,或者从闭合到完全打开,总要有数毫秒的弹跳时间(即抖动),如图11.2.1(a)所示。弹跳将引起按一次键被多次输入的误动作。为此,在键盘处理程序中,必须设法去掉抖动。可以采用延时的办法,也可以采用硬件去抖动电路,如图11.2.1(b)所示。

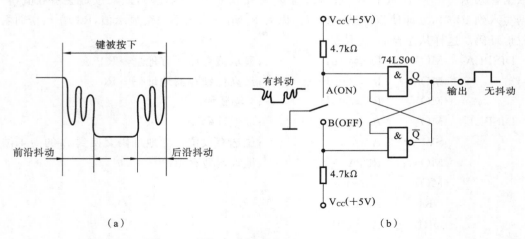

图 11.2.1　按键抖动与防抖动电路

(a) 按键时的抖动;(b) 防抖动电路

　　(5) 处理同时按下多个键。对于两个或者多个按键同时按下的重键问题,可以采用不同的方法来处理。最常用的方法为 n 键锁定技术,即只处理一个键,任何其他按下又松开的键不产生代码。通常采用"先入有效"或"后留有效"的原则进行处理。"先入有效"的方法是,当两个或两个以上的按键被按下时,只有第一个按下的键是有效的,其余均无效;"后留有效"的方法是,当多个键按下时,只有最后松开的键是有效的,其余均无效。

　　在单片机组成的控制系统及智能化仪器中,用得最多的是非编码键盘。

11.2.1　非编码键盘的接口

　　非编码键盘常采用矩阵的连接方式,通常是 8×8 阵列,共有 64 个键,这是 8 位单片机及微机系统最常用的键盘。在单板单片机及其开发或仿真系统中,往往根据实际需要进行设置,如 4×8、3×8、4×4 等。但是,无论键盘矩阵大或小,其处理方法都是相同的。

　　键盘矩阵与单片机的连接,应用最多的方法是采用 I/O 接口芯片,如 8155、8255 等。有时为简单起见,也可采用锁存器,如 74LS273、74LS373 等;也可与 8051 系列中的 I/O 接口直接连接。

　　单片机对键盘的控制是通过键盘扫描程序实现的。

　　图 11.2.2 所示为 4×8 矩阵组成的 32 键与单片机接口电路。

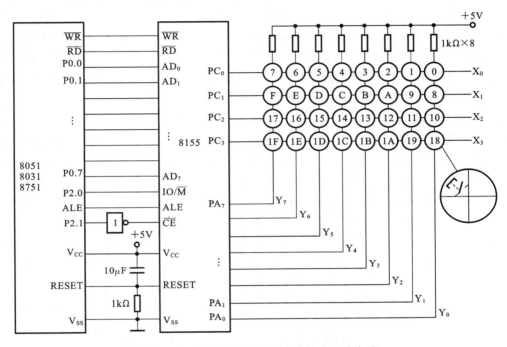

图 11.2.2　用 8155 接口的 4×8 键盘矩阵电路

　　在图 11.2.2 中,8155 端口 C 为行扫描口,工作于输出方式;端口 A 工作于输入方式,用来读入列值。图中,I/O 口地址必须满足 $\overline{CE}=0$,$IO/\overline{M}=1$(即 P2.1=1,P2.0=1)才能选中相应的寄存器。由此可知,8155 命令/状态寄存器、端口 A、端口 B、端口 C 的地址分别为 0300H、0301H、0302H、0303H(见 7.4.3 节)。

　　在每一个行与列的交叉点均接一个按键,故 4×8 共 32 个键。为了判断到底哪一行哪一列的键按下,事先按一定顺序给每一个键编一个号,如图中 0、1、2、3、…、1E、1F 等,称其为键值。所谓键译码就是找出每个键的键值,然后根据键值进而确定其是功能键还是数字键,并分别进行处理。

　　键盘扫描程序一般采用行扫描法。扫描的任务如下。

　　(1)首先判断是否有键按下。其方法是使所有的行输出均为低电平,然后从端口 A 读入列值。如果没有键按下,则读入的列值为 FFH;如果有键按下,则读入的列值不为 FFH。

　　(2)去除键抖动。若有键按下,则延时 5～10 ms,再一次判断有无键按下,如果此时仍有键按下,则认为键盘上有一个键处于稳定闭合状态。

　　(3)若有键闭合,则求出闭合键的键值。求键值的方法是对键盘逐行扫描。先使 PC_0=0,然后读入列值,看其是否等于 FFH,若等于 FFH,则说明该行无键按下。再对下一行进行扫描(即令 $PC_1=0$),如果不等于 FFH,则说明该行有键按下,求出其键值。求键值时,要采用行值、列值两个寄存器(或存储器)。每扫描一行后,如无键按下,则行值寄存器加 08H;如有键按下,则行值寄存器保持原值,并转至求相应的列值。此时,首先将列值读数右移,每移位一次列值寄存器加 1,直到有键按下(低电平)为止。最后将行值和列值相加,即得到键值(十六进制数)。例如,X_2 行 Y_3 列键被按下,求其键值。第一次扫描 X_0 行($PC_0=0$),无键按下,行值寄存器(R4)=00H+08H=08H;第二次扫描 X_1 行,仍无键按下,再加 08H,(R4)=08H+08H=10H;第三次扫描 X_2 行,此时发现有键按下(列值不等于 FFH),则(R4)=10H,不变,转向求列值。具体做法是:将列值读数逐位右移,第一次移位,无键按下,列值寄存器(R3)=00H+01H=01H;第二次移位,无键按下;第三次移位,仍无键按下,(R3)=01H+01H+01H=03H;当第四次移位时,发现有键按下(低电平),(R3)=03H,不变。将行值与列值相加,即(R4)+(R3)=10H+03H=13H,故该键值为 13H。

若想得到十进制键值,则可在每次相加之后进行 DAA 修正。

(4) 为保证键每闭合一次,CPU 只作一次处理,程序中需等闭合键释放后才对其进行处理。完成上述任务的键盘扫描程序流程图,如图 11.2.3 所示。

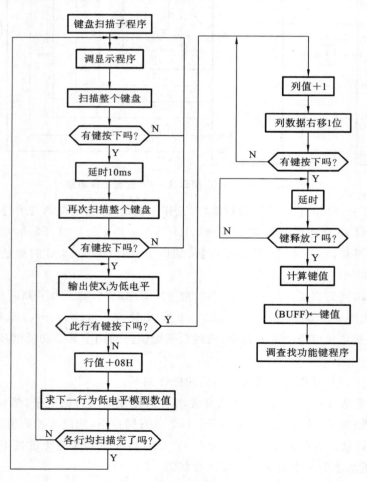

图 11.2.3 键盘扫描程序流程图

根据图 11.2.3,可编写出汇编语言程序如下:

```
              ORG     0200H
KEYPRO：ACALL  DISUP              ;调显示子程序
              ACALL  KEXAM              ;检查是否有键按下
              JZ      KEYPRO             ;若无键按下,则转 KEYPRO,继续等待并检查
              ACALL  D10 ms             ;若有键按下,则延时 10 ms,进行去抖动处理
              ACALL  KEXAM              ;再次检查是否有键按下
              JZ      KEYPRO             ;若无键按下,则转 KEYPRO
KEY1：   MOV     R2,#0FEH           ;输出使第 X。行为低电平模型数值
              MOV     R3,#0FFH           ;列值寄存器预置初值
              MOV     R4,#00H            ;行值寄存器清 0
KEY2：   MOV     DPTR,#0303H        ;送 8155PC 口地址
              MOV     A,R2               ;扫描第一行
              MOVX   @DPTR,A
              MOV     DPTR,#0301H        ;送 8155PA 口地址
              MOVX   A,@DPTR            ;读列数据值
              CPL     A
              JNZ     KEY3               ;有键按下,转求列值
              MOV     A,R4               ;无键按下,行值寄存器加 8
              ADD     A,#08H
              MOV     R4,A
              MOV     A,R2               ;求下一行为低电平模型数值
              RL      A
              MOV     R2,A
              JB      ACC.4,KEY2         ;判断各行是否全扫描完,若未完,则继续扫描
                                          下一行
              AJMP    KEYPRO             ;若全部扫描完毕,则等待下一次按键
KEY3：   CPL     A                  ;恢复列模型
KEY4：   INC     R3
              RRC     A                  ;求列值
              JC      KEY4
KEY5：   ACALL  D10 ms
              ACALL  KEXAM
              JNZ     KEY5               ;若有键按下,则转 KEY5,等待键释放
              MOV     A,R4               ;计算键值
              ADD     A,R3
              MOV     BUFF,A
              AJMP    KEYADR             ;转查找功能键入口地址子程序
```

```
D10 ms:    MOV     R5,#14H              ;延时 10 ms 子程序
DL:        MOV     R6,#0FFH
DL0:       DJNZ    R6,DL0
           DJNZ    R5,DL
           RET
BUFF       EQU     30H
KEXAM:     MOV     DPTR,#0303H          ;送端口 C 地址
           MOV     A,#00H               ;输出使所有的行均为低电平模型数值
           MOVX    @DPTR,A
           MOV     DPTR,#0301H          ;送端口 A 地址
           MOVX    A,@DPTR              ;读列数据值
           CPL     A
           RET
```

在键盘扫描程序中,求得键值只是手段,最终目的是要使程序转到相应的地址去完成该键的操作。一般对数字键就是直接将该键值送到显示缓冲区进行显示,对功能键则需先找到该功能键处理程序的入口地址,并转去执行该键的命令。因此,当键值求得后,还必须找到功能键处理程序入口。下面介绍一种求地址转移的程序。

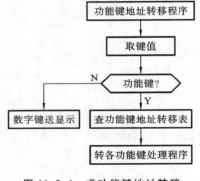

图 11.2.4　求功能键地址转移
　　　　　程序流程图

在图 11.2.2 中,设 0、1、2、…、E、F 共 16 个键为数字键,其他 16 个键为功能键。设各功能键入口程序地址标号分别为 CCS1、CCS2、…、CCS16。当对键盘进行扫描并求得键值后,还必须作进一步处理。其方法是首先判断其是功能键还是数字键。若为数字键,则送显示缓冲区,以便显示;若为功能键,即转到相应的功能键处理程序,完成相应的操作。能完成上述任务的程序流程图,如图 11.2.4 所示。

由图 11.2.4 可写出功能键地址转移程序如下:

```
           ORG     8000H
KEYADR:    MOV     A,BUFF               ;取出键值
           CJNE    A,#0FH,KYARD1
           AJMP    DIGPRO               ;等于 F,转数字键处理
KYARD1:    JC      DIGPRO               ;小于 F,转数字键处理
KEYTBL:    MOV     DPTR,#JMPTBL         ;送功能键地址表指针
           CLR     C                    ;清进位位
           SUBB    A,#10H
           RL      A
           JMP     @A+DPTR              ;转相应的功能键处理程序
BUFF       EQU     30H
```

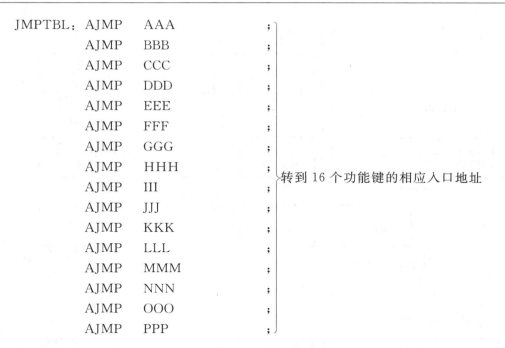

11.2.2　可编程键盘/显示器接口芯片 8279

上面分述了键盘和 LED 显示器两种接口电路,在一个实际的计算机控制系统中,往往需要有这两种器件功能。除了可以把前述分别设计的键盘接口与显示器接口恰当地组合起来,还可以选择一种专用于键盘/LED 显示器接口控制的可编程芯片进行统一设计,尤其在一些小型测控系统中,显然前者所用硬件电路较多,编制控制程序较复杂,在设计和调试时都有一定难度;而后者由于高度集成了键盘和显示器的控制功能,使用起来更为经济、方便。

本节以最常用的 Intel8279 芯片为例,分析这种可编程键盘/LED 显示器接口电路的工作原理、引脚功能、接口方式、编程命令及其应用实例。

11.2.2.1　8279 工作原理

8279 是一种通用的可编程键盘/显示接口。其键盘部分可向 8×8 按键矩阵提供扫描输出,并具有自动消抖动功能,也可与传感器(诸如光敏二极管、霍尔效应器件、磁感应器等)组成的阵列或带有选通输入的标准键盘接口;其显示部分提供了 8 位或 16 位 7 段 LED 显示器的接口。

8279 的内部结构如图 11.2.5 所示,主要由 8×8 的 FIFO/传感器 RAM、FIFO/传感器 RAM 状态寄存器、16×8 的显示 RAM、显示地址寄存器、控制和定时寄存器、数据缓冲器等组成,它们都是通过内部 8 位数据总线进行数据交换的。此外,还有返回缓冲器、显示寄存器、扫描计数器以及一些相应的控制和接口电路,现说明如下。

1. 输入/输出控制和数据缓冲器

数据缓冲器挂在 CPU 的数据总线上,它是一个双向的缓冲器,通过 $\overline{CS}$、A_0、$\overline{RD}$ 和 $\overline{WR}4$ 条线来控制数据流向,它们的关系如表 11.2.1 所示。

2. 控制寄存器、定时寄存器和定时控制

控制寄存器存放 CPU 送来的键盘及显示方式,定时寄存器存放 CPU 送来的分频数,对

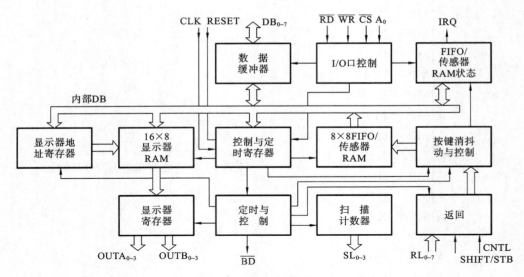

图 11.2.5　8279 组成框图

系统时钟分频,供内部使用。

定时控制的主要部分是一个定时计数器链,链中的第一个计数器是除 N 预分频计数器。通过对预分频计数器编程,使 CPU 周期时间与内部定时匹配。其他计数器将基本内部频率再分频,提供合适的键盘矩阵扫描和显示扫描时间。

表 11.2.1　8279 信息流向表

$\overline{CS}$	A_0	$\overline{RD}$	$\overline{WR}$	功　能
0	1	1	0	CPU 向 8279 写命令
0	1	0	1	CPU 从 8279 读状态
0	0	1	0	CPU 向 8279 送数据
0	0	0	1	CPU 从 8279 读数据
1	×	×	×	数据缓冲器呈高阻抗

3. 扫描计数器

扫描计数器是一个 4 位二进制计数器,它的任务是完成对键盘的行和显示的位扫描。扫描计数器有两种工作方式,即编码扫描和译码扫描。

1) 编码扫描

在编码方式下,计数器进行二进制计数,此时它的 $SL_0 \sim SL_3$ 4 根输出信号线必须通过外部译码器来产生 8 根行键盘扫描线(SL_3 不用)和 16 根位显示扫描线(见图 11.2.8)。在编码方式下,扫描线输出高电平有效。

2) 译码扫描

在译码方式下,扫描计数器仅用低两位进行计数,并在内部译码,这种 4 中取 1 的译码扫描信号也从 $SL_0 \sim SL_3$ 的管脚中输出。当键盘处于译码扫描时,它省掉了外接译码器,但显示也处于译码扫描方式。这时,显示 RAM 中仅有前 4 个字符被显示出来。在译码方式下,扫描线输出低电平有效。

4. 返回缓冲器

按键消抖动和控制返回缓冲器对 8 条返回线上的信号进行缓冲和锁存。

在扫描键盘方式下，键盘是一些按键触点。此时控制电路对这些线扫描，搜索一行中的键是否闭合。消抖电路检测到一个闭合开关后，等待大约 10 ms 之后，如果开关依然处于闭合状态，控制电路便送出此开关在键盘矩阵中的地址（详见接口方式部分）以及 SHIFT 和 CONTROL 的状态送到 FIFO 中。这时 FIFO/传感器 RAM 是一个先入先出的缓冲器。

5. FIFO/传感器 RAM

FIFO/传感器 RAM 是一个双功能的 8×8 的随机存储器。在扫描键盘或选通输入方式下，它是一个先入先出的缓冲器，即总是依据按键闭合顺序将键盘数据写入 RAM 单元，而每次读出时，又总是按写入的顺序，将最先写入的键盘数据读出。FIFO/传感器状态寄存器则始终监视着它的状态。

6. FIFO/传感器 RAM 状态寄存器

FIFO/传感器 RAM 的状态是由其状态字表示的。它的格式如下：

D_7	D_6	D_5	D_4	D_3	D_2	D_1	D_0
D_U	S/E	O	U	F	N	N	N

状态字的低 6 位用于在键盘扫描和选通输入方式时，表示各种状态和操作错误。其中：

NNN 位表示 FIFO RAM 中的字节数（键盘数据个数）；

F＝1 表示 FIFO RAM 已满，如果还要写入键盘数据，则出现"溢出"错误，O 位被置为"1"；

当 FIFO RAM 已空，如果 CPU 还要读出，则出现"不足"错误，U 位被置为"1"。

在键盘方式下，当 8279 工作在特定的错误方式时，若 S/E＝1，表示出现了多键同时被按下的错误。

清除显示 RAM 大约需要 160 μs，在此期间，D_U＝1，CPU 不能向显示 RAM 写入数据。

7. 显示地址寄存器和显示 RAM

显示地址寄存器存放当前正在被 CPU 读/写的显示字地址，或者正在被显示的两个半字节的地址。读/写地址可以由 CPU 的命令编程，也可以设置成每次读/写之后自动加 1。只要方式和地址设置正确，显示 RAM 的内容就可以直接被 CPU 读取。8279 自动修改两个半字节 A 和 B 的地址，使其与 CPU 的数据输入相配合。根据 CPU 设置的方式，A 和 B 半字节可以分别送入，也可以作为一个字节送入。

显示 RAM 是一个 16×8 的 RAM，它有 16×8 位的存储容量，最多可以存放 16 字节的显示信息。显示数据的入口可以定在左边，也可定在右边。

所谓左入口，就是显示位置从最左一位开始，以后每次输入的显示字符逐个向右顺序排列，就像打字机格式一样，故这种显示格式也称打字机方式。

所谓右入口，就是显示位置从最右一位开始，以后每次输入显示字符时，已有的显示字符依次向左移动，就像计数器进位一样，故这种显示格式也称为计数器方式。

11.2.2.2　8279 引脚功能

8279 采用 40 引脚双列直插式封装，其引脚如图 11.2.6 所示。各引脚功能如下。

$DB_0 \sim DB_7$（数据总线）：双向、三态总线，用于 CPU 和 8279 之间传送命令和数据。

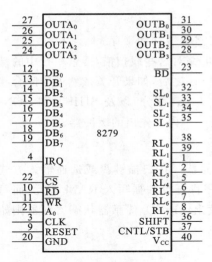

图 11.2.6 Intel 8279 的引脚信号

$\overline{CS}$(片选):输入线,低电平有效。当 $\overline{CS}=0$ 时,CPU 选中 8279 芯片并允许读/写;否则,禁止 CPU 读/写 8279。

$\overline{RD}$(读信号)和 $\overline{WR}$(写信号):输入线,低电平有效。这两个来自 CPU 的控制信号,控制读/写 8279 的操作。

CLK(系统时钟):输入线,为 8279 提供时钟。

IRQ(中断请求):输出线,高电平有效。当 FIFO RAM 存有键盘数据时,IRQ 为高电平,向 CPU 申请中断。

A_0(缓冲器地址):输入线。当 $A_0=1$ 时,CPU 向 8279 写命令字,或从 8279 读出状态字;当 $A_0=0$ 时,CPU 写入或读出数据。

RESET(复位):输入线,高电平有效。当 RESET$=1$ 时,8279 复位,被置成下列方式:

(1) 编码扫描键盘——双键锁定;

(2) 16 字符显示——左入口;

(3) 对系统时钟 31 分频后作为内部时钟。

$RL_0 \sim RL_7$(返回线):输入线,键盘矩阵的列信号输入线。

SHIFT(移位信号):输入线,高电平有效。该输入信号是键盘数据的次高位(D_6)。

CNTL/STB(控制/选通):输入线,高电平有效。在键盘工作方式时,该输入信号是键盘数据的最高位(D_7);在选通输入方式时,该输入信号的上升沿可以将来自 $RL_0 \sim RL_7$ 数据存入 FIFO RAM。

$SL_0 \sim SL_3$(扫描线):输出线。这四条输出线用来扫描键盘和显示器。它们可以编程设定为编码输出(16 中取 1)或译码输出(4 中取 1)两种工作方式。

$OUTA_0 \sim OUTA_3$(A 组显示信号):输出线,显示数据输出线。

$OUTB_0 \sim OUTB_3$(B 组显示信号):输出线,显示数据输出线。

这两组显示信号输出线既可以单独使用,也可以合并使用,其中 $OUTA_3$ 为最高位,$OUTB_0$ 为最低位。它们与 $SL_0 \sim SL_3$ 同步,轮流驱动被选中的显示器,以达到多路复用的目的。

$\overline{BD}$(消隐显示):输出线,低电平有效。使用消隐命令时,将显示消隐。

11.2.2.3　8279 接口方式

1. 键盘输入

键盘输入是 8279 对外部的接口之一,它的接口方式又有三种,即键盘矩阵、传感器矩阵和选通输入。这里,只对最常用的键盘矩阵方式加以说明。

图 11.2.7 为 8279 键盘/显示器接口电路图。键盘输入部分可以最多连接 8×8 键盘矩阵(64 个键),扫描线 $SL_0 \sim SL_2$ 经 3-8 线译码器为键盘矩阵提供 8 条行输入扫描线($L_0 \sim L_7$),8 条列输出线接返回线 $RL_0 \sim RL_7$,将按键状态送入 8279。采用逐行扫描工作方式,由扫描线 $SL_0 \sim SL_2$ 状态控制着从行 0 逐行扫描到行 7,再由返回线 $RL_0 \sim RL_7$ 来搜寻一行中闭合的键。当某一键闭合时,消抖动电路就被置位,延时等待 10 ms 之后,再检验该键是否继续保持闭合。若闭合,则该键的位置(行编码与列编码)和附加的移位键(SHIFT)及控制键(CNTL)

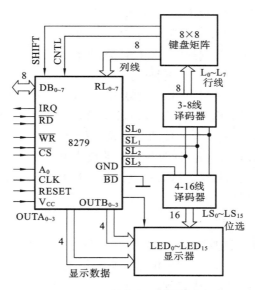

图 11.2.7　8279 键盘/显示器接口电路图

状态组成一字节键盘数据被存入 8279 内部的 FIFO(先入先出)RAM。

键盘数据格式如下：

D_7	D_6	D_5	D_4	D_3	D_2	D_1	D_0
控制	移位	行　　编　　码			列　　编　　码		
CNTL	SHIFT	$SL_0 \sim SL_2$ 计数值			$RL_0 \sim RL_7$ 计数值		

其中：$D_3 \sim D_5$ 三位来自行扫描计数器，是被按键的行编码(行值)，即 $SL_0 \sim SL_2$ 计数值；而 $D_0 \sim D_2$ 三位则来自列计数器，是被按键的列编码(列值)，即 $RL_0 \sim RL_7$ 计数值；D_6 是移位键的状态(SHIFT 输入线是高电平有效)，通常用来扩充按键的功能，可以用作键盘的上、下挡功能键；D_7 是控制键的状态(CNTL 输入线是高电平有效)，通常用来扩充按键的功能，作为控制功能键使用。它们的组合最大可区分 256 个键码，但多数情形下这两条线不用而接低电位。

8279 内部的 8×8FIFO RAM 用来存放 8×8 键盘矩阵的 8 字节键盘数据，当 FIFO RAM 中存有键盘数据时，中断请求(IRQ)信号为高电位，向 CPU 申请中断。CPU 每次从 FIFO RAM 读出数据时，IRQ 就变为低电位。若 FIFO RAM 中仍有数据，则 IRQ 再次恢复为高电平。这样，CPU 与 8279 之间通过中断实现了读、写 RAM 的同步。而 CPU 执行按键处理程序，从 FIFO RAM 中读出键盘数据后，根据 $D_0 \sim D_7$ 状态再进一步转换成相应按键的最终代码(如 ASCII 码)，或执行该按键预定的任务。

8279 除了具有自动消抖动功能，还有双键锁定和 N 键轮回两种保护工作方式。双键锁定为两键同时按下提供保护，在消抖动周期内，如果有两键同时被按下，则只有一键弹起，而另一键保持在按下位置时才能被扫描，最终作为单键按下送入 FIFO。N 键轮回为 N 键同时按下提供保护，当有若干个键同时被按下时，则根据键盘扫描发现时的顺序，依次将它们的键值存入 FIFO RAM。

2. 显示输出

显示输出是 8279 对外部的接口之二，它可以通过扫描和驱动电路显示双 8 位或 16 位的字符,最常用的是控制 8 位或 16 位七段 LED 显示器。显示数据输出线 $OUTA_0 \sim OUTA_3$ 和 $OUTB_0 \sim OUTB_3$ 分别接 LED 显示器段 a~g 和小数点 dp,而扫描线 $SL_0 \sim SL_3$ 经 4-16 线译码器为 LED 显示器提供 16 条片选线 $LS_0 \sim LS_{15}$ 分别对应 $LED_0 \sim LED_{15}$。如果从左到右依次排列,那么显示方式分左入口和右入口两种。

8279 内部的 16×8 显示 RAM 用来存储显示数据,在显示过程中,这些信息被轮流从显示寄存器输出。而显示寄存器则分成 A、B 两组,$OUTA_0 \sim OUTA_3$ 和 $OUTB_0 \sim OUTB_3$ 既可以单独送显示信息,也可以组成一个 8 位的字送显示信息。显示寄存器的输出与显示扫描配合,不断从显示 RAM 读出显示信息,同时轮流驱动被选中的显示器,以达到多路复用的目的,使显示器不闪烁而呈现稳定的符号。这就相当于软件法实现段选和位选(见上一节),但是它由 8279 自动完成,方便了用户。

11.2.2.4　8279 编程命令

8279 是一个可编程序的键盘/显示接口,它的工作方式和功能都由编程决定,而编程的过程就是 CPU 给 8279 传送命令字。8279 共有 8 条命令,命令字为一字节,其中 $D_7 \sim D_5$ 为命令的特征位,$D_4 \sim D_0$ 为命令代码,分述如下。

1. 设置键盘/显示方式命令

D_7	D_6	D_5	D_4	D_3	D_2	D_1	D_0
0	0	0	D	D	K	K	K

其中,$D_7 D_6 D_5 = 000$ 是该命令的特征位。

DD 用来设置显示方式,定义如下:

　　00　　8 个字符显示——左入口
　　01　　16 个字符显示——左入口
　　10　　8 个字符显示——右入口
　　11　　16 个字符显示——右入口

KKK 用来设置键盘工作方式,定义如下:

　　000　　编码扫描键盘——双键锁定
　　001　　译码扫描键盘——双键锁定
　　010　　编码扫描键盘——N 键轮回
　　011　　译码扫描键盘——N 键轮回
　　100　　编码扫描传感器矩阵
　　101　　译码扫描传感器矩阵
　　110　　选通输入,编码显示扫描
　　111　　选通输入,译码显示扫描

注:当键盘方式进行译码扫描时,不论设置哪种显示方式,显示都减少为 4 个字符。

2. 程序时钟命令

D_7	D_6	D_5	D_4	D_3	D_2	D_1	D_0
0	0	1	P	P	P	P	P

其中,$D_7 D_6 D_5 = 001$ 是该命令的特征位。

利用这条命令,将来自外部的系统时钟(CLK)进行 2~31 分频,以便得到 100 kHz 的内部时钟,分频次数取决于 PPPPP 位状态。设外部系统时钟为 2 MHz,则 PPPPP 应被设置为 10100(20 分频),因此得到所需的 100 kHz 内部时钟。如果不写入此命令,则分频系数约定为 31。

3. 读 FIFO/传感器 RAM 命令

D_7	D_6	D_5	D_4	D_3	D_2	D_1	D_0
0	1	0	AI	×	A	A	A

（×表示任意）

其中,$D_7 D_6 D_5 = 010$ 是该命令的特征位。

在键盘工作方式,由于读 RAM 严格按照先入先出(FIFO)的顺序,因此不必考虑 RAM 地址位 AAA 与自动增量标志 AI 的确切值。

4. 读显示 RAM 命令

D_7	D_6	D_5	D_4	D_3	D_2	D_1	D_0
0	1	1	AI	A	A	A	A

其中,$D_7 D_6 D_5 = 011$ 是该命令的特征位。

在 CPU 读显示 RAM 之前,必须用 AAAA 来选址。若 AI=1,则每次读出后,地址将自动加 1,从而为下次读 RAM 准备了地址。

5. 写显示 RAM 命令

D_7	D_6	D_5	D_4	D_3	D_2	D_1	D_0
1	0	0	AI	A	A	A	A

其中,$D_7 D_6 D_5 = 100$ 是该命令的特征位。

在 CPU 写显示 RAM 之前,必须用 AAAA 来选址。若 AI=1,则每次写入后,地址将自动加 1,从而为下次写 RAM 准备了地址。

6. 禁止写显示 RAM/消隐命令

D_7	D_6	D_5	D_4	D_3	D_2	D_1	D_0
1	0	1	×	IW	IW	BL	BL
				A 组	B 组	A 组	B 组

（×表示任意）

其中,$D_7 D_6 D_5 = 101$ 是该命令的特征位。

8279 可供双 4 段(位)显示器使用,即两排 16×4LED 显示器,分别由 $OUTA_0 \sim OUTA_3$ 和 $OUTB_0 \sim OUTB_3$ 输出显示数据。为了给其中一个 4 段(位)显示器输入数据,而又不影响另一个 4 段(位)显示器,因此必须对另一组的输入实行掩蔽。例如,当 A 组的 IW 掩蔽位 D_3 =1 时,A 组的显示 RAM 禁止写入。

BL 位是消隐特征,D_1 和 D_0 分别对 A、B 组消隐。若 BL=1,则对应组的显示输出被消隐;若 BL=0,则恢复显示。

7. 清除命令

D_7	D_6	D_5	D_4	D_3	D_2	D_1	D_0
1	1	0	C_D	C_D	C_D	C_F	C_A

其中,$D_7 D_6 D_5 = 110$ 是该命令的特征位。

$C_D C_D C_D$ 用来设置清除显示 RAM 的方式,其定义如下:

　　　　　10×　　　将显示 RAM 清"0"

　　　　　110　　　将显示 RAM 置成 20H(A 组＝0010,B 组＝0000)

　　　　　111　　　将显示 RAM 置"1"

　　　　　0××　　　不清除(若 $C_A = 1$,则 D_3、D_2 位仍如上述编码是有效的)

C_F 位用来置空 FIFO 存储器。当 $C_F = 1$ 时,FIFO RAM 被置空,即清"0"。同时,传感器 RAM 的读出地址也被置为 0。

C_A 位是总清的特征位,它兼有 C_D 和 C_F 两种功能。当 $C_A = 1$ 时,对显示 RAM 的清除方式由 D_3、D_2 位的编码决定。

8. 设置结束中断/错误方式命令

D_7	D_6	D_5	D_4	D_3	D_2	D_1	D_0
1	1	1	E	×	×	×	×

（×表示任意）

其中,$D_7 D_6 D_5 = 111$ 是该命令的特征位。

在键盘工作方式,当 $E = 1$ 时,则 8279 将以一种特定的错误方式工作:在消抖动期间,若有多个键同时被按下,那么 FIFO 状态字的错误特征位 $S/E = 1$,并申请中断(IRQ 为 1)和禁止写 FIFO RAM。

11.2.2.5　8279 应用实例

图 11.2.8 所示为与 8279 接口的键盘/显示器电路图。8279 扫描线 $SL_0 \sim SL_3$ 经 3-8 译码器 4514 输出 $S_0 \sim S_7$,其结构原理与 74138 相类似,有效输出是高电平有效,再经电流放大器分别与各 LED 显示器的阴极相连接,其中 S_0 经 ULN2003A 后接最低位显示器的 COM_0 端,而 $S_2 \sim S_5$ 经 ULN2003A 后分别与显示器 $COM_2 \sim COM_5$ 相连接。ULN2003A 是电流驱动器,其片内有 7 个电流驱动电路,它允许最大灌电流为 500 mA。假定每段阳极上都接了 80Ω 的限流电阻,流过导通段的电流约为 45 mA。当显示"8",并点亮小数点 dp 段时,该位的公共端流过电流约 360 mA。每位的 COM 端都接电流驱动器,其目的是保证每位显示字形清晰,驱动器能可靠地工作。

6 位显示器的各段阳极分别连接在一起构成组合阳极,例如 6 个 a 段阳极连接在一起为合成阳极 A,同样分别将 b、c、d、e、f、g 连接在一起成为 B、C、D、E、F、G 组合阳极。8279 的显示段输出线 $OUTA_{0\sim3}$、$OUTB_{0\sim3}$,其中 $OUTB_0$ 为 D_0 位,$OUTA_3$ 为 D_7 位,这 8 根线经数据缓冲器 74245 后与组合阳极 A、B～G、dP 相连接,每个阳极上接一个 80 Ω 的限流电阻,当 74245 的每个输出为 0 电平时,都允许最大灌电流为 48 mA。因 8279 的 $OUTA_{0\sim3}$、$OUTB_{0\sim3}$ 允许最大灌电流数个毫安,如果直接与各阳极 A～G 相连接,会烧毁 8279 的显示寄存器。

扫描输出线 SL_0、SL_1、SL_2 经 74138 译码后,获得与扫描线同步的输出信号 $\overline{Y}_0 \sim \overline{Y}_7$。5×6 矩阵键盘的 5 根行线分别与 $\overline{Y}_0 \sim \overline{Y}_7$ 相连接,而 6 根列线分别与 8279 的 $RL_0 \sim RL_5$ 相连接。显示器位扫描和键盘行扫描信号分别由 4514、74138 来完成,目的是保证在有按键按下时,列线上的低电平应接近 0 V。如果显示器位扫描和键盘行扫描信号使用相同输出信号,由于显示器的 COMn 端电流高达 300 mA 以上,致使 COM 点的低电平接近或超过 1 V,此时键盘行扫描线上出现低电平过高,实践说明 8279 不能可靠地读出键值。

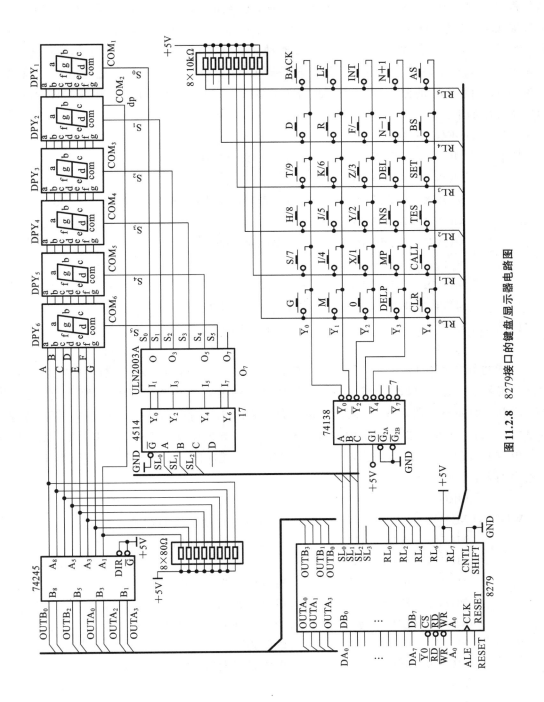

图11.2.8 8279接口的键盘/显示器电路图

1. 8279 的初始化程序

将键盘显示器的工作方式命令、程序时钟命令和清除命令写入 8279 命令口的程序称为初始化程序。例如设定显示器为 8 位,右入口扫描逐位显示,编码扫描键盘,双键锁定,如果有多个键被按下,只读入首先确认的一个键值,故其方式命令为 10H。假定输入时钟频率(CLK)为 2 MHz,分频器的分频系数为 20,故程序时钟命令为 34H。考虑到在 8279 初始化之前,要对显示器 RAM 的 16 字节寄存器、FIFO RAM 的 8 字节寄存器和 IRQ 位进行清 0,故清除命令为 D2H。设 8279 的命令口、状态口地址为 7F31H($A_0=1$),数据口地址为 7F30H($A_0=0$)。初始化程序如下:

```
        ORG     100H
KD79：  MOV     DPTR,#7F31H    ;8279 命令口地址
        MOV     A,#10H
        MOVX    @DPTR,A        ;键盘显示方式命令
        MOV     A,#34H
        MOVX    @DPTR,A        ;程序时钟命令
        MOV     A,#0D0H
        MOVX    @DPTR,A        ;清除命令
        SETB    EA             ;放开所有中断
LP：    NOP                    ;等待中断
        SJMP    LP
```

执行初始化程序后,8279 开始正常工作,8279 的定时器与控制器控制扫描显示器,分时逐位显示数据。如果改变显示内容,则要将新的显示内容对应的段码写入到"显示器 RAM"中。例如显示器是 6 位,最低位是小数点后的 0.01 位;第 2 位是 0.1 位;第 3 至第 6 位是个、十、百、千位。要求显示内容改为 9876.54。首先通过查段码表(参见表 11.1.1)找出各位数的段码,由低位至高位存入片内 RAM 显示缓冲区。将段码写入"显示器 RAM"的子程序如下:

```
        ORG     200H
WDCP：  MOV     DPTR,#7F31H    ;8279 命令口地址送 DPTR
        MOV     A,#90H         ;写入显示器 RAM 命令字
        MOVX    @DPTR,A
        MOV     R0,#30H        ;段码存储器地址指针
        MOV     R2,#6          ;段码个数为 6
        MOV     DPTR,#7F30H    ;8279 数据口地址送 DPTR
WP：    MOV     A,@R0          ;取段码
        MOVX    @DPTR,A        ;将段码写入到"显示器 RAM"中
        INC     R0
        DJNZ    R2,WP          ;R2 不等于 0,继续传送下一个段码
        RET
        END
```

2. 8279 扫描显示原理

在执行初始化程序和段码写入到显示器 RAM 程序后,启动 8279 工作,在控制器控制下, 6 位显示器从右边的最低位开始,按顺序从右至左扫描显示各位数字。假定首先使扫描器的计数为 0, 即 SL_3、SL_2、SL_1、$SL_0 = 0000$, 4514 译码输出 Y_0 为 1,其对应的电流驱动器 ULN2003A 导通。在扫描器的计数值为 0 的同时,将显示器 RAM 的 0000 单元值传送到显示器寄存器中,假定(0000)=66H,则该寄存器输出 $OUTA_{3\sim0}$、$OUTB_{3\sim0} = 01100110$,这时最低位显示数字 4。扫描器在下一个输入脉冲来后,其计数值为 1, 即 $SL_{3\sim0} = 0001$,译码器 4514 输出端只有 Y_1 为 1,其他输出全为 0,该线的 ULN2003A 导通, S_1 为 0 电平,为第 2 位显示数字作准备。在扫描器计数值为 1 的瞬间,控制器同时将显示器 RAM 的(0001)=6DH 值传送到显示器寄存器中,使 $OUTA_{3\sim0}$、$OUTB_{3\sim0} = 01101101$,就是使 E、F、D、C、A 等段为 1,这时只有第二位被点亮,显示数字 5。以后扫描器计数值每改变一次,4514 译码输出改变一次,显示器 RAM 的指针加 1 操作一次,将下一个段码值传送到显示器寄存器中,则当前显示位变为熄灭,其左边一位被点亮,如此循环下去,直到最左位被点亮。扫描器计数到 7 后,就复位到 0,再递增计数,这时扫描器实际上是一个八进制循环计数器,它永不休止地循环重复计数,就能分时逐位地显示各位的内容。

3. 8279 对键盘的管理

图 11.2.8 所示键盘接口电路是一种数控机床的键盘。各键的名字按需要而确定,该键盘上有数字/文字键、编辑键、功能键 4 种类型键。X/1、Y/2~T/9、F/— 等 11 个键是文字/数字键,它既作 X, Y~T 文字键用,亦可作 0~9 的数字键用。N、G、D、R、LF 是文字键。INT、BACK、N_{0+1}、N_{0-1}、INS、DEL 等称为编辑键。这 3 种键用来完成零件程序和机床参数写入的操作。而 MP、CLR、TES、SET、BS、AS 等称为功能键,这些键的操作使数控机床进入不同的工作方式,例如 MP 键使机床进入零件程序编辑工作方式,对零件程序进行输入、修改、插入、删除、检索等操作。操作 CLR 键则对零件存储区进行清除操作。操作 TES 键表示要脱机运行零件程序;操作 SET 键表示要进入机床参数的输入操作。

1) 扫描键盘的工作过程

该键盘有 30 个键,按 5 行 6 列矩阵排列,每个键的一个触点接到行线上,另一触点则接到列线上。5 根行线分别与译码器 74138 的输出端连接,而列线作为返回寄存器的输入信号 $RL_0 \sim RL_7$。在矩阵中每个键都有确定位置,各占行线与列线的一个交会点。

8279 启动工作后,从 Y_0 行线开始,逐行扫描行线,就是按顺序逐行使行线为 0 V,再读入列值进行判断是否有键被按下,如果没有键被按下,不作任何处理;若有键被按下,延时 10.3 ms 作去抖动处理;再次使该行线为 0 V,再读入列值,判断该键是否仍闭合,若闭合,则进行拼装键值,将键值传送到 FIFO RAM 中。例如扫描器为 0 态时,$\overline{Y_0} = 0$, $\overline{Y_0}$ 行线为 0 V,同时将列值读入到返回寄存器 RLR 中,判断列值 KV 是否为 FFH,若 KV=FFH 表示没有键被按下,不做任何操作。若 KV≠FFH 表示有键被按下,启动去抖动电路,延时 10.3 ms,等待键抖动过程结束,在再次 $\overline{Y_0} = 0$ 时读入列值 KV,判断 KV=FFH? 若 KV=FFH 表示没有键被按下,停止处理。若 KV≠FFH,再判断 KV 是否与前次读取 KV 相同,若相同则进行键值拼装,否则停止处理。接着扫描器变为 1 态,$\overline{Y_1} = 0$,对 $\overline{Y_1}$ 行进行扫描读取键值处理。以后扫描器每改变一次状态,都使相应行线为 0 V,对相应行线扫描,读取列值,进行与上述相同的处理。

2）拼装键值

键值用 8 位二进制数表示，如表 11.2.2 所示。其中 D_7、D_6 由 8279 的引脚 CNTL、SHIFT 的电平确定其值，因这两引脚已接 0 电平，故 $D_7 D_6 = 00$。$D_5 \sim D_3$ 三位是行线编码值，可用扫描器的 SL_2、SL_1、SL_0 三位值表示。D_2、D_1、D_0 三位是用列线编码值表示，例如"0"列上的键用"000"，"1"列线用"001"，"2"列线用"010"表示，其他列依此类推。表 11.2.2 是该键盘上几个键的键值的拼装方法。

表 11.2.2　键值拼装方法表

键　名	行线序号	列线序号	D7 CNTL	D6 SHIFT	扫描线代码			列线代码			键值
					D_5	D_4	D_3	D_2	D_1	D_0	
D	0	4	0	0	0	0	0	1	0	0	04H
K/6	1	3	0	0	0	0	1	0	1	1	0BH
Y/2	2	2	0	0	0	1	0	0	1	0	12H
MP	3	1	0	0	0	1	1	0	0	1	19H
TES	4	2	0	0	1	0	0	0	1	0	22H
AS	4	5	0	0	1	0	0	1	0	1	25H
Z/3	2	3	0	0	0	1	0	0	1	1	13H
INT	2	5	0	0	0	1	1	1	0	1	15H

3）读取键值的程序

要求从 8279 的 FIFO RAM 中读出键值，首先从状态寄存器读出状态字，该状态字的 $D_2 \sim D_0$ 三位的值表示 FIFO RAM 中是否有键值，有多少个键值。如果 $KX = D_2 D_1 D_0 = 000$，表示没有键值。若 $KX \neq 0$ 表示有键值，可以进行读取键值的操作。读取键值前要确定读取 FIFO RAM 的命令字，该命令字的 D_7、D_6、$D_5 = 010$ 是命令字的序号；如果采用子程序编程，执行子程序后只从 FIFO RAM 的(000)单元中读出一个键值，故命令字的 $D_4 = 0$；表示键值地址的 D_2、D_1、$D_0 = 000$。因此该命令字为 40H = 01000000。考虑到读取键值和对键值判断处理可安排到不同的中断级别中进行，所以安排 8031 的片内 RAM 中的 20H～26H 的 7 个单元暂存读取的键值。下面是一段读出键值的子程序(键值表如表 11.2.3 所示)。

```
        ORG     2000H
KEYP:   MOV     DPTR,#7F51H     ;读操作,置 FIFO 状态寄存器地址
        MOV     R0,#20H         ;置存储键值首地址
        MOVX    A,@DPTR         ;读出 FIFO 状态字
        ANL     A,#07H          ;求 FIFO 状态字的低 3 位
        CJNE    A,#0,DP1        ;FIFO 中有键值,转 DP1
        SJMP    LP2             ;无键值,子程序返回
DP1:    MOV     DPTR,#7F51H     ;写操作,置 8279 命令口地址
        MOV     A,#40H          ;读 FIFO 命令字
        MOVX    @DPTR,A
        MOV     DPTR,#7F50H     ;置 FIFO RAM 的首地址
        MOVX    A,@DPTR         ;读出键值
```

```
        MOV     @R0,A           ;转存键值
        INC     R0
LP2：   RET
```

表 11.2.3　键值表

键　　名	G	S/7	M/8	T/9	D	BACK	N	I/4	J/5	K/6	R	LF
键值	00H	01H	02H	03H	04H	05H	08H	09H	0AH	0BH	0CH	0DH
储存地址	30H	31H	32H	33H	34H	35H	36H	37H	38H	39H	3AH	3BH
键　　名	O	X/1	Y/2	Z/3	F/—	INT	DELP	MP	INS	DEL	N−1	N+1
键值	10H	11H	12H	13H	14H	15H	18H	19H	1AH	1BH	1CH	1DH
储存地址	3CH	3DH	3EH	3FH	40H	41H	42H	43H	44H	45H	46H	47H
键　　名	CLR	CALL	TES	SET	BS	AS						
键值	20H	21H	22H	23H	24H	25H						
储存地址	48H	49H	4AH	4BH	4CH	4DH						

11.3　打印机接口电路

打印机是微型计算机常用的输出设备之一。一般单片机应用系统体积均较小,因此常配置微型打印机作为输出设备。本节对国内应用较广泛的 TP-μP-16A 微型打印机及其与单片机的接口作一介绍。

11.3.1　TP-μP-16A 微型打印机

TP-μP-16A 是一种超小型的点阵式打印机。由于使用了 Model 150 II 型机械式微型打印机机芯,自带 8039 单片机芯片作其内部控制器,因此具有体积小、重量轻和功能强等特点,广泛用于各种智能化仪器仪表、各表微型计算机的打印输出设备。

1. TP-μP-16A 主要性能

每行可打印 5×7 点阵字符 16 个,打印一行字符约 1 s;配有 240 个字符的字库(其中,96 个标准 ASCII 代码字符,128 个非标准字符和图符,16 个由用户自定义的字符);带有 Centronics 标准 8 位并行接口,通过机后 20 芯扁平电缆及接插件与主计算机连接;设置有复位/运行、自检和送纸 3 个开关;单一＋5 V 电源供电,最大脉动输入电流不大于 1.5 A。

2. TP-μP-16A 的接口引脚信号和时序

TP-μP-16A 的接口引脚信号定义如图 11.3.1 所示。其中,$DB_0 \sim DB_7$ 为数据传送线,由计算机向打印机单向传送。

2	4	6	8	10	12	14	16	18	20
GND	GND	GND	GND	GND	GND	GND	GND	$\overline{ACK}$	$\overline{ERR}$
$\overline{STB}$	DB_0	DB_1	DB_2	DB_3	DB_4	DB_5	DB_6	DB_7	BUSY
1	3	5	7	9	11	13	15	17	19

图 11.3.1　TP-μP-16A 接口引脚信号定义

控制及联络信号如下。

$\overline{STB}$数据选通输入信号。此信号的上升沿将数据线上的 8 位数据打入打印机内部锁存。

BUSY 打印机输出"忙"信号。高电平有效,表示打印机正忙于处理上一个数据。在此期间,主计算机不得使用$\overline{STB}$信号向打印机送入新的数据字节。

$\overline{ACK}$"应答"输出信号。低电平有效,表示打印机已取走数据线上的数据。

$\overline{ERR}$"出错"输出信号。当送入打印机的命令格式有错时,打印机将立即打印出一行出错信息,且在打印出错信息之前,在此信号线上出现一个宽度约 30 ms 的负脉冲。

TP-μP-16A 时序波形图如图 11.3.2 所示。

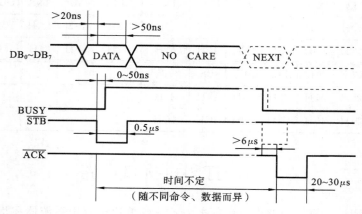

图 11.3.2 TP-μP-16A 时序波形图

11.3.2 打印机与单片机接口

TP-μP-16A 微型打印机与 8031 单片机芯片的接口电路图如图 11.3.3 所示。由于微型打印机读入锁存选通信号$\overline{STB}$是靠高 8 位地址线上的 P2.7 位来控制的,故其口地址为7FFFH。打印机上的其他 3 个输出联络信号 BUSY、$\overline{ACK}$及$\overline{ERR}$分别连到 P1 口的 P1.0、P1.1、P1.2 三位线上。8031 采用查询的方式进行管理。驱动打印机的具体程序如下。

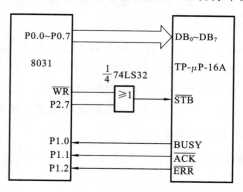

图 11.3.3 TP-μP-16A 与 8031 的接口电路图

```
PRINT:  MOV   R1,#60H         ;待打印数据 RAM 区的首址→60H
        MOV   R7,#XXH         ;待打印数据字节数→R7
        MOV   DPTR,#7FFFH     ;送打印机口地址
        JNB   P1.2,HALM       ;出错,停机
```

```
LOOP：MOV    A,@R1        ;取出打印数据
      MOVX   @DPTR,A      ;送出打印
      NOP
WAIT：JB     P1.0,WAIT    ;正在打印,等待
      INC    R1
      DJNZ   R7,LOOP      ;打印完否? 否,转 LOOP
HALM：SJMP   HALM         ;停机
```

8031 也可以采取中断的方式来管理打印机,此时将$\overline{ACK}$联络信号连至外部中断请求$\overline{INT0}$或$\overline{INT1}$即可。

习　　题

11.1　比较静态显示与动态显示的特点。

11.2　用图 11.1.3 所示的动态显示接口电路编写显示 Goodby 的程序。

11.3　为何要消除键盘的机械抖动? 常采用什么方法?

11.4　设计一个用 8031 P1 端口连接 16 个键的电路,并且编写用扫描方式得到某一按键的键值程序。

自　测　题

11.1　填空题

1. LED 是_____二极管,它是一种将电能转换为_____的_____器件。

2. LED 由_____条形发光二极管组成,平面布置呈"_____"形。

3. LED 显示器的静态显示,是由单片机一次输出显示后,就能_____,直到下一次送新的_____为止。

4. LED 显示器的动态显示,就是单片机_____对显示器扫描,各个显示器_____工作。

5. LED 七段显示器有_____和_____两种结构。共阳极 LED 显示器的所有发光二极管的_____并接成公共端 COM;共阴极 LED 显示器的所有发光二极管_____并接成公共端 COM。

6. 键盘可以分为_____键盘和_____键盘两种。_____键盘常采用矩阵连接方式。

11.2　选择题(在各题的 A、B、C、D 四个选项中,选择一个正确的答案)

1. 8279 接口芯片有_____接口功能。

　　A. LED 显示器接口和键盘接口　　　　　　B. 键盘和定时器接口

　　C. 串行通信　　　　　　　　　　　　　　D. 并行传送数据

2. 七段显示器的显示能力是_____。

　　A. 数字和 A~F 文字　　　　　　　　　　B. 数字和全部英文字

　　C. 数字和少数汉字　　　　　　　　　　　D. 汉字

3. 8279 接口芯片可组成 8×8 矩阵键盘,有_____个不同键值的按键。

　　　　A. 32　　　　　　　B. 64　　　　　　C.128　　　　　　D. 256

4. 8279 与七段 LED 显示器接口,最多可扫描_____位显示器。

　　　　A. 4 位　　　　　　B. 8 位　　　　　　C. 16 位　　　　　　D. 32 位

5. 假定 8279 键盘/显示方式的命令是 00010010B,该命令的意义是_____。

　　　　A. 16 个字符显示——左入口,编码扫描键盘——双键互锁方式

　　　　B. 8 个字符显示——左入口,译码扫描键盘——双键互锁方式

　　　　C. 16 个字符显示——右入口,编码扫描键盘——N 键轮回方式

　　　　D. 8 个字符显示——右入口,译码扫描键盘——N 键轮回方式

6. 假定 8279 的读 FIFO RAM 命令是 01010010B,该命令的意义是_____。

　　　　A. 以 FIFO RAM 中的(000)单元为首地址,多次读出数据,每次读出后地址自动加 1

　　　　B. 只从 FIFO RAM 中的(000)单元读出一个数据

　　　　C. 以 FIFO RAM 中的(010)单元为首地址,多次读出数据,每次读出后地址自动加 1

　　　　D. 只从 FIFO RAM 中的(010)单元读出一个数据

11.3　阅读程序,回答问题

1. 图 11.1.2 与 8031CPU 连接,由单片机执行下述程序,对 8255A 进行读出或写入数据,请读懂程序,回答问题。

　　　　A. 执行指令(1)~(3)后,将什么数据写入到 8255A 的哪个端口中? 要求 8255A 干什么?

　　　　B. 执行指令(4)~(6)后,将什么数据写入到 8255A 的哪个端口中? 七段 LED 显示器将显示什么数字?

```
            ORG     200H
      (1) MOV     R0,#33A        ;33H 是 8255A 的端口地址
      (2) MOV     A,#00H         ;00H 是 8255A 的一个命令
      (3) MOVX    @R0,A
      (4) MOV     R0,#30H        ;30H 是 8255A 的端口地址
      (5) MOV     A,#0F9H        ;F9H 是显示器的段码
      (6) MOVX    @R0,A
            END
```

2. 下述程序是为了将键盘/显示方式命令、对 16 字节显示 RAM 清 0 命令和时钟脉分频命令顺序地写入到 8279 的命令口中。

　　　　A. 执行键盘/显示方式命令后,键盘扫描是哪一种方式? 显示方式是四种中的哪一种?

　　　　B. 执行显示 RAM 清 0 指令后,对其是清 0 还是置 1?

　　　　C. 执行程序时钟命令后,其分频系数是多少?

```
            ORG       100H
            MOV       DPTR,#7F41H ;7F41H 是 8279 命令口地址
            MOV       A,#1AH       ;1AH 是键盘/显示方式命令
            MOVX      @DPTR,A
            MOV       A,#0D0H      ;D0H 是对显示 RAM 清 0 命令
            MOVX      @DPTR,A
            MOV       A,#3CH       ;3CH 是程序时钟命令
            MOVX      @DPTR,A
```

    END

 3. 下述程序是为了实现将一个显示段码 7DH 写入到 8279 的显示 RAM 中。请回答下列问题。

 A. 执行写显示 RAM 命令后,将数据写入到它的哪个地址(用 3 位二进制数表示)? 写操作完成后,其地址是否自动加 1?

 B. 段码 7DH 输出给显示寄存器后,扫描显示的数字是什么?

 4. 下述程序可实现从 8279 的 FIFO RAM 中读出键值,请回答下列问题。

 A. 执行读 FIFO RAM 命令后,要求从其哪个单元(用二进制数表示)读出数据? 读操作完成后其地址是否加 1?

 B. 假定 FIFO RAM 的(000)~(100)中有数据为 1DH,13H,25H,34H,读出数据是什么(即(30H)=?)?

```
ORG       300H
MOV       DPTR,#7F41H ;7F41H 是 8279 的命令口地址
MOV       A,#53H          ;53H 是读 FIFO RAM 命令字
MOVX      @DPTR,A
MOV       DPTR,#7F40H ;7F40H 是 FIFO RAM 的口地址
MOVX      A,@DPTR
MOV       30H,A
```

附录 A　MCS-51 指令表

MCS-51 指令系统所用符号及其含义:

addr11	11 位地址
addr16	16 位地址
bit	位地址
rel	相对地址
direct	直接地址单元(RAM、SFR、I/O)
# data	立即数
Rn	工作寄存器 R0～R7
A	累加器
Ri	i=0,1,数据指针 R0 或 R1
X	片内 RAM 中的直接地址或寄存器
@	间接寻址方式中,表示间址寄存器的符号
(X)	在直接寻址方式中,表示直接地址 X 中的内容
	在间接寻址方式中,表示间址寄存器 X 指出的地址单元中的内容
→	数据传送方式
∧	逻辑与
∨	逻辑或
∀	逻辑异或
√	对标志产生影响
×	不影响标志

十六进制代码	助 记 符	功　　能	对标志影响 P	OV	AC	C_Y	字节数	周期数
		算术运算指令						
28～2F	ADD A,Rn	$A+Rn→A$	√	√	√	√	1	1
25	ADD A,direct	$A+(direct)→A$	√	√	√	√	2	1
26,27	ADD A,@Ri	$A+(Ri)→A$	√	√	√	√	1	1
24	ADD A,# data	$A+data→A$	√	√	√	√	2	1
38～3F	ADDC A,Rn	$A+Rn+C_Y→A$	√	√	√	√	1	1
35	ADDC A,direct	$A+(direct)+C_Y→A$	√	√	√	√	2	1
36,37	ADDC A,@Ri	$A+(Ri)+C_Y→A$	√	√	√	√	1	1
34	ADDC A,# data	$A+data+C_Y→A$	√	√	√	√	2	1
98～9F	SUBB A,Rn	$A-Rn-C_Y→A$	√	√	√	√	1	1
95	SUBB A,direct	$A-(direct)-C_Y→A$	√	√	√	√	2	1
96,97	SUBB A,@Ri	$A-(Ri)→C_Y→A$	√	√	√	√	1	1
94	SUBB A,# data	$A-data-C_Y→A$	√	√	√	√	2	1
04	INC A	$A+1→A$	√	×	×	×	1	1
08～0F	INC Rn	$Rn+1→Rn$	×	×	×	×	1	1

续表

十六 进制代码	助　记　符	功　　　能	对标志影响				字 节 数	周 期 数
			P	OV	AC	C$_Y$		
05	INC direct	(direct)＋1→(direct)	×	×	×	×	2	1
06,07	INC @Ri	(Ri)＋1→(Ri)	×	×	×	×	1	1
A3	INC DPTR	DPTR＋1→DPTR					1	2
14	DEC A	A－1→A	√	×	×	×	1	1
18～1F	DEC Rn	Rn－1→Rn	×	×	×	×	1	1
15	DEC direct	(direct)－1→(direct)	×	×	×	×	2	1
16,17	DEC @Ri	(Ri)－1→(Ri)	×	×	×	×	1	1
A4	MUL AB	A・B→AB	√	√	×	0	1	4
84	DIV AB	A/B→AB	√	√	×	0	1	4
D4	DA A	对 A 进行十进制调整	√	×	√	√	1	1
		逻辑运算指令						
58～5F	ANL A,Rn	A∧Rn→A	√	×	×	×	1	1
55	ANL A,direct	A∧(direct)→A	√	×	×	×	2	1
56,57	ANL A,@Ri	A∧(Ri)→A	√	×	×	×	1	1
54	ANL A,# data	A∧data→A	√	×	×	×	2	1
52	ANL direct,A	(direct)∧A→(direct)	×	×	×	×	2	1
53	ANL direct,# data	(direct)∧data→(direct)	×	×	×	×	3	2
48～4F	ORL A,Rn	A∨Rn→A	√	×	×	×	1	1
45	ORL A,direct	A∨(direct)→A	√	×	×	×	2	1
46,47	ORL A,@Ri	A∨(Ri)→A	√	×	×	×	1	1
44	ORL A,# data	A∨data→A	√	×	×	×	2	1
42	ORL direct,A	(direct)∨A→(direct)	×	×	×	×	2	1
43	ORL direct,# data	(direct)∨data→(direct)	×	×	×	×	3	2
68～6F	XRL A,Rn	A∀Rn→A	√	×	×	×	1	1
65	XRL A,direct	A∀(direct)→A	√	×	×	×	2	1
66,67	XRL A,@Ri	A∀(Ri)→A	√	×	×	×	1	1
64	XRL A,# data	A∀data→A	√	×	×	×	2	1
62	XRL direct,A	(direct)∀A→(direct)	×	×	×	×	2	1
63	XRL direct,# data	(direct)∀data→(direct)	×	×	×	×	3	2
E4	CLR A	0→A	√	×	×	×	1	1
F4	CPL A	$\overline{A}$→A	×	×	×	×	1	1
23	RL A	A 循环左移一位	×	×	×	×	1	1
33	RLC A	A 带进位循环左移一位	√	×	×	√	1	1
03	RR A	A 循环右移一位	×	×	×	×	1	1
13	RRC A	A 带进位循环右移一位	√	×	×	√	1	1
C4	SWAP A	A 半字节交换	×	×	×	×	1	1

十六进制代码	助 记 符	功　能	P	OV	AC	C_Y	字节数	周期数
		数据传送指令						
E8～EF	MOV A,Rn	$Rn \rightarrow A$	√	×	×	×	1	1
E5	MOV A,direct	$(direct) \rightarrow A$	√	×	×	×	2	1
E6,E7	MOV A,@Ri	$(Ri) \rightarrow A$	√	×	×	×	1	1
74	MOV A,#data	$data \rightarrow A$	√	×	×	×	2	1
F8～FF	MOV Rn,A	$A \rightarrow Rn$	×	×	×	×	1	1
A8～AF	MOV Rn,direct	$(direct) \rightarrow Rn$	×	×	×	×	2	2
78～7F	MOV Rn,#data	$data \rightarrow Rn$	×	×	×	×	2	1
F5	MOV direct,A	$A \rightarrow (direct)$	×	×	×	×	2	1
88～8F	MOV direct,Rn	$Rn \rightarrow (direct)$	×	×	×	×	2	2
85	MOV direct1,direct2	$(direct2) \rightarrow (direct1)$	×	×	×	×	3	2
86,87	MOV direct,@Ri	$(Ri) \rightarrow (direct)$	×	×	×	×	2	2
75	MOV direct,#data	$data \rightarrow (direct)$	×	×	×	×	3	2
F6,F7	MOV @Ri,A	$A \rightarrow (Ri)$	×	×	×	×	1	1
A6,A7	MOV @Ri,direct	$(direct) \rightarrow (Ri)$	×	×	×	×	2	2
76,77	MOV @Ri,#data	$data \rightarrow (Ri)$	×	×	×	×	2	1
90	MOV DPTR,#data16	$data\ 16 \rightarrow DPTR$	×	×	×	×	3	2
93	MOVC A,@A+DPTR	$(A+DPTR) \rightarrow A$	√	×	×	×	1	2
83	MOVC A,@A+PC	$PC+1 \rightarrow PC,(A+PC) \rightarrow A$	√	×	×	×	1	2
E2,E3	MOVX A,@Ri	$(Ri) \rightarrow A$	√	×	×	×	1	2
E0	MOVX A,@DPTR	$(DPTR) \rightarrow A$	√	×	×	×	1	2
F2,F3	MOVX@Ri,A	$A \rightarrow (Ri)$	×	×	×	×	1	2
F0	MOVX@DPTR,A	$A \rightarrow (DPTR)$	×	×	×	×	1	2
C0	PUSH direct	$SP+1 \rightarrow SP,$ $(direct) \rightarrow (SP)$	×	×	×	×	2	2
D0	POP direct	$(SP) \rightarrow (direct),$ $SP-1 \rightarrow SP$	×	×	×	×	2	2
C8～CF	XCH A,Rn	$A \longleftrightarrow Rn$	√	×	×	×	1	1
C5	XCH A,direct	$A \longleftrightarrow (direct)$	√	×	×	×	2	1
C6,C7	XCH A,@Ri	$A \longleftrightarrow (Ri)$	√	×	×	×	1	1
D6,D7	XCHD A,@Ri	$A.0～3 \rightarrow (Ri).0～3$	√	×	×	×	1	1
C3	CLR C	$0 \rightarrow C_Y$	×	×	×	√	1	1
C2	CLR bit	$0 \rightarrow bit$	×	×	×		2	1
D3	SETB C	$1 \rightarrow C_Y$	×	×	×	√	1	1
D2	SETB bit	$1 \rightarrow bit$	×	×	×		2	1
B3	CPL C	$\overline{C_Y} \rightarrow C_Y$	×	×	×	√	1	1
B2	CPL bit	$\overline{bit} \rightarrow bit$	×	×	×		2	1
82	ANL C,bit	$C_Y \wedge bit \rightarrow C_Y$	×	×	×	√	2	2
B0	ANL C,/bit	$C_Y \wedge \overline{bit} \rightarrow C_Y$	×	×	×	√	2	2
72	ORL C,bit	$C_Y \vee bit \rightarrow C_Y$	×	×	×	√	2	2
A0	ORL C,/bit	$C_Y \vee \overline{bit} \rightarrow C_Y$	×	×	×	√	2	2
A2	MOV C,bit	$bit \rightarrow C_Y$	×	×	×	√	2	1
92	MOV bit,C	$C_Y \rightarrow bit$	×	×	×	×	2	2

续表

十六进制代码	助 记 符	功 能	P	OV	AC	C_Y	字节数	周期数
		控制转移指令						
*1	ACALL addr11	$PC+2\to PC,SP+1\to SP,PCL\to (SP)$, $SP+1\to SP,PCH\to (SP)$, $addr11\to PC10\sim 0$	×	×	×	×	2	2
12	LCALL addr16	$PC+3\to PC,SP+1\to SP,PCL\to (SP)$, $SP+1\to SP,PCH\to (SP),addr16\to PC$	×	×	×	×	3	2
22	RET	$(SP)\to PCH,SP-1\to SP,(SP)\to PCL$, $SP-1+SP$	×	×	×	×	1	2
32	RETI	$(SP)\to PCH,SP-1\to SP,(SP)\to PCL$, $SP-1\to SP$,从中断返回	×	×	×	×	1	2
*1	AJMP addr11	$PC+2\to PC,addr11\to PC10\sim 0$	×	×	×	×	2	2
02	LJMP addr16	$addr16\to PC$	×	×	×	×	3	2
80	SJMP rel	$PC+2\to PC,PC+rel\to PC$	×	×	×	×	2	2
73	JMP@A+DPTR	$(A+DPTR)\to PC$	×	×	×	×	1	2
60	JZ rel	$PC+2\to PC$,若 $A=0$,则 $PC+rel\to PC$	×	×	×	×	2	2
70	JNZ rel	$PC+2\to PC$,若 $A\neq 0$,则 $PC+rel\to PC$	×	×	×	×	2	2
40	JC rel	$PC+2\to PC$,若 $C_Y=1$,则 $PC+rel\to PC$	×	×	×	×	2	2
50	JNC rel	$PC+2\to PC$,若 $C_Y=0$,则 $PC+rel\to PC$	×	×	×	×	2	2
20	JB bit,rel	$PC+3\to PC$,若 $bit=1$,则 $PC+rel\to PC$	×	×	×	×	3	2
30	JNB bit,rel	$PC+3\to PC$,若 $bit=0$,则 $PC+rel\to PC$	×	×	×	×	3	2
10	JBC bit,rel	$PC+3\to PC$,若 $bit=1$,则 $0\to bit$, $PC+rel\to PC$					3	2
B5	CJNE A,direct,rel	$PC+3\to PC$,若 $A\neq (direct)$,则 $PC+rel$ $\to PC$;若 $A<(direct)$,则 $1\to C_Y$	×	×	×	×	3	2
B4	CJNE A,#data,rel	$PC+3\to PC$,若 $A\neq data$,则 $PC+rel\to$ PC;若 $A<data$,则 $1\to C_Y$	×	×	×	×	3	2
B8~BF	CJNE Rn,#data,rel	$PC+3\to PC$,若 $Rn\neq data$,则 $PC+rel\to$ PC;若 $Rn<data$,则 $1\to C_Y$	×	×	×	×	3	2
B6~B7	CJNE@Ri,#data,rel	$PC+3\to PC$,若 $Ri\neq data$,则 $PC+rel\to$ PC;若 $Ri<data$,则 $1\to C_Y$	×	×	×	×	3	2
D8~DF	DJNZ Rn,rel	$Rn-1\to Rn,PC+2\to PC$,若 $Rn\neq 0$,则 $PC+rel\to PC$	×	×	×	×	2	2
D5	DJNZ direct,rel	$PC+2\to PC,(direct)-1\to (direct)$,若 $(direct)\neq 0$,则 $PC+rel\to PC$	×	×	×	×	3	2
00	NOP	空操作	×	×	×	×	1	1

附录 B MCS-51 指令编码表

下面列出的 MCS-51 指令以操作码的十六进制数次序排列,供读者在反汇编时查阅。指令中的符号和指令表中的符号有些差异(Intel 公司提供资料),现说明如下:

　　code addr 指令中给出的地址,如:addr11,addr16,rel 等;

　　# data addr 数据地址,相当于指令表中的符号 direct;

　　bit addr 位地址,与指令表中的符号 bit 相同。

十六进制代码	字节数	助　记　符		十六进制代码	字节数	助　记　符	
00	1	NOP		1A	1	DEC	R2
01	2	AJMP	code addr	1B	1	DEC	R3
02	3	LJMP	code addr	1C	1	DEC	R4
03	1	RR	A	1D	1	DEC	R5
04	1	INC	A	1E	1	DEC	R6
05	2	INC	# data addr	1F	1	DEC	R7
06	1	INC	@R0	20	3	JB	bit addr,code addr
07	1	INC	@R1	21	2	AJMP	code addr
08	1	INC	R0	22	1	RET	
09	1	INC	R1	23	1	RL	A
0A	1	INC	R2	24	2	ADD	A,# data
0B	1	INC	R3	25	2	ADD	A,# data addr
0C	1	INC	R4	26	1	ADD	A,@R0
0D	1	INC	R5	27	1	ADD	A,@R1
0E	1	INC	R6	28	1	ADD	A,R0
0F	1	INC	R7	29	1	ADD	A,R1
10	3	JBC	bit addr,code addr	2A	1	ADD	A,R2
11	2	ACALL	code addr	2B	1	ADD	A,R3
12	3	LCALL	code addr	2C	1	ADD	A,R4
13	1	RRC	A	2D	1	ADD	A,R5
14	1	DEC	A	2E	1	ADD	A,R6
15	2	DEC	# data addr	2F	1	ADD	A,R7
16	1	DEC	@R0	30	3	JNB	bit addr,code addr
17	1	DEC	@R1	31	2	ACALL	code addr
18	1	DEC	R0	32	1	RETI	
19	1	DEC	R1	33	1	RLC	A

十六进制代码	字节数	助 记 符		十六进制代码	字节数	助 记 符	
34	2	ADDC	A,# data	53	3	ANL	data addr,# data
35	2	ADDC	A,# data addr	54	2	ANL	A,# data
36	1	ADDC	A,@R0	55	2	ANL	A,# data addr
37	1	ADDC	A,@R1	56	1	ANL	A,@R0
38	1	ADDC	A,R0	57	1	ANL	A,@R1
39	1	ADDC	A,R1	58	1	ANL	A,R0
3A	1	ADDC	A,R2	59	1	ANL	A,R1
3B	1	ADDC	A,R3	5A	1	ANL	A,R2
3C	1	ADDC	A,R4	5B	1	ANL	A,R3
3D	1	ADDC	A,R5	5C	1	ANL	A,R4
3E	1	ADDC	A,R6	5D	1	ANL	A,R5
3F	1	ADDC	A,R7	5E	1	ANL	A,R6
40	2	JC	code addr	5F	1	ANL	A,R7
41	2	AJMP	code addr	60	2	JZ	code addr
42	2	ORL	data addr,A	61	2	AJMP	code addr
43	3	ORL	data addr,# data	62	2	XRL	# data addr,A
44	2	ORL	A,# data	63	3	XRL	# data addr,# data
45	2	ORL	A,data,addr	64	2	XRL	A,# data
46	1	ORL	A,@R0	65	2	XRL	A,# data addr
47	1	ORL	A,@R1	66	1	XRL	A,@R0
48	1	ORL	A,R0	67	1	XRL	A,@R1
49	1	ORL	A,R1	68	1	XRL	A,R0
4A	1	ORL	A,R2	69	1	XRL	A,R1
4B	1	ORL	A,R3	6A	1	XRL	A,R2
4C	1	ORL	A,R4	6B	1	XRL	A,R3
4D	1	ORL	A,R5	6C	1	XRL	A,R4
4E	1	ORL	A,R6	6D	1	XRL	A,R5
4F	1	ORL	A,R7	6E	1	XRL	A,R6
50	2	JNC	code addr	6F	1	XRL	A,R7
51	2	ACALL	code addr	70	2	JNZ	code addr
52	2	ANL	data addr,A	71	2	ACALL	code addr

十六进制代码	字节数	助 记 符		十六进制代码	字节数	助 记 符	
72	2	ORL	C, bit addr	91	2	ACALL	code adder
73	1	JMP	@A+DPTR	92	2	MOV	bit addr, C
74	2	MOV	A, #data	93	1	MOVC	A, @A+DPTR
75	3	MOV	#data addr, #data	94	2	SUBB	A, #data
76	2	MOV	@R0, #data	95	2	SUBB	A, #data addr
77	2	MOV	@R1, #data	96	1	SUBB	A, @R0
78	2	MOV	R0, #data	97	1	SUBB	A, @R1
79	2	MOV	R1, #data	98	1	SUBB	A, R0
7A	2	MOV	R2, #data	99	1	SUBB	A, R1
7B	2	MOV	R3, #data	9A	1	SUBB	A, R2
7C	2	MOV	R4, #data	9B	1	SUBB	A, R3
7D	2	MOV	R5, #data	9C	1	SUBB	A, R4
7E	2	MOV	R6, #data	9D	1	SUBB	A, R5
7F	2	MOV	R7, #data	9E	1	SUBB	A, R6
80	2	SJMP	code addr	9F	1	SUBB	A, R7
81	2	AJMP	code addr	A0	2	ORL	C, /bit addr
82	2	ANL	C, bit addr	A1	2	AJMP	code addr
83	1	MOVC	A, @A+PC	A2	2	MOV	C, bit addr
84	1	DIV	AB	A3	1	INC	DPTR
85	3	MOV	#data addr, #data addr	A4	1	MUL	AB
86	2	MOV	#data addr, @R0	A5		reserved	
87	2	MOV	#data addr, @R1	A6	2	MOV	@R0, #data, addr
88	2	MOV	#data addr, R0	A7	2	MOV	@R1, #data, addr
89	2	MOV	#data addr R1	A8	2	MOV	R0, #data, addr
8A	2	MOV	#data addr, R2	A9	2	MOV	R1, #data, addr
8B	2	MOV	#data addr, R3	AA	2	MOV	R2, #data, addr
8C	2	MOV	#data addr, R4	AB	2	MOV	R3, #data, addr
8D	2	MOV	#data addr, R5	AC	2	MOV	R4, #data, addr
8E	2	MOV	#data addr, R6	AD	2	MOV	R5, #data, addr
8F	2	MOV	#data addr, R7	AE	2	MOV	R6, #data, addr
90	3	MOV	DPTR, #data	AF	2	MOV	R7, #data, addr

十六进制代码	字节数	助 记 符		十六进制代码	字节数	助 记 符	
B0	2	ANL	C,/bit addr	CF	1	XCH	A,R7
B1	2	ACALL	code,addr	D0	2	POP	# data addr
B2	2	CPL	bit,addr	D1	1	ACALL	code addr
B3	1	CPL	C	D2	2	SETB	bit addr
B4	3	CJNE	A,# data,code addr	D3	1	SETB	C
B5	3	CJNE	A,# data addr,code addr	D4	1	DA	A
B6	3	CJNE	@R0,# data,code addr	D5	3	DJNZ	# data addr,code addr
B7	3	CJNE	@R1,# data,code addr	D6	1	XCHD	A,@R0
B8	3	CJNE	R0,# code addr	D7	1	XCHD	A,@R1
B9	3	CJNE	R1,# data,code addr	D8	2	DJNZ	R0,code addr
BA	3	CJNE	R2,# data,code addr	D9	2	DJNZ	R1,code addr
BB	3	CJNE	R3,# data,code addr	DA	2	DJNZ	R2,code addr
BC	3	CJNE	R4,# data,code addr	DB	2	DJNZ	R3,code addr
BD	3	CJNE	R5,# data,code addr	DC	2	DJNZ	R4,code addr
BE	3	CJNE	R6,# data,code addr	DD	2	DJNZ	R5,code addr
BF	3	CJNE	R7,# data,code addr	DE	2	DJNZ	R6,code addr
C0	2	PUSH	# data addr	DF	2	DJNZ	R7,code addr
C1	2	AJMP	code addr	E0	1	MOVX	A,@DPTR
C2	2	CLR	bit addr	E1	2	AJMP	code addr
C3	1	CLR	C	E2	1	MOVX	A,@R0
C4	1	SWAP	A	E3	1	MOVX	A,@R1
C5	2	XCH	A,# data addr	E4	1	CPL	A
C6	1	XCH	A,@R0	E5	2	MOV	A,# data addr
C7	1	XCH	A,@R1	E6	4	MOV	A,@R0
C8	1	XCH	A,R0	E7	1	MOV	A,@R1
C9	1	XCH	A,R1	E8	1	MOV	A,R0
CA	1	XCH	A,R2	E9	1	MOV	A,R1
CB	1	XCH	A,R3	EA	1	MOV	A,R2
CC	1	XCH	A,R4	EB	1	MOV	A,R3
CD	1	XCH	A,R5	EC	1	MOV	A,R4
CE	1	XCH	A,R6	ED	1	MOV	A,R5
EE	1	MOV	A,R6	F7	1	MOV	@R1,A
EF	1	MOV	A,R7	F8	1	MOV	R0,A
F0	1	MOVX	@DPTR,A	F9	1	MOV	R1,A
F1	2	ACALL	code addr	FA	1	MOV	R2,A
F2	1	MOVX	@R0,A	FB	1	MOV	R3,A
F3	1	MOVX	@R1,A	FC	1	MOV	R4,A
F4	1	CPL	A	FD	1	MOV	R5,A
F5	2	MOV	# data addr,A	FE	1	MOV	R6,A
F6	1	MOV	@R0,A	FF	1	MOV	R7,A

附录 C 部分习题与自测题参考答案

第 1 章

习题

1.5

$21.125 = 1\,0101.0010B = 15.2H$

$18.6 = 1\,0010.1001B = 12.9H$

1.6

$(1110\,0111.101)_2 = 1 \times 128 + 1 \times 64 + 1 \times 32 + 1 \times 4 + 1 \times 2 + 1 \times 1 + 1 \times 0.5 + 1 \times 0.125$
$= 231.625$

$(3E8)_{16} = 3 \times 16^2 + 14 \times 16 + 8 \times 1 = 1000$

$(5D.8)_{16} = 5 \times 16 + 13 \times 1 + 8 \times 16^{-1} = 93.5$

1.7

$(1101\,1110.01)_2 = (0DE.4)_{16}$

$(6A8.4)_{16} = (0110\,1010\,1000.01)_2$

1.11

$x_1 = +1011011$; $[x_1]_原 = 01011011B$; $[x_1]_反 = 01011011B$; $[x_1]_补 = 01011011B$

$x_2 = -1011011$; $[x_2]_原 = 11011011B$; $[x_2]_反 = 10100100B$; $[x_2]_补 = 10100101B$

1.13

$[x_1]_反 = 11001010B$

$[x_2]_补 = 10110110B$

$[x_3]_原 = 11001011B$

自测题

1.1

1. 0010 0111 0101 0011

2. 16 位无符号二进制数,能表示十进制数的范围是 0～65535

3. 8 位二进制数补码表示的十六进制数的范围是 7FH～80H＝＋127～－128

4. 已知 $[x]_补 = 81H$,其 x 的真值(用十进制表示)为 －127

5. 微型计算机是以 CPU 为核心,配上存储器、输入输出接口电路和系统总线组成的计算机。

第 3 章

习题

3.5

(1) XCH   A, B

(2) MOV   R0, B

MOV   B, A

```
        MOV     A,R0
   (3) PUSH    ACC
        PUSH    B
        POP     ACC
        POP     B
```

3. 10

```
   (1) MOV     B,A
        ADD     A,B
   (2) MOV     B,#2
        MUL     A,B
   (3) CLR     C
        RLC     A
```

3. 12

程序执行后，SP＝42H；A＝30H；B＝30H

3. 13

设低位数在先,高位数在后

```
   ORG     2000H
   MOV     A,40H        ;取被加数低位
   ADD     A,45H        ;两数低位相加
   DA      A
   MOV     50H,A        ;存低位结果
   MOV     A,41H        ;取加数高位
   ADDC    A,46H        ;两数高位相加
   DA      A
   MOV     51H,A        ;存高位结果
   END
```

3. 14

```
   ANL     45H,#0FH
   ORL     45H,#0FH
```

3. 15

用"0"与某位数 D_i 相异或，则 D_i 不变；用"1"与某位数 D_i 相异或，则 D_i 变反。

程序如下：

```
   MOV     DPTR,#2100H
   MOVX    A,@DPTR
   XRL     A,#01010101B
   MOVX    @DPTR,A
```

3. 18

当 A＝0 时,JZ 50H 转移的目的地址为源地址＋rel

即 PC＝1050H＋50H＝10A0H

3. 19

rel＝－50H   目的地址 D＝PC＋rel＝0150H－50H＝0100H

3. 21

(1) 用逻辑"与"对字节内容中某一位或多位清"0"：

ANL　　A, #0F0H　　　　;对 A 中的低四位清"0"

ANL　　A, #0111 1111B ;对 A 中的 D_7 位清"0"

(2) 用逻辑"或"对字节内容中某一位或多位置"1"：

ORL　　A, #01010101B ;对 A 中偶数位置"1"

ORL　　A, #0F0H　　　　;对 A 中高四位置"1"

(3) 用逻辑"异或"对字节内容中某一位或多位取反：

XRL　　A, #0F0H　　　　;对 A 中的高四位取反

XRL　　A, #1000 0000B ;对 A 中的 D_7 位取反

3. 23

程序执行后:(40H)=5EH;　　(41H)=69H

3. 24

(20H)=20H;　(21H)=00H;　(22H)=17H

3. 25

A=8CH;　该程序的功能是:1 位 16 进制数×10

3. 26

P1.5=(P1.3+$\overline{\text{P1.4}}$)(P1.0+P1.1)P1.2

3. 27

```
          ORG     1000H
          MOV     A, 30H
          JB      ACC.7,NEQ1    ;为负数,转 NEQ1 作绝对值处理
BB:       MOV     B, A
          MOV     A, 31H
          JB      ACC.7,NEQ2    ;为负数,转 NEQ2 作绝对值处理
CC:       CLR     C
          SUBB    A,B           ;A←|(31H)|-|(30H)|
          JC      JH            ;A<B,转 JH 作两数交换
          MOV     30H, A        ;保存结果
          SJMP    $
JH:       ADD     A,B
          MOV     R0,A
          MOV     A,B
          MOV     B,R0
          SJMP    CC
NEQ1:     CPL     A
          ADD     A,#1
          SJMP    BB
NEQ2:     CPL     A
          ADD     A,#1
          SJMP    CC
```

3.28

方法一：用减法指令

```
        MOV     A, 40H
        CLR     C
        SUBB    A, 50H
        JC      AA          ;若(40H)<(50H),转 AA
        CLR     F0          ;(40H)≥(50H),F0 标志置 0
        SJMP    $
AA：    SETB    F0          ;F0 标志置 1
        SJMP    $
```

方法二：用比较指令

```
        MOV     A,40H
        CJNB    A,50H,NEQ
AA：    SETB    F0
        SJMP    $
NEQ：   JC      AA
        CLR     F0
        SJMP    $
```

自测题

3.1

7. A＝0CBH

9. 指令的第三字节内容为 7BH,指令执行后,转移的目的地址为 017EH

3.2

3. C

第 4 章

习题

4.1 该子程序的功能是对 R3R2 中 16 位二进制数完成加 1 的操作(R3 存放高 8 位,R2 存放低 8 位)

4.2 该程序完成运算:A＝10＋9＋8＋7＋6＋5＋4＋3＋2＋1＝37H

程序执行后, A＝37H

4.3 该程序的功能是:将 1 位十六进制数转换成 ASCII 码。

当 A＝07H 时,程序执行后,A＝37H。当 A＝0BH 时,程序执行后,A＝42H。

4.4

```
        MOV     R2, ＃100        ;置循环次数
        MOV     DPTR, ＃2000H   ;DPTR ←数据区首地址
        CLR     A               ;A←0
LOOP：  MOV     @DPTR, A        ;清 0
        INC     DPTR            ;修改地址指针
        DJNZ    R2, LOOP        ;未完,转 LOOP
        SJMP    $
```

4.5

```
              MOV    R0,#40H        ;片内数据区首地址
              MOV    R2,#21H        ;R2←数据区长度
              MOV    DPTR,#2100H    ;DPTR←片外数据区首地址
       LOOP:  MOV    A,@R0
              MOV    @DPTR,A
              INC    R0             ;修改地址指针
              INC    DPTR
              DJNZ   R2,LOOP        ;循环未完,继续传送
              SJMP   $
```

4.6 设计算的结果存放于 51H 和 50H 中,高 8 位存于 51H,低 8 位存于 50H。

```
              ORG    100H
              MOV    A,#0CDH
              ADD    A,#15H         ;A←0CDH+15H
              ADDC   A,#0ABH        ;A←A+0ABH+CY
              MOV    50H,A          ;存结果低位
              JC     LOOP           ;若 CY=1,转 LOOP
              MOV    51H,#0         ;若 CY=0,高位为 0
              SJMP   LOOP1
       LOOP:  MOV    51H,#1         ;高位值为 1
       LOOP1: SJMP   $
```

4.7 设相加的结果不会超过 255

```
              ORG    100H
              MOV    R2,#08H        ;R2←数据长度
              MOV    R0,#50H        ;R0←数据区首地址
              CLR    A              ;A←0
       LOP:   ADD    A,@R0          ;A←A+(R0)
              INC    R0             ;修改地址指针
              DJNZ   R2,LOP         ;R2-1≠0返回执行循环体
              MOV    B,#8           ;B←除数
              DIV    A,B            ;计算平均值
              MOV    5AH,A
              SJMP   $
```

4.8

```
              ORG    100H
              MOV    DPTR,#3000H    ;DPTR←3000H
              MOVX   A,@DPTR        ;取 a 值
              MOV    B,A
              INC    DPTR           ;DPTR←DPTR+1
              MOVX   A,@DPTR        ;取 b 值
              ADD    A,B            ;A←a+b
```

```
        MOV     B, A              ;B←A,即 a+b→B
        MUL     A, B              ;A*B,即 (a+b)²→A
        CJNE    A, #10, LOP1      ;若 (a+b)²≠10,转 LOP1
        SJMP    LOP3              ;若 (a+b)²=10,转 LOP3
LOP1：  JC      LOP2              ;(a+b)²<10,转 LOP2
        SUBB    A, #10            ;(a+b)²>10,求 y=(a+b)²-10
        SJMP    LOP3
LOP2：  ADD     A, #10            ;y=(a+b)²+10
        MOV     DPTR,#3002H
LOP3：  MOVX    @DPTR, A
        SJMP    $
```

4.9

```
        ORG     1000H
START： MOV     B,#0              ;B 存最大值
        MOV     R7, #100          ;R7←数据表长度
        MOV     DPTR, #1000H      ;DPTR←数据表首地址
LOOP：  CLR     C                 ;Cy←0,为'SUBB  A,B'作准备
        MOVX    A ,@ DPTR         ;取数
        SUBB    A,B               ;比较数值大小
        JNC     RES               ;若 A≥B,转 RES
        MOVX    A,@ DPTR          ;A<B,取原数
        SJMP    NEXT
RES：   ADD     A,B               ;因 A≥( DPTR);恢复 A 原来数值
NEXT：  INC     DPTR              ;数据表地址指针+1
        MOV     B,A
        DJNZ    R7,LOOP           ;未比较完,循环
        MOV     DPTR,#1100H       ;存入最大数
        MOVX    @DPTR,A
        SJMP    $
        END
```

4.10

```
        ORG     1000H
        MOV     DPTR,#2100H       ;数据区首地址→DPTR
        MOV     R7, #100          ;数据块长度→R7
        MOV     R0, #0            ;R0 存正数个数
        MOV     R1, #0            ;R1 存'0'个数
        MOV     R2, #0            ;R2 存负数个数
LOP0：  MOV     A, @ DPTR         ;取数
        JZ      ZERO              ;若 A=0,该数为 0,转 ZERO
        JNB     ACC.7,POSI        ;ACC.7=0,A 是正数,转 POSI
NEGA：  INC     R2                ;ACC.7=1,负数个数+1 → R2
```

```
              SJMP      LOP1
POS1：        INC       R0              ;正数个数＋1 → R0
              SJMP      LOP1
ZERO：        INC       R1              ;零的个数＋1 → R1
LOP1：        INC       DPTR
              DJNZ      R7,LOP0         ;未完,继续循环
              SJMP      $               ;结束
              END
```

4.11

```
              ORG       1000H
              MOV       DPH,#20H        ;片外 RAM 地址高 8 位→DPH
              MOV       R7,#100         ;传送数的个数→R7
              MOV       R0,#30H         ;传送区低 8 位地址→R0
              MOV       R1,#0B0H        ;接收区低 8 位地址→R1
LOOP：        MOV       DPL,R0          ;DPTR 指向传送数据区地址
              MOVX      A,@DPTR         ;取数
              JB        ACC.7,COPY      ;ACC.7=1,为负数,转 COPY
              MOV       DPL,R1          ;DPTR 指向接收数据区地址
              MOVX      @DPTR,A         ;存数
COPY：        INC       R0              ;取数区低位地址＋1
              INC       R1              ;接收区低位地址＋1
              DJNZ      R7,LOOP         ;未传送完,循环
              SJMP      $               ;传送完,停止
              END
```

4.12

```
              ORG       1000H
              MOV       R2,#100         ;数据块长度→R2
              MOV       R0,#30H         ;置传送区地址指针
LOP：         MOV       A,@R0           ;取数
              JNB       ACC.7,COPY      ;ACC.7=0,为正数,转 COPY
              CPL       A               ;ACC.7=1,是负数,变补
              INC       A
              ORL       A,#10000000B    ;恢复符号
              MOV       @R0,A           ;存数
COPY：        INC       R0              ;地址指针＋1,
              DJNZ      R2,LOP          ;数据没检查完,继续循环
              SJMP      $               ;结束
              END
```

4.14 "A"的 ASCII 码是 41H,"－1"的补码是 0FFH,编写程序如下。

```
              ORG       1000H
              MOV       DPTR,#2100H     ;数据区首地址→DPTR
```

```
      LOP0：    MOVX     A, @DPTR          ;从数据表中取数
                CJNE     A, # 41H, LOP1    ;若 A≠41H, 转 LOP1
                MOV      R0, DPL           ;若 A＝41H, 即找到, 其低 8 位地址→R0
                MOV      R1, DPH           ;高 8 位地址→R1
                MOV      DPTR,# 21A0H
                MOV      A, R0             ;将'A'所在的低 8 位地址送 A
                MOVX     @DPTR, A          ;其低 8 位地址存入 21A0H 单元
                INC      DPTR
                MOV      A,R1              ;将'A'所在的高 8 位地址送 A
                MOVX     @DPTR, A          ;其高 8 位地址存入 21A1H 单元
                SJMP     LOP3
      LOP1：    CJNE     A, # 0FFH,LOP2    ;A≠0FFH,表示没查完, 转 LOP2
                MOV      DPTR,# 21A0H      ;A＝0FFH,数据区已查完
                MOV      A, # 0FFH
                MOVX     @DPTR, A          ;将 0FFH→(21A0H),表示未找到
                INC      DPTR
                MOVX     @DPTR, A          ;将 0FFH→(21A1H),表示未找到
                SJMP     LOP3
      LOP2：    INC      DPTR
                SJMP     LOP0              ;数据区没查完,返回执行循环程序
      LOP3：    SJMP     $
                END
```

4.15　数字 0～9 的 ASCII 码是 30H～39H,其 ASCII 码的低 4 位是数字本身,高 4 位是 3;1
　　　字节压缩 BCD 码中有 2 位 BCD 数。

```
                ORG      1030H
                MOV      R7,# 5            ;数据表长度送 R7
                MOV      DPH,# 20H         ;数据表首地址的高 8 位送 DPH
                MOV      R0, # 00H         ;BCD 码数据区低 8 位地址送 R0
                MOV      R1, # 05H         ;ASCII 码的数据区低 8 位地址送 R1
      LOP0：    MOV      DPL,R0
                MOVX     A, @DPTR          ;从数据表中取数
                MOV      B, A              ;暂存到 B
                ANL      A,# 0FH           ;BCD 码的高 4 位清 0
                ADD      A,# 30H           ;BCD 码低 4 位变成 ASCII 码
                MOV      DPL,R1
                MOVX     @DPTR,A           ;存低 4 位转换结果
                MOV      A,B               ;将前一 BCD 码再送 A
                ANL      A,# 0F0H          ;BCD 码的低 4 位清 0
                SWAP     A                 ;高 4 位变成非压缩 BCD 码
                ADD      A, # 30H          ;将该数变成 ASCII 码
                INC      R1
```

```
        MOV      DPL，R1
        MOVX     @DPTR，A           ;存高 4 位转换结果
        INC      R0
        INC      R1
        DJNZ     R7,LOP 0           ;R7≠0,未转换完,返回
        SJMP     $
        END
```

4.16

设数据存放高位在前,低位在后。

```
        ORG      1000H
        MOV      R0,#20H            ;置 ASCII 码起始地址
        MOV      R1,#40H            ;置 BCD 码起始地址
        MOV      R2,#10             ;循环次数
LOOP：  MOV      A,@R0              ;取 ASCII 码
        ANL      A,#0FH             ;屏蔽高 4 位
        MOV      B,A                ;高位数送 B
        INC      R0
        MOV      A,@R0              ;取 ASCII 码
        ANL      A,#0FH             ;低位数存 A
        XCH      A,B                ;低、高位互换
        ORL      A,B                ;组成压缩 BCD 码
        MOV      @R1,A              ;存结果
        INC      R0                 ;修改地址指针
        INC      R1
        DJNZ     R2,LOOP            ;未完,转 LOOP
        SJMP     $
```

4.17

设片内 RAM 中被减数首地址为 DATA1(高位在前,低位在后)

减数首地址为 DATA2

差值首地址为 DATA1

```
        ORG      2000H
        MOV      R0,#DATA1+N        ;被减数末地址→R0
        MOV      R1,#DATA2+N        ;减数末地址→R1
        MOV      R2,#N              ;数据个数→R2
        CLR      C
LOOP：  MOV      A,@R0              ;取被减数
        SUBB     A,@R1              ;求差
        MOV      @R0,A              ;存结果
        DEC      R0                 ;修改地址指针
        DEC      R1
        DJNZ     R2,LOOP            ;未完,继续循环
```

　　　　　　　SJMP

4. 18

　　设被加数存储区:20H~2FH(低位在先,高位在后)

　　加数存储区:40H~4FH

　　和值存储区:20H~30H

	ORG	1000H	
	MOV	R0,#20H	;被加数地址指针
	MOV	R1,#40H	;加数地址指针
	MOV	R2,#16	;数据个数
	MOV	30H,#0	;和的最高位清 0
	CLR	C	
LOOP:	MOV	A,@R0	;取被加数
	ADDC	A,@R1	;两数相加
	DA	A	;十进制调整
	MOV	@R0,A	;存和
	INC	R0	;修改地址指针
	INC	R1	
	DJNZ	R2,LOOP	;未完,转 LOOP
	JNC	EXIT	;$C_Y=0$,和的最高位为 0
	MOV	@R0,#1	;和的最高位置 1
EXIT:	SJMP	$	

4. 20

　　延时 100 ms 的子程序如下:

	ORG	100H	
DELAY:	MOV	R0,#DIMS2	;1
DEL2:	MOV	R1,#DIMS1	;1
DEL1:	NOP		;1
	NOP		;1
	DJNZ	R1,DEL1	;2
	DJNZ	R0,DEL2	;2
	RET		;2

其中,DIMSI,DIMS2 的计算如下:

　　机器周期
$$t_{mc}=\frac{12}{f_{OSC}}=\frac{12}{6\times10^6}=2~\mu s$$

　　设内循环
$$t_d=1~ms$$

则
$$1\times10^3=2\times(1+1+2)\times DIMS1$$

所以
$$DIMS1=7DH$$

　　外循环:内循环 100 次,即可延时 100 ms。

所以
$$DIMS2=100$$

　　1 s 的延时程序则可以再加一层循环使 100ms 延时程序执行 10 次即可。

4. 21

设 $a>b$，计算 $y=a^2-b^2$。a,b 分别在 30H、31H 单元中。

```
           ORG     2000H
           MOV     R0,#31H
           MOV     A,@R0              ;取 b 值
           ACALL   SOR               ;求 b²
           MOV     R2,A              ;b²→R2
           DEC     R0
           MOV     A,@R0             ;取 a 值
           ACALL   SOR               ;求 a²
           CLR     C
           SUBB    A,R2              ;a²-b²→A
           MOV     40H,A
           SJMP    $
SQR：      ADD     A,#1              ;修改 A 值
           MOVC    A,@A+PC           ;查表
           RET
SQRTAB：DB        0,1,4,9,16,25
           DB      36,49,64,81
           END
```

4. 23

```
           ORG     1000H
           MOV     DPTR,#JMPTAB      ;取表首地址
           CLR     C
           SUBB    A,#41H            ;计算命令字的序号数
           MOV     B,A               ;序号数×3
           AOD     A,B
           ADD     A,B
           JMP     @A+DPTR           ;转相应命令处理程序
JMPTAB：LJMP      SUBBROA           ;A 命令程序
           LJMP    SUBBROB           ;B 命令程序
             ⋮                        ⋮
           LJMP    RUBBROF           ;F 命令程序
```

4. 24

```
           ORG     100H
SORT：     MOV     R0,#30H           ;数据块首地址→R0
           MOV     R2,#6             ;数据块长度
           CLR     F0                ;交换标志 F0 清 0
           DEC     R2                ;比较次数
LP1：      MOV     20H,@R0           ;当前数送 20H 单元
```

	MOV	A,@R0	
	INC	R0	
	MOV	21H,@R0	;下一个数送 21H 单元
	CJNE	A,21H,LOOP	;比较
LOOP:	JNC	NEXT	;(20H)≥(21H)转 NEXT
	MOV	@R0,20H	;(20H)<(21H),交换
	DEC	R0	
	MOV	@R0,21H	
	INC	R0	;恢复数据指针
	SETB	F0	;置交换标志 F0＝1
NEXT:	DJNZ	R2,LP1	;未完,转 LP1
	JB	F0,SORT	;F0＝1,继续排序
	SJMP	$	;F0＝0,结束

4.25 设 BCD 数在 20H、21H 单元顺序(千、百、十、个位)存放。

	MOV	R2,20H	
	MOV	R3,21H	
	MOV	A,R3	;取低字节转换
	LCALL	BCDB	
	MOV	R3,A	
	MOV	A,R2	;取高字节转换
	LCALL	BCDB	
	MOV	B,#100	
	MUL	AB	;A×100→BA
	ADD	A,R3	;和低字节按二进制相加
	MOV	R3,A	
	CLR	A	
	ADDC	A,B	
	MOV	R2,A	
	SJMP	$	
BCDB:	MOV	B,#10H	;分离十位、千位
	DIV	AB	;十位→A,个位→B
	MOV	R4,B	;暂存个位
	MOV	B,#10	;将十位转换成二进制
	MUL	AB	;A×10→BA
	ADD	A,R4	;转换结果→A
	RET		

自测题

4.1

3. R2＝13H　R1＝47H　C_Y＝1

功能:2 字节 16 进制数除以 2

7. 30H＝01000100B＝44H

　　功能:将一字节 BCD 码转换成 8 位二进制数

8. A＝59H

　　功能:一字节 BCD 码转换成一字节 16 进制数的子程序

4. 2

1. 设 a、b 分别在片内 RAM　20H、21H 单元、y 在 22H 单元

	MOV	A,20H	;取 a
	ACALL	CUB	;求 a^3
	MOV	R2,A	
	MOV	A,21H	;取 b
	ACALL	CUB	;求 b^3
	ADD	A,R2	;计数 $a^3＋b^3$
	MOV	22H,A	
	SJMP	$	
CUB:	ADD	A,#1	
	MOVC	A,@A＋PC	
	RET		
TAB:	DB	0,1,8,27,64,125	

2.

	ORG	100H	
MIN:	DATA	40H	
	MOV	MIN,#0	;最小值 MIN 单元清 0
	MOV	R2,#10H	;数据块长度
	MOV	R0,#30H	;数据块首地址
LOOP:	MOV	A,@R0	;取数
	CJNE	A,MIN,NEXT1	;比较
NEXT1:	JNC	NEXT	;A≥(MIN),转 NEXT
	MOV	MIN,A	;A＜(MIN),小数送 MIN
NEXT:	INC	R0	
	DJNZ	R2,LOOP	
	SJMP	$	

3.

	MOV	DPIR,#TABL	;取表首地址
	MOV	R2,#100	;表格长度
	MOV	B,A	;保存待查关键字
	MOV	R1,#0	;顺序号初值(指向表首)
LOOP:	MOV	A,R1	;查表
	MOVC	A,@A＋DPTR	
	CJNE	A,B,Lp1	;与关键字比较,不同转 LP1

	CLR	F0	;相同,即找到,F0=0
	MOV	A,R1	;取对应顺序号
	SJMP	$	
LP1:	INC	R1	;指向表格下一序号
	DJNZ	R2,LOOP	;未查完,转 LOOP
	SETB	F0	;未找到,F0=1
	SJMP	$	

第 7 章

习题

7.11 设 8155 的端口地址:7F00H~7F05H。定时器时钟频率 $f_c=2$ MHz。则时钟周期 $t_c=\dfrac{1}{f_c}=0.5$ μs

由定时时间 t_d 的计数长度 $T_c=t_d/t_c=\dfrac{5\times10^3}{0.5}=10000=2710H$

8155 端口地址:

7F00H	命令口
7F04H	定时器低位地址
7F05H	定时器高位地址

初始化程序设计:先置时间长度,后写入命令字。

MOV	DPTR,#7F04H	;定时器低字节地址
MOV	A,#10H	;计数长度低字节
MOVX	@DPTR,A	
INC	DPTR	;定时器高字节地址
MOV	A,#67H	;计数长度高位,方式 1 输出
MOVX	@DPTR,A	
MOV	DPTR,#7F00H	
MOV	A,#0C9H	;命令字送 A
MOVX	@DPTR,A	;启动定时器工作

第 8 章

习题

8.2

方式 0 编程:

$$t_d=(2^{13}-x)\times\frac{12}{f_{osc}}$$

$$1\times10^3 \ \mu s=(2^{13}-x)\times\frac{12}{12} \ \mu s$$

所以

$$x=1110000011000B$$

MOV	TMOD,#00H
MOV	TL0,#18H
MOV	TH0,#0E0H

方式 1 编程：
$$1 \times 10^{-3} = (2^{16} - x) \times \frac{12}{12 \times 10^6}$$

所以 $x = \text{FC18H}$

```
        MOV     TMOD,#01H
        MOV     TL0,#18H
        MOV     TH0,#0FCH
```

8.4　采用 T0，方式 0，定时中断，P1.0 输出 10kHz 方波。

因为输出方波周期：
$$t_0 = \frac{1}{f_0} = \frac{1}{10 \times 10^{-3}} \text{ ms} = 100 \ \mu\text{s}$$

所以定时时间：
$$t_d = \frac{t_0}{2} = 50 \ \mu\text{s}$$

由
$$50 \ \mu\text{s} = (2^{13} - x) \times \frac{12}{12} \mu\text{s}$$

得
$$x = 2^{13} - 50 = 1111111001110\text{B}$$

所以　　　　　　　　　　$\text{TH0} = 0\text{FEH}$　　　　$\text{TL0} = 0\text{EH}$

程序如下：

```
        ORG     000BH           ;T0 中断入口
        AJMP    T0INT
        ORG     100H
        MOV     TMOD,#00H        ;设定 T0 为定时方式 0
        MOV     TH0,#0FEH        ;置入计数初值
        MOV     TL0,#0EH
        SETB    EA               ;开中断
        SETB    ET0
        SETB    TR0
HERE：  SJMP    $
        ORG     200H            ;中断服务程序
T0INT： MOV     TH0,#0FEH
        MOV     TL0,#0EH
        CPL     P1.0
        RETI
```

8.5　由波形周期 200 μs 和占空比 60% 可知，输出波形高电平持续时间为 120 μs，低电平时间为 80 μs。

计算时间常数：$t_d = 120 \ \mu\text{s}$ 　　　　　　　计算时间常数：$t_d = 80 \ \mu\text{s}$

$$120 \ \mu\text{s} = (2^{16} - x) \times \frac{12}{6} \mu\text{s} \qquad\qquad 80 \ \mu\text{s} = (2^{16} - x) \times \frac{12}{6} \mu\text{s}$$

故 $x = 2^{16} - 60 = \text{FFC4H}$ 　　　　　　　所以 $x = 2^{16} - 40 = \text{FFD8H}$

解法 1（查询方式）

```
        ORG     100H
        MOV     TMOD,#10H        ;T1 定时方式 1
        MOV     IE,#00H          ;禁止中断
```

```
UP:     MOV     TH1,#0FFH           ;置时间常数
        MOV     TL1,#0C4H
        SETB    TR1                 ;启动 T1 工作
        SETB    P1.0                ;P1.0 输出高电平
LOOP:   JNB     TF1,LOOP
        CLR     TF1                 ;清 T1 溢出标志
        CLR     TR1                 ;T1 停止工作
        CPL     P1.0                ;P1.0 输出低电平
        MOV     R1,#10              ;延时 80μs
DELAY:  NOP
        NOP
        DJNZ    R1,DELAY
        SJMP    UP
```

解法 2(中断方式)

```
        ORG     200H
        MOV     TMOD,#10H           ;T1 为定时方式 1
        MOV     TH1,#0FFH           ;置定时 120 μs 时间常数
        MOV     TL1,#0C4H
        MOV     A,#0C4H             ;定时 120 μs 时间常数的低字节
        SETB    EA                  ;开中断
        SETB    ET1
        SETB    TR1                 ;启动定时
        SETB    P1.0                ;输出高电平
HERE:   SJMP    HERE
        ORG     001BH               ;T1 中断入口
        AJMP    INTT1
        ORG     0100H               ;中断服务程序
INTT1:  JB      P1.0,LOW
HIGH:   MOV     TH1,#0FFH
        MOV     TL1,#0C4H
        CPL     P1.0
        RETI
LOW:    MOV     TH1,#0FFH
        MOV     TL1,#0D8H
        CPL     P1.0
        RETI
```

中断服务程序还可以如下:

```
        ORG     0100H
INTT1:  XRL     A,#00011100B
        MOV     TH1,#0FFH
```

```
        MOV        TL1,A
        CPL        P1.0
        RETI
```

8.6 T1 计数方式 1,计数初值:

$$x = 2^{16} - 100 = FF9CH$$

T1 定时方式 1,时间常数:

$$5 \times 10^3 \ \mu s = (2^{16} - x) \times \frac{12}{6} \ \mu s$$

所以 $$x = 2^{16} - 2500 = F63CH$$

```
        ORG        200H
        MOV        IE,#0              ;禁止中断
LOOP：  MOV        TMOD,#50H          ;T1 计数方式 1
        MOV        TH1,#0FFH          ;置计数初值
        MOV        TL1,#9CH
        SETB       TR1                ;启动 T1
LP1：   JNB        TF1,LP1            ;TF1=0,继续等待
        CLR        TR1                ;T1 停止
        CLR        TF1                ;清 TF1
        MOV        TMOD,#10H          ;T1,定时方式 1
        MOV        TH1,#0F6H          ;装时间常数
        MOV        TL1,#3CH
        SETB       TR1
LP2：   JNB        TF1,LP2
        CLR        TR1
        CLR        TF1
        SJMP       LOOP
```

8.7 用 T0 工作方式 1,定时 50 ms,中断一次,共 20 次,可定时 1 s,由 $50 \times 10^3 \ \mu s = (2^{16} - x)$ $\times \frac{12}{12} \ \mu s$

所以 $$x = 2^{16} - 50000 = 3CB0H$$

程序如下:

```
        ORG        1000H
        MOV        TMOD,#01H          ;置 T0 定时方式 1
        MOV        TH0,#3CH           ;置时间常数
        MOV        TL0,#0B0H
        MOV        IE,#82H            ;开中断
        SETB       TR0                ;启动 T0 定时
        MOV        R2,#20             ;软件计数器置初值
LOOP：  SJMP       $
        ORG        000BH              ;T0 中断入口
```

	AJMP	T0INT	
	ORG	100H	
T0INT:	DJNZ	R2,NEXT	;未计 1 s,转 NEXT
	CPL	P1.0	;已计 1 s,改变 P1.0 电平
	MOV	R2,#20	;恢复 R2 初值
NEXT:	MOV	TH0,#3CH	
	MOV	TL0,#0B0H	
	RETI		

8.8 用 T0,定时方式 1,50 ms 中断一次,计 20 次为 1 s;计 60 s 为 1 min。设 $f_{osc}=12$ MHz

$$50\times10^3\ \mu s=(2^{16}-x)\times\frac{12}{12}\ \mu s$$

所以
$$x=2^{16}-50000=3CB0H$$

	ORG	000BH	;T0 中断入口
	AJMP	T0INT	
	ORG	1000H	
	MOV	R0,#0	;中断次数计数器,初值清 0
	MOV	R1,#0	;秒计数器,初值清 0
	MOV	R2,#0	;分计数器,初值清 0
	MOV	TMOD,#01H	;T0 定时方式 1
	MOV	IE,#82H	;开中断
	MOV	TH0,#3CH	;置时间常数
	MOV	TL0,#0B0H	
	SETB	TR0	;启动 T0
LOOP:	SJMP	$	
	ORG	1100H	
T0INT:	MOV	TH0,#3CH	;重置时间常数
	MOV	TL0,#0B0H	
	INC	R0	;中断计数器+1
	MOV	A,R0	
	CJNE	A,#20,TNEXT	;1 s 未到,转 TNEXT
	INC	R1	;1 s 已到,秒计数器加 1
	MOV	R0,#0	;中断次数计数器清 0
	SETB	P1.0	;输出脉冲
	NOP		
	CLR	P1.0	
	MOV	A,R1	
	CJNE	A,#60,TNEXT	;60 s 未到,转 TNEXT
	INC	R2	;已到,分计数器加 1
	SETB	P1.1	;输出脉冲
	NOP		

```
        CLR       P1.1
        MOV       R1,#0                ;秒计数器清0
TNEXT:RETI
```

8.9　方法一:思路是把 P3.4 的输出"⌐╨"作计数信号,计数方式,输入脉冲有一个由 1 到 0 的负跳变时,计数器加 1。设 T0 计数方式 2,中断,T1 定时方式 1,查询,定时 500 μs。

T0 计数初值:

$$x = 2^8 - 1 = 0FFH$$

T1 时间常数:

$$500\ \mu s = (2^{16} - x) \times \frac{12}{6}\ \mu s$$

所以

$$x = 2^{16} - 250 = 0FF06H$$

```
        ORG       000BH
        AJMP      T0INT
        ORG       200H
        MOV       TMOD,#16H
        MOV       TL0,#0FFH
        MOV       TH0,#0FFH
        MOV       TH1,#0FFH
        MOV       TL1,#06H
        MOV       IE,#82H
        SETB      TR0
        SJMP      $
        ORG       200H
T0INT:  SETB      TR1
        SETB      P1.0
HERE:   JNB       TF1,HERE
        CLR       P1.0
        CLR       TF1
        CLR       TR1
        MOV       TH1,#0FFH
        MOV       TL1,#06H
        RETI
```

方法二:检测 P3.4,当检测到一个脉冲由高到低时,开始定时。

设 T0 定时方式 1,定时时间 500 μs

```
        ORG       2000H
        MOV       TMOD,#10H            ;T1,定时方式 1
        MOV       TH1,#0FFH            ;装时间常数
        MOV       TL1,#06H
        MVO       IE,#0                ;禁止中断
LP1:    JNB       P3.4,LP1             ;检测 P3.4 变高
LP2:    JB        P3.4,LP2             ;检测 P3.4 变低
        SETB      TR1                  ;启动 TR1
```

	SETB	P1.0	;P1.0 输出同步脉冲变高
LP3：	JNB	TF1,LP3	;定时未到,等待
	CLR	P1.0	;P1.0 输出变低
	CLR	TF1	;清溢出标志
	CLR	TR1	;停止 TR1
	MOV	TH1,#0FFH	
	MOV	TL1,#06H	
	SJMP	LP1	

自测题

8.4　编程题

1. 计数器 0 的分频系数为：

$$\frac{1\ \text{MHz}}{20\ \text{kHz}}=50$$

	ORG	1000H
	MOV	DPTR,#7FFFH
	MOV	A,#14H
	MOVX	@DPTR,A
	MOV	DPTR,#7FFCH
	MOV	A,#50
	MOVX	@DPTR,A
	MOV	DPTR,#7FFFH
	MOV	A,#56H
	MOVX	@DPTR,A
	MOV	DPTR,#7FFDH
	MOV	A,#200
	MOVX	@DPTR,A
	SJMP	$

2. 选定时方式 1,计算时间常数：$2\times10^{3}\ \mu\text{s}=(2^{16}-x)\dfrac{12}{12}\ \mu\text{s}$

所以　　　　　　　　　　　　$x=2^{16}-2000=\text{F830H}$

	ORG	000BH
	AJMP	T0INT
	ORG	100H
	MOV	TMOD,#01H
	MOV	IE,#82H
	MOV	TL0,#30H
	MOV	TH0,#0F8H
	SETB	TR0
	SJMP	$
	ORG	150H
T0INT：	MOV	TL0,#30H

```
        MOV     TH0,#0F8H
        RETI
```

3. T0 计数方式 0,计数初值： $x=2^{13}-500=1111000001100B$

取　　　　　　　　　　　　TL0＝0CH,　TH0＝0F0H

```
        ORG     000BH
        AJMP    T0INT
        ORG     100H
        MOV     TMOD,#0CH        ;令 T0 计数方式 0
        MOV     TL0,#0CH         ;置计数初值
        MOV     TH0,#0F0H
        MOV     IE,#82H          ;开中断
        SETB    TR0              ;启动 T0
        SJMP    $
        ORG     150H
T0INT:  MOV     TL0,#0CH
        MOV     TH0,#0F0H
        RETI
```

4. 计数初值：　　　　　　　　　　$x=2^{16}-1000=0FC18H$

```
        ORG     001BH
        AJMP    T1INT
        ORG     100H
        MOV     TMOD,#50H
        MOV     TL1,#18H
        MOV     TH1,#0FCH
        MOV     IE,#88H
        SETB    TR1
        SJMP    $
        ORG     150H
T1INT:  MOV     TL1,#18H
        MOV     TH1,#0FCH
        RETI
```

第 9 章

习题

9.6　定时器 T1 的初值　$N=256-2^{SMOD}\times f_{OSC}/(波特率\times32\times12)$

　　　　　　　　$=256-2^{SMOD}\times6\times10^6/(1200\times32\times12)=230=0E6H$

　　1. 工作方式 1,设传送数据区的首地址为 30H,编写的查询程序如下：

```
        ORG     2000H
START:  MOV     R0,#30H          ;R0←数据区首地址 30H
        MOV     R3,#14H          ;R3←数据块长度
```

	MOV	TMOD,#20H	;T1 定时方式 2
	MOV	TH1,#0E6H	;置时间常数
	MOV	TL1,#0E6H	
	SETB	TR1	;启动定时器 T1
	MOV	SCON,#40H	;设置方式 1 发送
	MOV	PCON,#80H	;令 SMOF=1
SEND：	MOV	A,@R0	;A←从数据区取数
	MOV	SBUF,A	;SBUF ←A,启动发送
WAIT：	JNB	TI,WAIT	;等待发送完成
	CLR	TI	;中断标志清 0
	INC	R0	;数据区地址增 1
	DJNZ	R3,SEND	;R3-1=0? 否,没发送完,继续
	SJMP	$	

2. 编写的中断程序如下：

主程序

	ORG	2000H	
START：	MOV	R0,#30H	;R0←数据区首地址 30H
	MOV	R3,#14H	;R3←数据长度
	MOV	TMOD,#20H	;T1 定时方式 2
	MOV	TH1,#0E6H	;置时间常数
	MOV	TL1,#0E6H	
	SETB	TR1	;启动定时器 T1
	MOV	SCON,#40H	;串行口方式 1,发送
	MOV	PCON,#80H	
	SETB	EA	;开中断
	SETB	ES	
NEXT：	MOV	A,@R0	
	MOV	SBUF,A	;发送
WAIT：	SJMP	$	;等待中断
	DJNZ	R3,NEXT	
	SJMP	$	

发送中断服务程序

	ORG	0023H	
	AJMP	SDTI	
SDTI：	CLR	TI	;中断标志清 0
	INC	R0	;数据地址增 1
	RETI		

9.8 设波特率控制位 SMOD=1,则计数初值为 $\quad N=256-\dfrac{2^1\times6\times10^6}{1200\times32\times12}\approx230=\text{E6H}$

| START：MOV | | TMOD,#20H | ;定时器 T1 工作于方式 2 |

```
        MOV     TH1,#0E6H        ;置计数初值
        MOV     TL1,#0E6H
        SETB    TR1              ;启动 T1
        MOV     SCON,#50H        ;串行口工作方式1,允许接收
        MOV     PCON,#80H        ;令 SMOD=1
L1:     JNB     RI,L1            ;等待接收数据
        CLR     RI               ;接收到数据,RI 清 0
        MOV     A,SBUF           ;接收数据送 A
        RET
```

9.9　查询方式发送程序如下：

```
        ORG     100H
        MOV     SCON,#80H        ;串行口方式2,发送
        MOV     PCON,#80H        ;SMOD=1
        MOV     R0,#50H          ;数据区首地址→R0
        MOV     R7,#10H          ;数据块长度→R7
LOOP:   MOV     A,@R0            ;取数
        MOV     C,P
        MOV     TB8,C            ;奇偶位 P→TB8
        MOV     SBUF,A           ;发送
LP:     JNB     TI,LP            ;等待一帧数据发送完
        CLR     TI               ;TI 清 0
        INC     R0
        DJNZ    R7,LOOP
        SJMP    $
```

9.10　T1 工作于方式 2 作为波特率发生器,取 SMOD=1。T1 的时间常数计算如下：

$$x=256-\frac{2^1\times12\times10^6}{9600\times32\times12}\approx249=F9H$$

甲机发送程序：

```
        ORG     1000H
        MOV     SP,#30H
        MOV     TMOD,#20H        ;T1 定时方式2
        MOV     TH1,#0F9H        ;置时间常数
        MOV     TL1,#0F9H
        SETB    TR1              ;启动 T1
        MOV     SCON,#40H        ;串行口方式1,发送
        MOV     PCON,#80H        ;SMOD=1
        MOV     DPTR,#2400H      ;数据区首地址
        MOV     R7,#0A0H         ;发送数据的个数
        SETB    EA               ;CPU 开中断
        SETB    ES               ;串行口开中断
```

```
        MOVX      A,@DPTR           ;取数
        MOV       SBUF,A            ;启动发送
        SJMP      $
        ORG       0023H             ;串行口中断入口
        AJMP      IOIP
        ORG       100H
IOIP:   CLR       TI                ;清中断标志
        DJNZ      R7,OUT            ;没有发送完,转OUT继续发送
        MOV       IE,#0             ;发送完,关中断
        RETI
OUT:    INC       DPTR
        MOVX      A,@DPTR           ;取下一个数据
        MOV       SBUF,A            ;发送
        RETI
```

乙机接收程序：

```
        ORG       1100H
        MOV       SP,#30H
        MOV       TMOD,#20H
        MOV       TH1,#0F9H
        MOV       TL1,#0F9H
        SETB      TR1
        MOV       SCON,#50H         ;串行口方式1,允许接收
        MOV       PCON,#80H
        MOV       DPTR,#3400H       ;数据区首地址→DPTR
        MOV       R7,#0A0H          ;接收数据的个数→R7
        SETB      EA
        SETB      ES
        SJMP      $
        ORG       0023H             ;串行口中断入口
        AJMP      IOIS
        ORG       100H
IOIS:   MOV       A,SBUF            ;接收数据
        MOVX      @DPTR,A
        INC       DPTR
        CLR       RI                ;清中断标志
        DJNZ      R7,OUTS           ;没有接收完,转OUTS
        MOV       IE,#0             ;接收完,关中断
        RETI
OUTS:   INC       DPTR
        RETI
```

自测题

9.3 编程题

1. 选 SMOD＝1,T1 定时方式 2 的时间常数为 F3H。

```
            ORG     200H
            MOV     TMOD,#20H          ;T1 定时方式 2
            MOV     TH1,#0F3H          ;置时间常数
            MOV     TH1,#0F3H
            SETB    TR1                ;启动 T1
            MOV     SCON,#40H          ;串行口方式 1 发送
            MOV     PCON,#80H          ;SMOD＝1
            MOV     R0,#40H            ;发送数据区首址→R0
            MOV     R2,#10H            ;数据块长度→R2
    NEXT：  MOV     A,@R0              ;取数
            MOV     C,PSW.0            ;奇偶标志 P 送 C_Y
            MOV     ACC.7,C            ;形成偶校验,P＝0
            MOV     SBUF,A             ;启动发送
    HERE：  JNB     TI,$               ;等待一帧数据发送完
            CLR     TI                 ;发送完,TI 清 0
            INC     R0
            DJNZ    R2,NEXT            ;未全部发送完,转 NEXT
            SJMP
```

2. 设 SMOD＝1,T1 定时方式 2 的时间常数为 F3H。

```
            ORG     200H
            MOV     TMOD,#20H          ;T1 定时方式 2
            MOV     TL1,#0F3H          ;置时间常数
            MOV     TH1,#0F3H
            SETB    TR1                ;启动 T1
            MOV     SCON,#50H          ;串行口方式 1 接收
            MOV     PCON,#80H          ;SMOD＝1
            MOV     R0,#50H            ;接收数据区首址→R0
    HERE：  JNB     RI,$               ;等待接收数据块长度
            CLR     RI                 ;收到,清 RI
            MOV     R2,SUBF            ;数据块长度→R2
            SETB    EA                 ;CPU 开中断
            SETB    ES                 ;串行口开中断
    WAIT：  SJMP    TI,$               ;等待中断
            AJMP    RINT
            ORG     300H               ;中断服务程序
    RINT：  CLR     RI
            MOV     A,SUBF             ;接收数据送 A
```

```
        JNB       PSW.0,ERR        ;检查奇校验位,若 P＝0,转出错处理
        ANL       A,#7FH           ;屏蔽最高位
        MOV       @R0,A            ;存接收数据
        DJNZ      R2,NEX7          ;未全部接收完,转 NEXT
NEXT：  INC       R0
        RETI
ERR：   ：
```

3. 设 SMOD＝1,T1 定时方式 2 的时间常数为 F3H。

```
        ORG       100H
        MOV       TMOD,#20H        ;T1 定时方式 2
        MOV       TL1,#0F3H        ;置时间常数
        MOV       TH1,#0F3H
        SETB      TR1              ;启动 T1
        MOV       SCON,#0D0H       ;置串行口方式 3 接收
        MOV       PCON,#80H        ;SMOD＝1
        MOV       R0,#50H          ;数据区首址→R0
        MOV       R2,#10H          ;数据块长度→R2
        SETB      EA               ;CPU 开中断
        SETB      ES               ;串行口开中断
WAIT：  SJMP      $                ;等待中断
        ORG       0023H
        AJMP      RINT             ;中断服务程序
RINT：  CLR       RI
        MOV       A,SUBF           ;接收数据送 A
        JB        PSW.0,ERR        ;检查偶校验位,若 P＝1,转出错处理
        ANL       A,#7FH           ;屏蔽最高位
        MOV       @R0,A            ;存数
        DJNZ      R2,NEXT          ;未全部接收完,转 NEXT
NEXT：  INC       R0
        RETI
ERR：   ：
```

第 11 章

习题

11.2

解：显示 Goodby 六个字符时,其段码值如下表,其后是所编写的程序：

显示字字符	G	o	o	d	b	y
段码数值	7DH	3FH	3FH	5EH	7CH	6EH
存储区地址	80H	81H	82H	83H	84H	85H

```
              ORG       2000H
     DIR:     MOV       R0,#80H                ;R0←显示段码的首地址 80H
              MOV       R3,#01H                ;R3←扫描位初值
              MOV       A,R3                   ;A←扫描位初值
     LD0:     MOV       DPTR,#7F01H            ;DPTR←8155 A 口地址
              MOVX      @DPTR,A                ;PA 口←扫描位数值
              INC       DPTR                   ;DPTR+1→DPTR
              MOV       A,@R0                  ;A←显示位段码值
              MOVX      @DPTR,A                ;PB 口←扫描位显示段码
              ACALL     DL1                    ;延时 1 ms
              INC       R0                     ;段码数据块地址增 1
              MOV       A,@R3                  ;A←扫描位值
              JB        ACC.5,DL3              ;判 ACC.5=1? 是,扫描到最高显示位,转 DL3
              RL        A                      ;扫描位值左移一位,指向下一位扫描位
              MOV       R3,A                   ;R3 ←下一位扫描位值
              SJMP      LD0
     DL3:     SJMP      $
     数据表:
              ORG       80H
              DB        6EH,7CH,5EH,3FH,3FH,7DH
延时 1 ms 子程序:
     DL1:     MOV       R7,#2
              MOV       R6,#250
     DL2:     DJNZ      R6,DL2
              DJNZ      R7,DL1
              RET
```

参 考 文 献

[1] 胡汉才.单片机原理及系统设计[M].北京:清华大学出版社,2003.

[2] 何立民,等.单片机教程习题与解答[M].北京:北京航空航天大学出版社,2003.

[3] 李广弟.单片机基础(修订版)[M].北京:北京航空航天大学出版社,2002.

[4] 孙涵芳,等.MCS-51、MCS-96 系列单片机原理与应用[M].北京:北京航空航天大学出版社,1988.

[5] 张友德,等.单片微型计算机原理、应用与实验[M].上海:复旦大学出版社,1992.

[6] 吕能元,等.MCS-51 单片微型计算机原理·接口技术·应用实例[M].北京:科学出版社,1993.

[7] 张迎新.单片微型计算机原理、应用及接口技术[M].北京:国防工业出版社,1993.

[8] 李朝青.单片机原理及接口技术[M].北京:北京航空航天大学出版社,1994.

[9] 张毅刚,等.MCS-51 单片机应用设计[M].哈尔滨:哈尔滨工业大学出版社,1990.

[10] 何立民.单片机应用系统设计[M].北京:北京航空航天大学出版社,1990.

[11] 李华.MCS-51 系列单片机实用接口技术[M].北京:北京航空航天大学出版社,1993.

[12] 潘新民,等.单片微型计算机实用系统设计[M].北京:人民邮电出版社,1992.

[13] 蔡美琴,等.MCS-51 系列单片机系统及其应用[M].北京:高等教育出版社,1992.

[14] 周明德.微型计算机硬件、软件及其应用[M].北京:清华大学出版社,1984.

[15] 何文,等.高档单片机原理及实用设计[M].大连:大连理工大学出版社,1999.

[16] 刘乐善,等.微型计算机接口技术及应用[M].武汉:华中理工大学出版社,1993.